21 世纪全国高职高专机电系列技能型规划教材·机械制造类

数控加工编程与操作实训教程
（数控车分册）

主　编　王忠斌　武　威
副主编　曹振法　张俊玲
参　编　曲　静　孙桂香　钱抗抗
　　　　王　韬　焦　洁

北京大学出版社
PEKING UNIVERSITY PRESS

内容简介

本书主要内容包括数控车削加工基础、数控车床基本操作、工件坐标系、外圆与端面加工、圆锥与圆弧加工、简单轮廓零件编程与加工、矩形槽编程与加工、内孔编程与加工、螺纹编程与加工、非圆曲线编程与加工、复合作业、数控加工仿真软件应用、数控车床日常维护与保养。本书各个任务的内容既相对独立，又前后呼应、循序渐进。

本书可作为高职高专院校数控技术应用、机械设计与制造、模具设计与制造、机械加工技术及相关专业教材，也可作为机械制造企业和相关单位的技术人员的培训教材。

图书在版编目(CIP)数据

数控加工编程与操作实训教程．数控车分册/王忠斌，武威主编．—北京：北京大学出版社，2014.6
(21世纪全国高职高专机电系列技能型规划教材·机械制造类)
ISBN 978-7-301-23898-1

Ⅰ.①数… Ⅱ.①王…②武… Ⅲ.①数控机床—车床—车削—程序设计—高等职业教育—教材 ②数控机床—车床—车削—操作—高等职业教育—教材 Ⅳ.①TG659②TG519.1

中国版本图书馆CIP数据核字(2014)第020878号

书　　名：数控加工编程与操作实训教程(数控车分册)
著作责任者：王忠斌　武　威　主编
策 划 编 辑：邢　琛
责 任 编 辑：邢　琛
标 准 书 号：ISBN 978-7-301-23898-1/TH·0383
出 版 发 行：北京大学出版社
地　　址：北京市海淀区成府路205号　100871
网　　址：http://www.pup.cn　新浪官方微博：@北京大学出版社
电 子 信 箱：pup_6@163.com
电　　话：邮购部62752015　发行部62750672　编辑部62750667　出版部62754962
印 刷 者：北京富生印刷厂
经 销 者：新华书店
787毫米×1092毫米　16开本　17.75印张　412千字
2014年6月第1版　2014年6月第1次印刷
定　　价：36.00元

前　　言

随着高等职业院校教学改革的继续深入，与之相适应的教材、教学方法、教学手段也在不断地更新，“以社会就业为导向，以服务企业为宗旨”的教育目标显得更为重要。

本书着重以企业中实际生产零件为例来进行工艺分析和加工编程，同时对在加工中遇到的和可能发生的问题与故障做出提示和分析。本书中提供的典型实例都是较成熟的操作工艺，便于读者学习和借鉴，并将其更好、更方便地运用到实际生产当中去。

本书突出数控技术的实用性和数控车床的操作性，以进一步增强读者的数控技术实践操作能力，在内容的呈现形式上，较多采用图片、实物照片、实体图和表格等形式将知识点生动地展示出来，通俗易懂，深入浅出，图文并茂，力求让读者更加直观地理解和掌握所学内容；同时，针对不同的知识点，设计了许多贴近生活实际的互动栏目，以激发读者的学习兴趣。

本书紧扣国家职业标准（中、高级）的知识和技能要求，本着“实用、够用”的原则，有针对性地介绍操作工艺和操作过程的方法、要领、技巧及如何解决在生产上遇到的疑难问题，不仅能使读者学会操作本领，提高技艺水平，而且对其顺利考取相应的国家职业资格证书有很大帮助。

本书由淄博市技师学院王忠斌、辽宁经济职业技术学院武威担任主编，淄博市技师学院曹振法、张俊玲担任副主编，曲静、孙桂香、钱抗抗、王韬、焦洁参编。具体编写分工如下：王忠斌编写模块二、模块八、模块九；武威编写模块六、模块十一、模块十二；曹振法编写模块十三；张俊玲编写模块十；曲静编写模块五；孙桂香编写模块一；钱抗抗编写模块三；王韬编写模块四；焦洁编写模块七。

由于编者水平有限，书中难免存在不足之处，敬请广大读者批评指正。

编　者

2014年2月

目　录

模块一

数控车削加工基础

引导语

数控技术及数控机床在当今机械制造业中已占有重要地位，并已显现出巨大效益，已成为传统机械制造工业提升改造和实现自动化、柔性化、集成化生产的重要手段和标志。数控机床集现代精密机械、计算机、通信、液压气动、光电等多学科技术为一体，具有高效率、高精度、高自动化和高柔性的特点，是当代机械制造业的主流装备。

而数控车床则是当今机械行业中应用最广泛的数控机床之一。数控车床即装备了数控系统的车床。由数控系统通过伺服驱动系统去控制各运动部件的动作，主要用于轴类和盘类回转体零件的多工序加工，通过程序控制能够自动完成内外圆柱面、圆锥面、圆弧、螺纹等的切削加工，也可进行切槽、钻孔、扩孔和铰孔等工作。具有高精度、高效率、高柔性化等综合特点，适合中小批量形状复杂零件的多品种、多规格生产。

教学目标

◇ 掌握数控车床的基本组成、分类和特点
◇ 掌握数控车床的分类
◇ 掌握数控车床的加工范围及其特点

能力目标

◇ 熟悉数控车床的工作原理和加工过程
◇ 掌握数控车床的分类原则

任务描述

在生产加工中经常会遇到加工类似如图 1－1 所示零件。这是一种较复杂的轴类零件，要想保证其加工精度，提高生产效率，应首选数控车床来进行。为了更好的使用和操纵数控车床，必须了解数控车床的基本组成及结构，熟悉数控车床的分类、加工范围及特点。

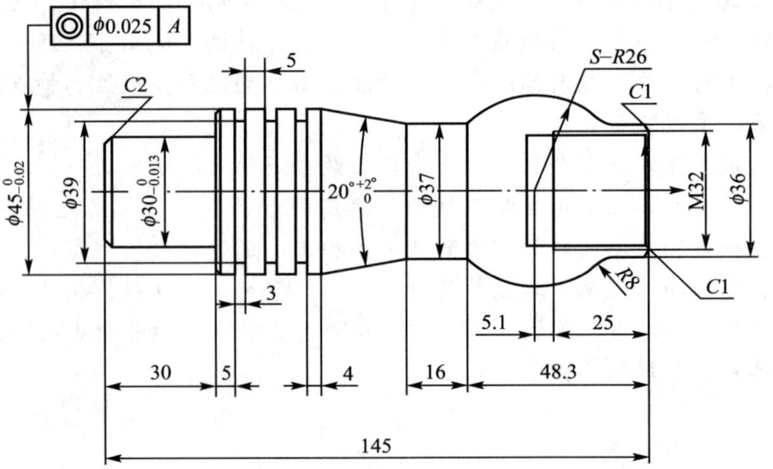

图 1－1　复杂轴类零件

相关知识

一、 数控机床概述

1. 数控机床的定义

数控技术是指用数字化信号对机床运动及其加工过程进行控制的一种方法。

采用数控技术的控制系统称为数控系统；装备了数控系统的受控设备称为数控设备；装备了数控系统的机床称为数控机床。

2. 数控车床的工作原理

数控车床是用数字化信息来实现自动控制的，即将与加工零件有关的信息——工件与刀具相对运动轨迹参数(进给执行部件的进给尺寸)、切削加工工艺参数(主运动和进给运动的速度、背吃刀量等)及各种辅助操作(主运动变速、刀具更换、切削润滑液关停、工件夹紧松开)等用规定的文字、数字和符号组成的代码，按一定的格式编写成加工程序，将加工程序通过控制介质输入到数控装置中，由数控装置经过分析处理后，发出各种与加工程序相对应的信号和指令，控制车床进行自动加工。

二、 数控机床的基本组成结构

数控机床一般由输入装置、输出装置、数控装置、可编程控制器、伺服系统、检测反馈装置和机床主机等组成，如图1-2所示。

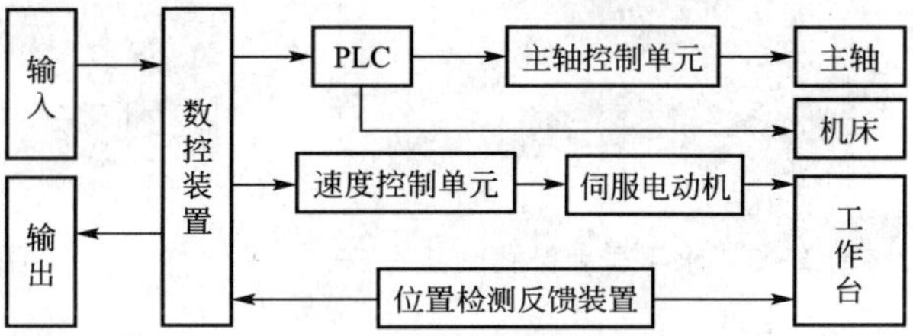

图1-2　数控机床的组成

1. 输入/输出装置

输入装置可将不同的加工信息传递给计算机。在数控机床产生的初期，输入装置为穿孔纸带，现已趋于淘汰；目前使用的是键盘、磁盘等，大大方便了信息输入工作。

输出指输出内部工作参数(含机床正常、理想工作状态下的原始参数，故障诊断参数等)，一般情况下，机床刚工作状态下需输出这些参数作为记录保存，待工作一段时间后，再将输出与原始资料做比较、对照，可帮助判断机床工作是否维持正常。

2. 数控装置

数控装置是数控机床的核心与主导，负责完成所有加工数据的处理、计算工作，最终实现对数控机床各功能的指挥。它包含微型计算机电路、各种接口电路、CRT显示器等硬件及相应的软件。

3. 可编程控制器

可编程控制器即PLC，它对主轴单元实施控制，通过处理程序中的转速指令从而控制主轴转速；管理刀库，进行自动刀具交换、选刀方式、刀具累计使用次数、刀具剩余寿命及刀具刃磨次数等管理；控制主轴正反转和停止、准停、切削液开关、卡盘夹紧松开、机械手取送刀等动作；还对机床外部开关(行程开关、压力开关、温控开关等)和输出信号(刀库、机械手、回转工作台等)进行控制。

4. 检测反馈装置

检测反馈装置由检测元件和相应的电路组成，主要检测速度和位移，并将信息反馈给数控装置，实现闭环控制以保证数控机床加工精度。

5. 机床主机

数控机床的主机包括床身、主轴、进给传动机构等机械部件。

三、 数控车床的分类

数控车床种类繁多，规格不一，可按如下方法进行分类。

1. 按主轴布置形式分类

1）卧式数控车床

卧式数控车床的主轴轴线处于水平位置，是应用最广泛的数控车床。而在卧式数控车床中，最为常用的是床身导轨处于水平位置和倾斜位置的车床，如图 1－3、图 1－4 所示。其倾斜导轨结构可以使车床具有更大的刚性，并易于排除切屑。

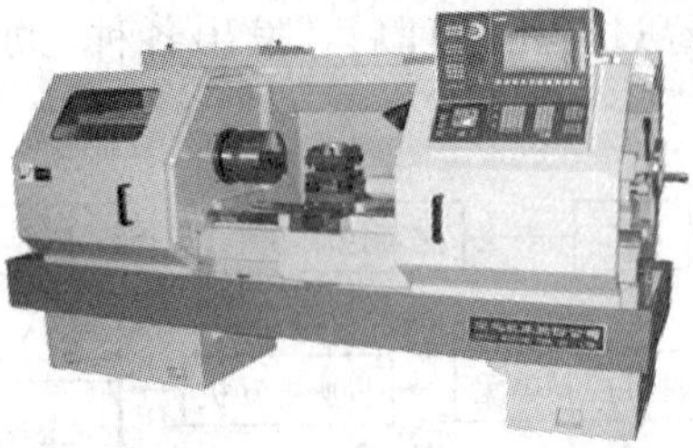

图 1－3　水平导轨卧式数控车床

图 1－4　倾斜导轨卧式数控车床

2）立式数控车床

立式数控车床的主轴处于垂直位置，如图 1－5所示。立式数控车床主要用于加工径向尺寸大、轴向尺寸相对较小且形状较复杂的大型或重型零件，适用于通用机械、冶金、军工、铁路等行业的直径较大的车轮、法兰盘、大型电动机座、箱体等回转体的粗、精车削加工。

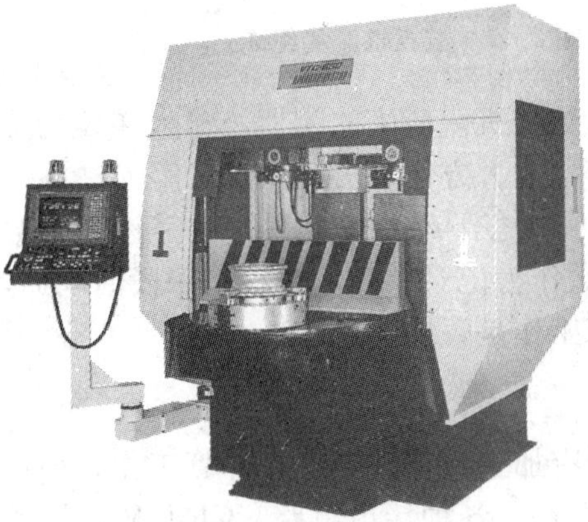

图 1－5　立式数控车床

2. 按刀架数量分类

1）单刀架数控车床

普通数控车床一般都配备有各种形式的单刀架，如常见的四刀位卧式回转刀架、多刀位回转刀架，如图 1－6 所示。

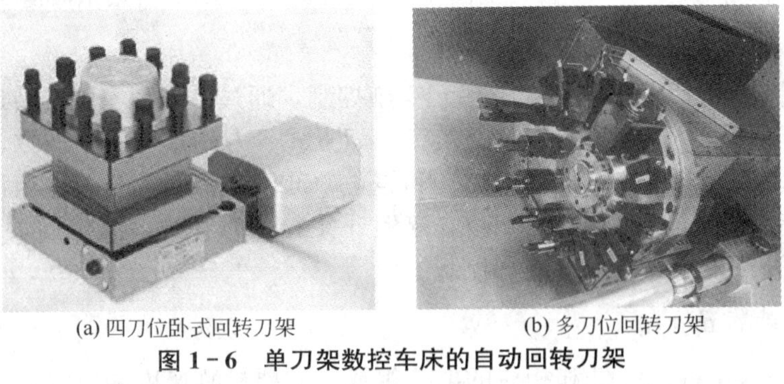

(a) 四刀位卧式回转刀架　　(b) 多刀位回转刀架

图 1－6　单刀架数控车床的自动回转刀架

2）双刀架数控车床

这类数控车床的刀架配置可以是平行交错结构，也可以是同轨垂直交错结构，如图 1－7所示。其驱动动力有电动和液压两种。

3. 按数控系统的功能分类

1）经济型数控车床

经济型数控车床(图 1－8)一般采用步进电动机驱动形成开环伺服系统，其控制部分采

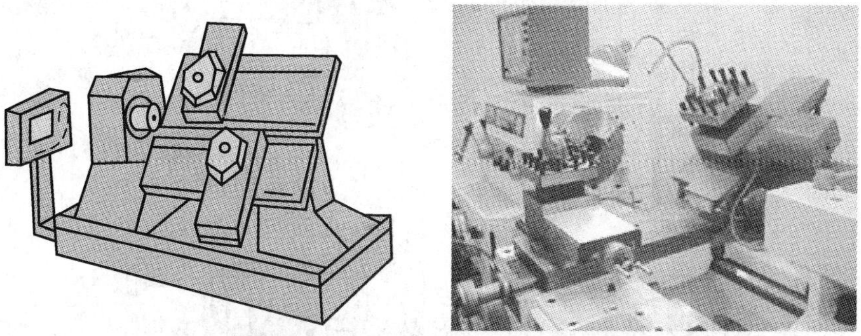

(a) 平行交错双刀架　　(b) 同轨垂直交错双刀架

图 1－7　双刀架数控车床的自动回转刀架

用单板机或单片机来实现。此类车床结构简单、价格低廉，具有 CRT 显示、程序储存、程序编辑、无刀尖圆弧半径自动补偿和恒线速度切削等功能，其加工精度不高，主要用于加工精度要求不高、有一定复杂性的零件。

2）全功能数控车床

全功能数控车床(图 1－9)是较高档次的数控车床，具有刀尖圆弧半径自动补偿、恒线速度切削、倒角、固定循环、螺纹切削、图形显示、用户宏程序等功能。其加工能力强，适宜加工精度要求高、形状复杂、工序多、循环周期长、品种多变的单件或中小批量零件。

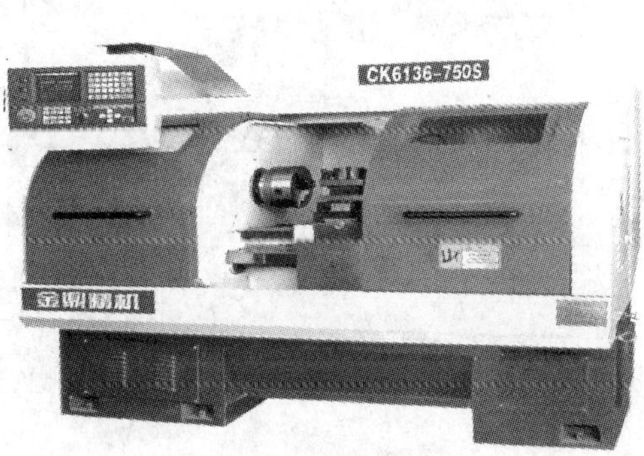

图 1－8　经济型数控车床

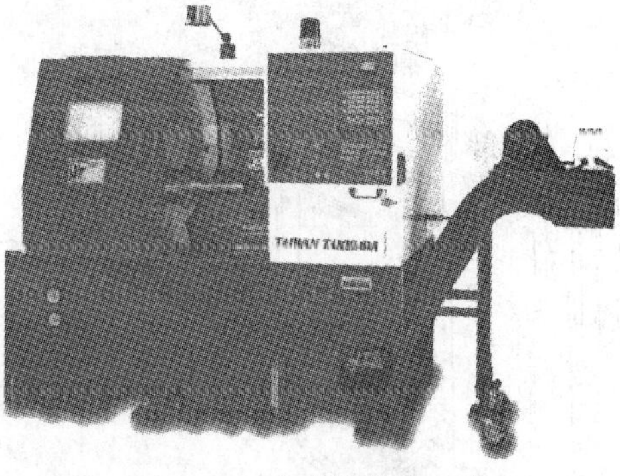

图 1－9　全功能数控车床

3）车削中心

车削中心(图 1－10)的主体是数控车床，增加动力刀座(C 轴控制)和刀库后，除了能车削、镗削外，还能对端面和圆周上任意部位进行钻、铣、攻螺纹等加工；而且在具有插补功能的情况下还能铣削曲面、凸轮槽和螺旋槽，可实现车、铣复合加工。在其转盘式刀架的刀座上安装上驱动电动机，即可实现回转驱动，可以进行回转位置的控制(C 轴控制)，如图 1－11 所示。

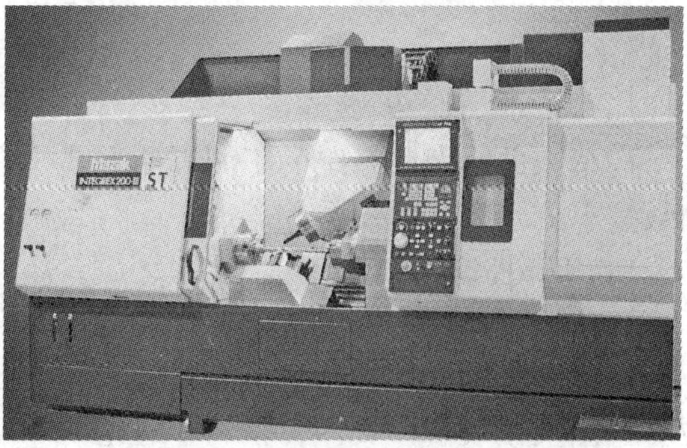

图 1－10　车削中心

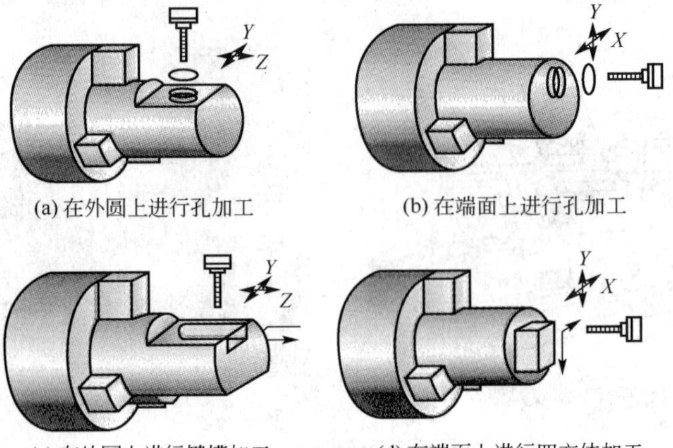

(a) 在外圆上进行孔加工　(b) 在端面上进行孔加工

(c) 在外圆上进行键槽加工　(d) 在端面上进行四方体加工

图 1-11　车削中心 C 轴加工能力

4）FMC 车床

FMC 是英文 Flexible Manufacturing Cell(柔性加工单元)的缩写。FMC 车床实际上就是一个由数控车床、机械手等构成的系统。它能实现工件搬运、装卸的自动化和加工、调整、准备的自动化操作，如图 1-12 所示。

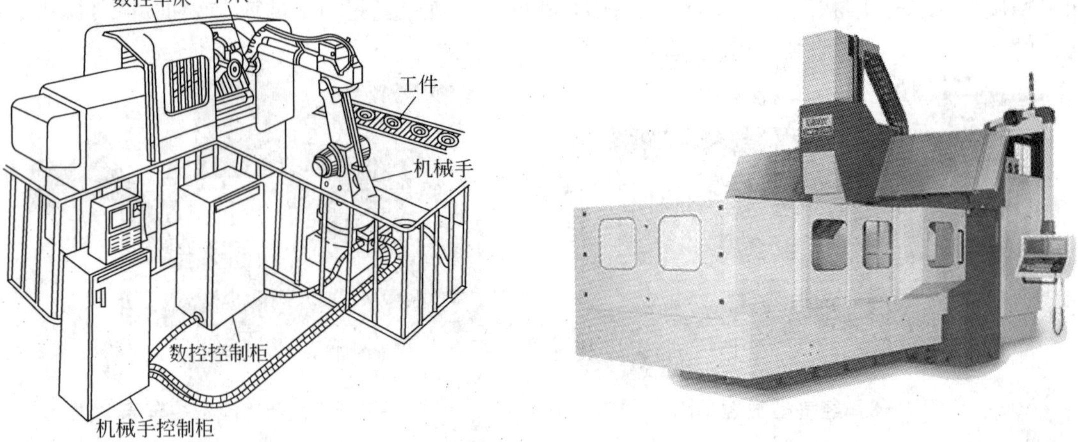

图 1-12　FMC 车床

4．按控制方式分类

按车床进给伺服系统的不同控制方式，数控车床可分为开环控制数控车床、半闭环控制数控车床、闭环控制数控车床。

1）开环控制数控车床

开环控制数控车床的控制原理如图 1-13 所示。

这类车床所采用的开环伺服系统又称为步进电机驱动系统，主要特征是该系统内没有位置检测反馈装置。我国目前将步进电机驱动系统普遍用于经济型数控车床。

开环伺服系统在工作中，不需要比较其指令位置与实际位置之间的误差，也不存在用该误差去进行补偿控制。这类车床的控制精度主要取决于伺服系统的传动链及步进电机本

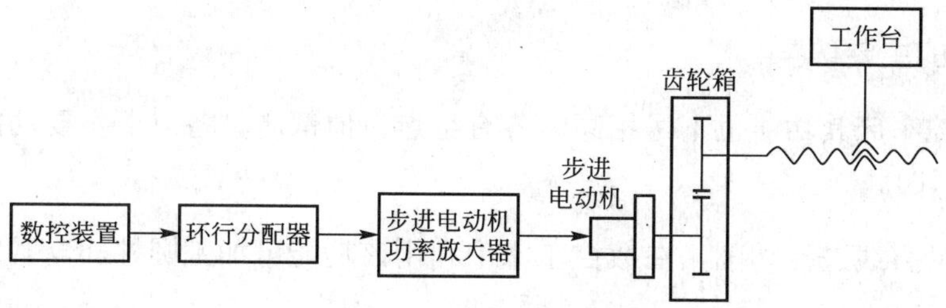

图 1－13　开环控制框图

身，故控制精度不高。但因其结构简单，反应迅速，工作稳定、可靠，调试及维修均很方便，加之价格十分低廉，所以国内至今仍在对这类伺服系统做进一步的开发。

2）半闭环控制数控车床

半闭环控制数控车床的控制原理如图 1－14 所示。

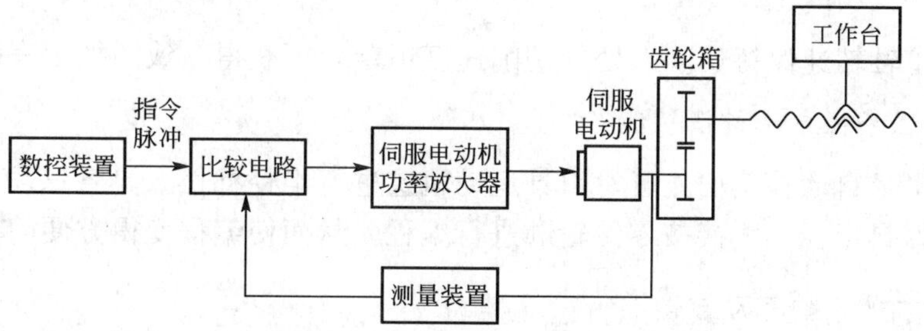

图 1－14　半闭环控制框图

这类车床所采用的伺服系统与全闭环伺服系统的共同特征是该系统内设有以位置检测元件为主的位置检测反馈装置，它在车床的控制过程中会形成部分位置随动控制环路，但不把机械传动位置等部分包括在内，故称该控制环路为“半闭环”。该伺服系统因能自动进行位置检测和误差比较，并可对部分误差进行补偿，故其控制精度比开环伺服系统高，当车床的机械传动等位置的精度能满足使用要求时，其总的控制效果仍比较理想。

3）闭环控制数控车床

这类车床的控制精度很高，所采用的全闭环伺服系统在车床的控制过程中会形成全部位置随动控制环路，自动检测并补偿所有的位移误差。但该伺服系统的调试、维修工作均较困难，价格也较高，故只适用于中、高档数控车床。

闭环控制数控车床的控制原理如图 1－15 所示。

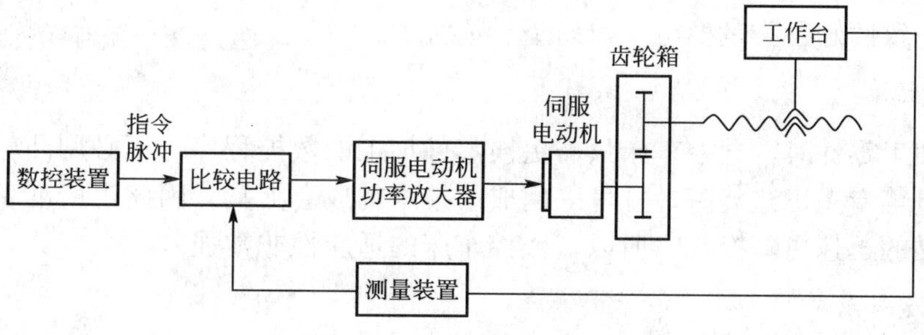

图 1－15　闭环控制框图

四、数控车床的主要功能

不同的数控车床其功能也不尽相同，各有特点，但都应具备以下主要功能。

1. 直线插补功能

控制刀具沿直线进行切削，在数控车床中利用该功能可加工圆柱面、圆锥面和倒角。

2. 圆弧插补功能

控制刀具沿圆弧进行切削，在数控车床中利用该功能可加工圆弧面和曲面。

3. 固定循环功能

固定循环功能固化了车床常用的一些功能，如粗加工、车螺纹、切槽、钻孔等，使用该功能可简化编程。

4. 恒线速度车削

通过控制主轴转速保持切削点处的切削速度恒定，可获得一致的加工表面。

5. 刀尖圆弧半径自动补偿功能

刀尖圆弧半径自动补偿功能可对刀具运动轨迹进行半径补偿，具备该功能的车床在编程时可不考虑刀具半径，直接按零件轮廓进行编程，从而使编程变得方便简单。

五、数控车床的加工范围及其特点

1. 适合于复杂异形零件的加工

由于数控车床能实现多个坐标的联动，所以数控车床能完成复杂型面的加工，特别是对于可用数学方程式和坐标点表示的形状复杂的零件，加工非常方便，因此数控车床在宇航、造船、模具等加工业中得到了广泛应用，如图 1－16 所示。

2. 加工精度高且稳定可靠

数控车床有较高的加工精度，一般为 0.005～0.01mm。数控车床的加工精度不受零件复杂程度的影响，车床传动链的反向齿轮间隙和丝杠的螺距误差等都可以通过数控装置自动进行补偿，其定位精度比较高，同时还可以利用数控软件进行精度校正和补偿。

对于同一批零件，由于使用同一车床和刀具及同一加工程序，刀具的运动轨迹完全相同，且由于数控车床是根据数控程序自动进行加工的，可以避免人为的误差，这就保证了零件加工的一致性好且质量稳定，如图 1－17 所示。

3. 高柔性

当改变加工零件时，数控车床只需更换零件加工的数控程序，不必用凸轮、靠模、样板或其他模具等专用工艺装备，且可采用成组技术的成套夹具。因此生产准备周期短，有利于机械产品的迅速更新换代。所以，数控车床的适应性非常强。

4. 生产效率高

数控车床本身的精度高、刚性大，可选择有利的加工用量，有效地节省了机动工时。

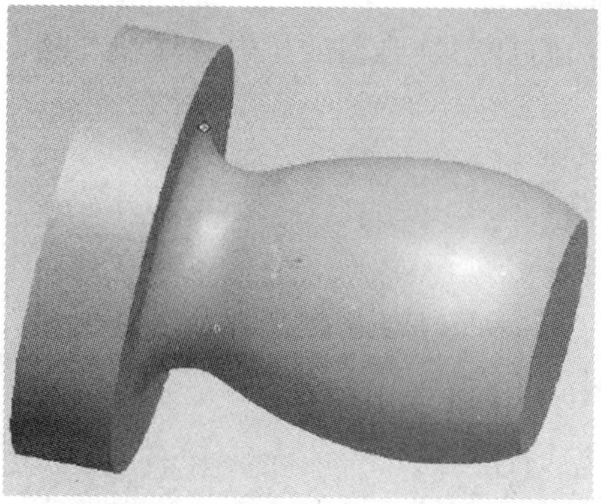

图 1-16　曲面零件

图 1-17　精密零件

数控车床还有自动换速、自动换刀和其他辅助操作自动化等功能，使辅助时间大为缩短，而且无需工序间的检验与测量，所以生产效率高，一般为普通车床的 3～5 倍，对某些复杂零件的加工，生产效率可以提高十几倍甚至几十倍，可用于零件的批量生产，如图 1-18 所示。

5. 劳动条件好

在输入程序并启动后，数控车床就可以自动地连续加工，直至零件加工完毕。这样就简化了工人的操作，使劳动强度大大降低。

一般数控车床加工出第一个合格工件后，工人只需要装夹工件和启动机床，就可以加工出同样合格的工件，减轻了工人的劳动强度。数控机床可靠性高，保护功能齐全，数控系统都有自诊断和自停机功能，因此当一个工件的加工时间超出工件的装夹时间时，就能实现一人多机操作，如图 1-19 所示。

图 1-18　批量零件

图 1-19　操作数控装置

6. 有利于管理现代化

采用数控车床有利于向计算机控制与管理生产方面发展，为实现生产过程自动化创造了条件。

7. 投资费用高且维修困难

数控车床是一种高技术的设备，车床价格较高，而且它是典型的机电一体化产品，技术含量高，对维修人员的技术要求很高。

任务实施

一、 参观数控车床工作现场

数控车床的工作现场如图 1 - 20 所示。

注意：

第一次近距离接触数控车床的人员，会有很大的好奇心，但此时此刻千万不要忘记安全问题。观察数控车床加工时，一定要防止被切屑伤害。要学会适应不同的工作环境，首要是保护好自己的眼睛。

二、 观看数控车床加工的产品

数控车床加工的产品如图 1 - 21 所示。

图 1 - 20 数控车床的工作现场

图 1 - 21 数控车床加工的产品

注意：

(1) 参观过程中，严格服从教师的管理，禁止擅自操作车床。

(2) 从课堂到车间，第一次亲身接触数控车床，要抓住这次学习机会，培养学习兴趣。

(3) 从开始就树立安全意识、质量意识、节约意识，从而养成良好的习惯，为以后适应不同工作打下坚实基础。

练　习　题

1. 数控车床的基本组成结构有哪些？
2. 数控车床按哪些项目分类？
3. 数控车床有哪些特点？
4. 开环伺服系统与闭环伺服系统有哪些主要区别？

模块二

数控车床基本操作

引导语

一名合格的数控车床操作工，不仅需要掌握车床操作编程的基本原理，还要有加工工艺、测量技术及切削刀具等方面的相关专业知识，对数控机床操作的各项内容及操作程序了如指掌，熟练掌握数控机床的各种基本操作方法。不同类型的数控车床，配备的数控系统也不尽相同，面板功能和布局也各不一样。因此，应根据具体设备，仔细阅读编程与操作说明书，只有这样才能更好地掌握数控机床的操作，保障被加工零件的精度要求和机床的安全运行，以发挥数控机床的最大功效。

任务一　数控车床的手动操作

教学目标

◇ 了解面板的组成、结构
◇ 掌握数控车床操作面板上各功能按钮的含义与用途
◇ 掌握数控车床开机与关机及手动和 MDI 方式操作
◇ 掌握数控车床安全操作规程

能力目标

◇ 掌握数控车床的基本操作
◇ 熟练掌握 FANUC－0i 车床数控系统操作面板及各按键、按钮的名称及功用
◇ 掌握数控车床安全操作规程

任务描述

数控车床的操作是数控加工技术的重要环节， 而数控车床的操作是通过系统控制面板和机床操作面板来完成的。这就要求操作者根据不同的系统面板完成该数控车床的基本操作，最终完成工件的加工。现以 FANUC－0i－M 车床数控系统为例，要求掌握如下基本操作方法：手动方式操作、手轮方式操作、MDI 方式操作、回零操作、急停操作等，并掌握数控车床的安全操作规程。

相关知识

一、 数控车床面板组成

下面以 FANUC－0i－M 车床数控系统为例来介绍数控车床的系统操作设备。它的操作面板由机床控制面板和数控系统操作面板两部分组成，如图 2－1 所示，主要包括 CRT/MDI(LCD/MDI)单元、MDI 键盘和功能键等。

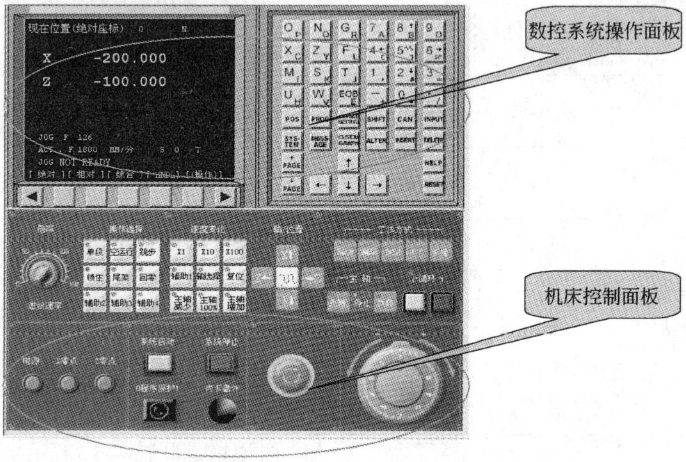

图 2－1　FANUC－0i－M 车床数控系统操作面板

二、 数控系统操作面板

数控系统操作面板由显示屏和 MDI 键盘两部分组成，如图 2 - 2 所示。其中，显示屏主要用来显示相关坐标位置、程序、图形、参数、诊断、报警等信息；而 MDI 键盘包括数字/字母键、功能键等，可以进行程序、参数、机床指令的输入及系统功能的选择。

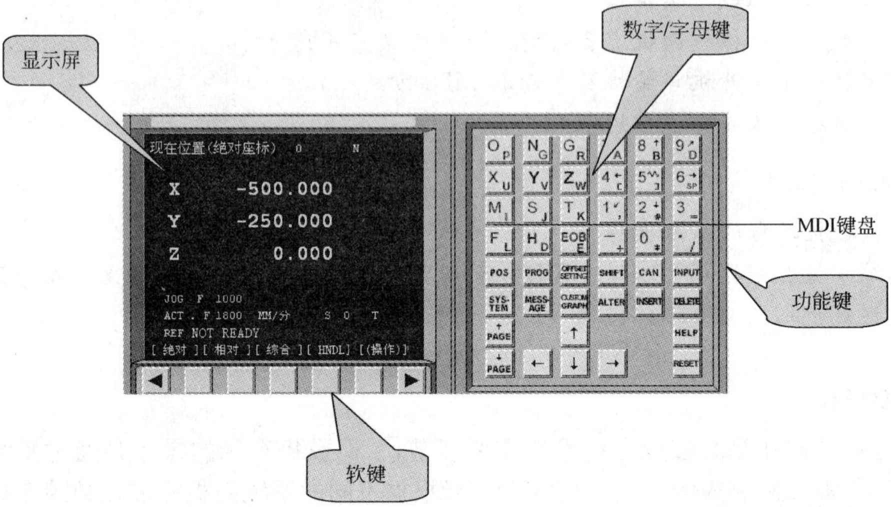

图 2 - 2　数控系统操作面板

编辑面板上的按键通常分为功能键和软键两种。功能键用来选择将要显示的屏幕画面，按下功能键之后再按下与屏幕文字相对的软键，就可以选择与所选功能相关的屏幕。

数控系统操作面板上各按键的名称和功能见表 2 - 1。

表 2 - 1　数控系统操作面板上各按键的名称和功能

图　　标	名　　称	功能说明
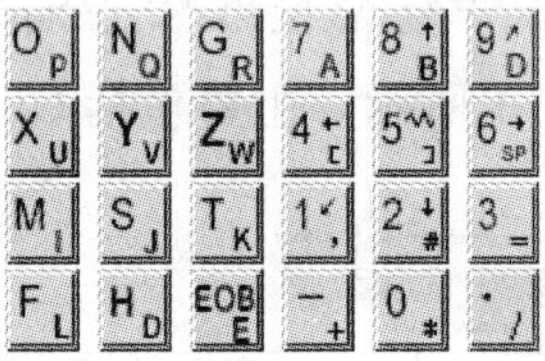	数字/字母键	数字/字母键用于输入数据，系统会自动根据功能设置判别取字母还是取数字
	复位键	按此键可以使数控车床复位或者取消报警等
	帮助键	当对 MDI 键的操作存在疑问时，按下此键可以获得帮助
	软键	根据不同的画面，软件有不同的功能。软件功能显示在屏幕的底端
	切换键	切换键为上挡切换功能，按此键可以在数字和字母之间进行切换
	输入键	当按下一个字母键或者数字键时，再按此键，数据将被输入到缓冲区，并且显示在屏幕上
	取消键	用于删除最后一个进入输入缓存区的字符或符号

（续）

图　　标	名　　称	功能说明
ALTER	替换键	用输入的数据替代光标所在处的数据
INSERT	插入键	把输入域中的数据插入到当前光标之后的位置
DELETE	删除键	删除光标所在处的数据或者删除一个数控程序及全部数控程序
POS	位置显示键	按此键以显示位置，屏幕位置显示有三种方式，可用 PAGE 键选择
PROG	程序显示与编辑页面键	按此键可显示数控程序与编辑页面
OFFSET SETTING	偏置参数输入页面键	循环按此键，画面在坐标系设置页面、刀具补偿参数页面切换。进入不同的页面以后，可用 PAGE 键切换
CUSTOM GRAPH	图形参数设置页面键	用来设定图形参数，进行图形模拟
MESS-AGE	信息页面键	按此键可显示信息屏幕
SYS-TEM	系统参数页面键	按此键可显示系统参数屏幕
↑ ← ↓ →	光标移动键	此键用于将光标向上、向下、向右、向左或者往后移动
↑PAGE ↓PAGE	翻页键	此键用于将屏幕显示的页面往前翻页或往后翻页
EOB E	换行键	结束一行程序的输入并且换行

三、 机床控制面板

机床控制面板上的各种功能键可用于执行简单的操作，直接控制机床的动作及加工过程，如图 2－3 所示。其各按键的名称和功能见表 2－2。

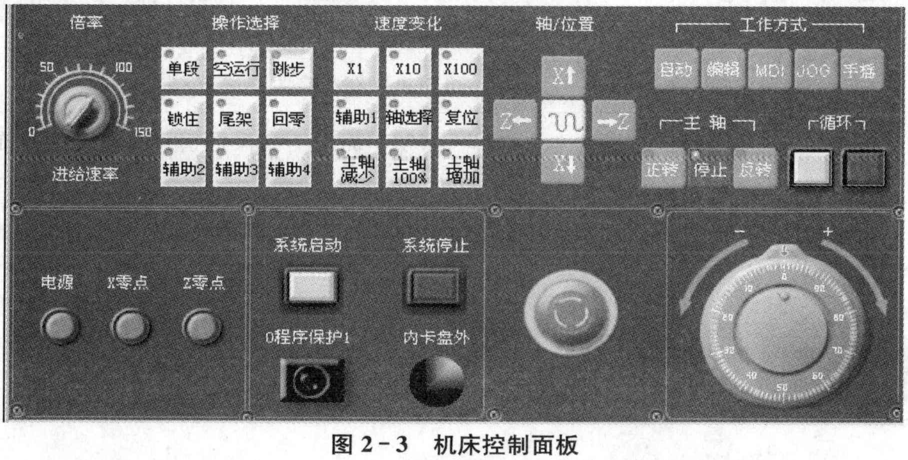

图 2－3　机床控制面板

表 2 - 2　机床控制面板上各按键的名称和功能

图　标	名　称	功能说明
	单段键	用于在自动加工时执行单个程序段指令(按一次循环启动键，执行一个程序段，直到程序运行完成)
	空运行键	此键用于程序输入完毕后效验程序及机床运动轨迹是否正确
	跳步键	如程序中使用了跳步符号“/”，当按下此键后，程序运行到有该符号标定的程序段，即跳过不执行该段程序
	机床锁键	用来锁住机床的所有机械运动
	机床回零键	在此模式下，可进行机床的回零操作，建立机床坐标系(机床开机后应首先进行回参考点操作)
	进给倍率修调旋钮	调整此旋钮可实现在自动加工或手动加工时的进给速度修调
	自动加工键	执行程序的自动加工，如自动连续加工工件、模拟加工工件、在 MDI 模式下运行指令
	编辑键	用于程序的建立、编辑、修改、插入及删除
	手动数据输入、执行键	执行手动输入程序段和参数设定功能时使用
	手动操作键	对刀及调整机床拖板位置时使用。通过手动操作键可手动换刀、手动移动机床各轴、手动主轴正反转
	手轮键	在此模式下，与 *X*、*Z* 轴的方向开关配合摇动手轮，可实现控制 *X*、*Z* 轴方向的机床进给移动
	方向控制键	在此模式下，按  键及相应的 *X* 或 *Z* 方向键，可使机床在相应方向快速移动
	程序保护锁	将操作面板上的保护钥匙或模式选择旋钮转至 OFF，可输入或修改程序，转至 ON 则锁定程序
	急停按钮	在自动加工或机床出现紧急故障时，按此键可切断机床所有正在执行的动作，同时保持现有状态并报警
	数控系统启动开关按钮	给数控系统上电，启动数控系统

四、数控车床安全操作规程

(1) 学生必须在教师指导下进行数控车床操作，严禁多人同时操作。

(2) 学生必须在完全清楚操作步骤时进行操作，遇到问题立即向教师咨询，禁止在不知道规程的情况下进行尝试操作。操作中如果车床出现异常，必须立即向教师报告。

(3) 手动原点回归时，注意车床各轴位置应远离原点(参考点)100mm 以上。

(4) 使用手轮或手动方式移动各轴位置时，一定要看清机床 X、Z 各轴方向“＋”“－”号标牌后再移动。移动时先慢转手轮，观察车床移动方向无误后方可快速移动。

(5) 学生编完程序后将程序输入车床，必须在机床锁定和试运行的状态下进行图形模拟，仔细检查刀具走刀路径是否正确，如果有问题应重新调试程序，直到正确为止。

(6) 程序运行注意事项：

① 对刀应准确无误，刀具补偿号应与程序调用号符合。

② 检查机床各功能键的位置是否正确。

③ 光标放在主程序头，打开检视，刀具移动过程中随时注意剩余动量的数值与实际走刀是否相符，如不相符，立即按下进行保持键。

④ 打开单段运行至循环点，检查循环点是否正确。若与实际不相符，则说明对刀错误，应该重新对刀；若该点正确，则关闭单段，顺序执行程序。

⑤ 加注适量冷却液。

⑥ 站立位置应合适，启动程序时，右手做按进给保持按钮准备，程序在运行中不能离开此按钮，如有紧急情况应立即按下。

(7) 加工过程中，认真观察切削及冷却液情况，确保机床、刀具的正常运行及工件的质量，并关闭防护门以免铁屑、润滑液飞溅出。

(8) 在程序运行中须暂停测量工件时，须待机床完全停止，即主轴停转后方可进行测量，以免发生人身事故。

(9) 开机顺序：

① 接通电源开关。

② 弹起急停按钮(如果事先已经按下)。

③ 接通系统启动开关。

(10) 关机顺序：

① 按下急停按钮。

② 关闭系统启动开关。

③ 关闭电源开关。

(11) 每班在操作结束后，必须清扫机床。

任务实施

与普通数控机床类似，对数控车床进行操作也应养成安全文明操作的良好习惯。首先应检查机床的外部情况，冷却润滑状态，以及卡盘上所装夹的工件是否牢靠，然后按照先机床后系统的顺序或者根据操作说明的要求进行。

(1) 按下系统电源开关按钮，电源接通，系统启动后会显示系统的初始状态方式。

(2) 学生须对 CRT 显示内容及机床各种工作状态指示灯做进一步检查，然后进行下一步操作(回零)。

(3) 对于大型、精密数控车床及车削中心，还应进行充分的预热，以提高设备运行稳定性。

(4) 在结束车床操作时，按照先系统后机床的顺序关机。

一、 机床回零

开机后的首要工作是回机床原点。

数控车床在接通机床和数控电源后，在确认无任何报警信息的前提下，应首先进行返回参考点的工作，以便建立机床坐标系。其操作步骤如下。

(1) 检查坐标值，保证 X 、Y 轴坐标至少在 $-30\sim-15$ 以下。若不符合要求，则选择手动操作模式，利用手轮或手动将 X、Z 轴的机械坐标值移动到符合要求为止。

(2) 选择回零工作方式回零。

(3) 按下坐标轴移动键中的 X 向、Z 向方向键，让 X、Z 轴先后返回机床零点。CRT 显示 X 600.000 Z 1010.000，X、Z 轴回参考点，指示灯亮，表示机床已正常启动，可以进行其他操作。为安全考虑，与数控铣床操作不同的是，数控车床一般首先进行 X 轴回零。

注意：

回原点时必须先回 X 轴，再回 Z 轴，否则刀架可能与尾座发生碰撞。

二、 进给运动操作

进给运动可分为连续进给和点动进给。两者的区别是：在手动模式下，按下坐标进给键，进给部件将连续移动，直到松开坐标进给键为止；在点动状态下，每按一次坐标进给键，进给部件只移动一个预先设定的距离。

(1) 按手动操作JOG键，系统处于连续点动运行方式。

(2) 使用机床控制面板上的进给速率修调旋钮选择进给速度。

(3) 根据需要移动的方向，按坐标轴移动键中的相应方向键。

(4) 如在按方向键的同时按下中键，则可实现手动快速移动(禁止用于切削)。

三、 主轴及冷却操作

在手动模式下，可设置主轴转速，启动主轴正、反转和停止，冷却液开、关等。

(1) 确保系统处于手动方式下。

(2) 使用主轴速度修调键主轴减少 主轴100% 主轴增加，选择不同的主轴转速倍率。

(3) 按主轴正转键正转(指示灯亮)，主轴以设定的转速正转。

(4) 按主轴反转键反转(指示灯亮)，主轴以设定的转速反转。

(5) 按主轴停止键停止(指示灯亮)，主轴停止运转。

四、手轮进给

(1) 按手轮键，系统处于手轮运行方式。

(2) 选择对应的 X 或 Z 向来选择手轮移动的轴。

(3) 通过倍率选择键 X1 X10 X100 选择倍率。

(4) 根据移动方向旋转手轮，以达到控制坐标轴移动的目的。

五、急停操作

在数控车床操作过程中，如果出现紧急情况，应立即按下急停按钮，使车床的全部动作停止，该按钮自锁，同时显示屏上显示“EMG”字样，车床报警指示灯点亮。排除故障后，按照旋钮的指示箭头旋转，释放急停按钮的自锁，按钮弹起。

任务二　数控程序的输入与编辑

教学目标

◇ 掌握数控编程的定义、特点与要求
◇ 掌握数控编程的常用功能指令
◇ 掌握数控程序手工输入与编辑的方法

能力目标

◇ 掌握数控编程的定义、特点与要求
◇ 掌握数控编程的常用功能指令
◇ 熟练进行数控程序手工输入与编辑的方法

任务描述

如图 2－4 所示的阶梯轴，要求按照正确编程要求，合理编制该零件的加工程序，并输入到数控装置中，从而指挥控制车床自动加工零件。

任务分析

为了使数控车床能根据零件加工要求进行正确动作，必须将零件图样的要求以机床数控系统能识别的指令形式输入到数控系统中，这种数控系统能识别的指令集称为程序，制作程序的过程称为数控编程。编制加工程序是操作数控车床的必备能力。加工程序有特定的格式，它是由具有不同含义的指令和代码组成的，而且编程的过程不仅仅是指编写数控加工指令的过程，它还包括

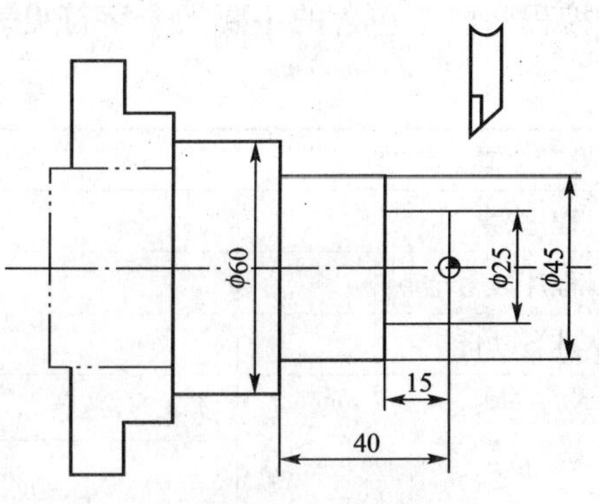

图 2－4　阶梯轴

从零件的分析到加工指令的编写再到编辑及程序校核的全过程。

相关知识

一、 零件程序的结构

一个零件程序是一组被传送到数控装置中去的指令和数据，每一个完整的数控程序都是由程序号、程序内容和程序结束三部分组成的，而这个零件程序是由遵循一定结构、句法和格式规则的若干个程序段组成的，而每个程序段则是由若干个指令字组成的，如图 2－5 所示。

1. 程序段的格式

一个程序段定义一个将由数控装置执行的指令行。程序段的格式定义了每个程序段中功能字的句法，如图 2－6 所示。

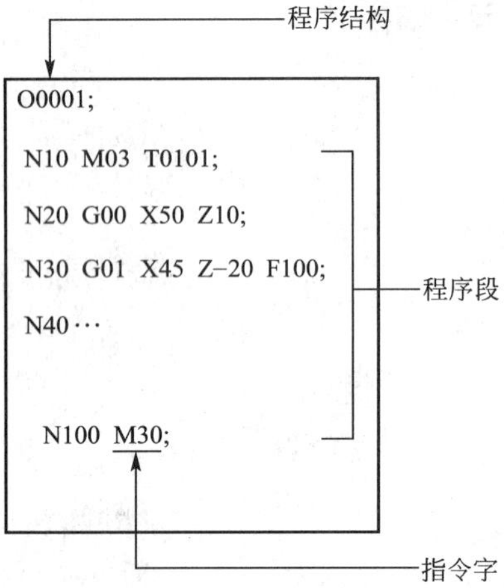

图 2－5　零件程序的结构

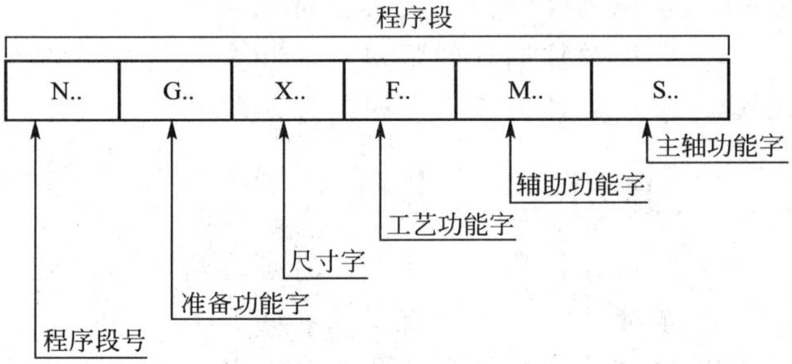

图 2－6　程序段的格式

2. 程序指令字的格式

一个指令字由地址符(指令字符)和带符号(如定义尺寸的字)或不带符号的数字数据组成(如准备功能字 G)。程序中不同的指令字符及其后数值确立了每个指令字符的含义，在数控程序段中包含的主要指令字符见表 2－3。

表 2－3　主要指令字符

功　　能	地　　址	意　　义
程序号	O	程序号(0～9999)
程序段号	N	程序段号 $Ni(i=0, 1\cdots)$
准备功能	G	指令动作方式(直线、圆弧等)
尺寸字	X，Y，Z，U，V，W，A，B，C	坐标轴的移动
	R	圆弧半径、固定循环的参数
	I，J，K	圆弧终点坐标

（续）

功　能	地　址	意　义
进给速度	F	进给速度指定
主轴功能	S	主轴旋转速度指定
刀具功能	T	刀具编号选择
辅助功能	M	机床开、关及相关控制
暂停	P，X	暂停时间指定
程序号指定	P	子程序号指定
重复次数	L	子程序的重复次数
参数	P，Q，R，U，W，I，K，C，A	车削复合循环参数
倒角控制	C，R	自动倒角参数

3. 程序的结构

一个零件程序必须包括起始符和结束符。

一个零件程序是按程序段的输入顺序执行的，而不是按程序段号的顺序来执行的，因此建议按升序输入程序段号。

二、指令代码

1. 准备功能

准备功能又称 G 功能或 G 代码，是由地址字和后面的两位数来表示的，见表 2-4。它用来规定刀具和工件的相对运动轨迹、机床坐标系、坐标平面、刀具补偿、坐标偏置等多种加工操作。

表 2-4　准备功能代码

G 代 码	组　别	功能说明	程序格式及说明
G00	01	快速定位	G00　X_　Z_
◆G01		直线插补	G01　X_　Z_　F_
G02		圆弧插补	G02　X_　Z_　R_　F_
G03		逆圆插补	G03　X_　Z_　R_　F_
G04	00	暂停	G04　X_（单位是 s）；G04　P_（单位是 ms）
G17	16	*XY* 平面选择	G17
◆G18		*ZX* 平面选择	G18
G19		*YZ* 平面选择	G19
G20	06	英寸输入	G20
◆G21		毫米输入	G21

（续）

G代码	组别	功能说明	程序格式及说明
G28	00	返回刀具参考点	G28 X_ Z_
G29		由参考点返回	G29 X_ Z_
G32	01	螺纹切削	G32 X_ Z_ F_(F为导程)
G34		变螺距螺纹切削	G34 X_ Z_ F_ K_
◆G40	07	刀尖半径补偿取消	G40
G41		左刀补	G41 G01 X_ Z_ F_
G42		右刀补	G42 G01 X_ Z_ F_
◆G50	00	1. 坐标系设定 2. 最高主轴速度限定	G50 X_ Z_ 或 G50 S_(最高主轴转速)
G52		局部坐标系设定	G52 X_ Z_
G53		机床坐标系设定	G53 X_ Z_
◆G54	14	坐标系设定 1	G54
G55		坐标系设定 2	G55
G56		坐标系设定 3	G56
G57		坐标系设定 4	G57
G58		坐标系设定 5	G58
G59		坐标系设定 6	G59
G65	00	宏程序非模态调用	G65 P_ L_(自变量指定)
G66	12	宏程序模态调用	G66 P_ L_(自变量指定)
◆G67		取消宏程序模态调用	G67
G70	00	精车循环	G70 P_ Q_
G71		粗车外径复合循环	G71 U_ R_ G71 P_ Q_ U_ W_ F_
G72		粗车端面复合循环	G72 W_ R_ G72 P_ Q_ U_ W_ F_
G73		固定形状粗加工复合循环	G73 U_ W_ R_ G73 P_ Q_ U_ W_ F_
G74		端面深孔钻削(切槽)循环	G74 R_ G74 X(U)_ Z(W)_ P_ Q_ R_ F_
G75		外径、内径钻削(切槽)循环	G75 R_ G75 X(U)_ Z(W)_ P_ Q_ R_ F_
G76		螺纹切削复合循环	G76 Pmra Q_ R_ G76 X(U)_ Z(W)_ R_ P_ Q_ F_

（续）

G代码	组　别	功能说明	程序格式及说明
◆G80	10	取消固定钻削循环	G80
G83		端面钻削循环	G83 X_ C_ Z_ R_ Q_ P_ F_ M_
G84		端面攻螺纹循环	G84 X_ C_ Z_ R_ P_ F_ K_ M_
G86		端面镗孔循环	G86 X_ C_ Z_ R_ P_ F_ K_ M_
G87		侧面钻削循环	G87 Z_ C_ X_ R_ Q_ P_ F_ M_
G88		侧面攻螺纹循环	G88 Z_ C_ X_ R_ F_ K_ M_
G90	01	单一形状外径、内径切削循环	G90 X_ Z_ F_ G90 X_ Z_ R_ F_
G92		螺纹切削循环	G92 X_ Z_ F_ G92 X_ Z_ R_ F_
G94		端面车削循环	G94 X_ Z_ F_ G94 X_ Z_ R_ F_
G96	02	恒线速切削	G96 S200（200m/min）
◆G97		取消恒线速切削	G97 S600（600r/min）
G98	05	每分进给	G98 F100（100mm/min）
◆G99		每转进给	G99 F0.1 （0.1mm/r）

【说明】1. “◆”号为默认G代码，即在机床系统上电或复位时被初始化为该功能。但其中，G20或G21指令保持有效。

2. 不同系统的G代码不一致，编程时以系统说明书所规定的代码为准。

3. 表中00组的G代码为非模态G代码，其余组为模态G代码。

(1) 模态功能代码同组可相互注销，一旦被执行一直有效，直到被同组代码注销为止。

(2) 非模态功能代码只在所规定的程序段中有效，程序段结束时被注销。

4. 不同组的G代码在同一程序段中可以指定多个。若在同一程序段中指定了多个同组的G代码，则执行最后指定的G代码。

5. 若在固定循环中指定了01组的G代码，则固定循环取消。

2. 辅助功能

辅助功能也称M功能，它用于控制零件程序的走向，以及机床辅助动作与状态的功能，见表2-5。

表2-5　辅助功能代码

M代码	功能说明	M代码	功能说明
M00	程序停止	M04	主轴反转启动
M01	程序停止	◆M05	主轴停止转动
M02	程序结束	M08	切削液打开
M03	主轴正转启动	◆M09	切削液停止

（续）

M 代 码	功能说明	M 代 码	功能说明
M10	车螺纹斜退刀	M19	主轴准停
M11	车螺纹直退刀	M30	程序结束并返回起点
M12	误差检测	M98	调用子程序
M13	误差检测取消	M99	子程序结束

【说明】1. 模态 M 功能组中也包含部分默认功能，系统上电时将被初始化为该功能。

2. M 功能还可分为前作用 M 功能和后作用 M 功能两类。

(1) 前作用 M 功能：在程序段编制的轴运动之前执行。

(2) 后作用 M 功能：在程序段编制的轴运动之后执行。

3. M00、M02、M30、M98、M99 用于控制零件程序的走向，是 CNC 内定的辅助功能，不由机床制造商设计决定，也就是说与 PLC 程序无关。

4. 其余 M 功能用于机床各种辅助功能的开关动作，其功能不由 CNC 内定，而是由 PLC 程序指定，所以有可能因机床制造厂不同而有差异，请使用者参考机床说明书。

3. 主轴功能

主轴功能 S 控制主轴转速，其后的数值表示主轴转速，单位为转/分(r/min)。

在使用恒线速度功能时(G96 恒线速有效，G97 取消恒线速)，单位为米/分(m/min)。S 为模态指令。

S 所编程的主轴速度还可借助操作面板上的主轴倍率开关进行修调。

4. 刀具功能

刀具功能也称 T 功能，主要用来选择刀具。它由地址符 T 和后续数字组成，后续数字有 T_2 位和 T_4 位之分，具体对应关系由生产厂家确定。

T0101 表示选择 01 号刀并调用 01 号刀具补偿值。

T0000 表示取消刀具选择及刀补选择。

若一个程序段中同时指定了 T 代码与刀具移动指令，则先执行 T 代码指令选择刀具，而后执行刀具移动指令。

5. 进给功能

进给功能也称 F 功能，表示坐标轴的进给速度，它的单位取决于 G98 或 G99 指令。

G98：每分进给量，单位为 mm/min。

G99：每转进给量，单位为 mm/r。

F 指令也为模态值。在 G01、G02 或 G03 方式下，F 值一直有效，直到被新 F 值取代或被 G00 指令注销。G00 指令工作方式下的快速定位速度是各轴的最高速度，由系统参数确定，与编程数值无关。

三、 程序编辑

程序编辑是在数控机床操作中经常用到的，以加工程序为对象的有关操作。主要操作内容包括一个新程序的录入，程序的检索、修改、删除、插入等编辑方式及程序的输入/输出(通信方式)等操作。

在编辑模式下，将程序保护键钥匙转到OFF位置，即可进行程序的输入及编辑。如机床带有通信接口，也可从外部设备输入，并能直接执行外部程序。

1. 显示程序存储器的内容

(1) 按键选择编辑工作方式。

(2) 按键显示程序画面。

(3) 按“LIB”软键，屏幕显示如图2-7所示的内容。

其中，已登录程序数量2，剩余存储数量46；已用磁盘空间2，剩余空间4094；已存储程序号为01、02。

2. 建立新程序

(1) 按键选择编辑工作方式。

(2) 按键显示程序画面。

(3) 在MDI操作面板上输入O0001，按键确认，建立一个新的程序号，屏幕显示如图2-8所示的内容，即可输入程序的内容。

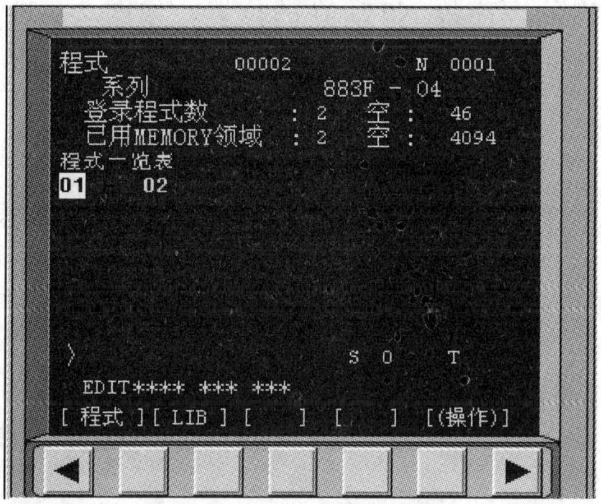

图2-7　存储器内容

图2-8　建立新的程序号

(4) 每输入一个程序句后按键表示语句结束，然后按键将该语句输入。输入结束，屏幕显示如图2-9所示的内容。

3. 编辑程序

1) 检索程序

(1) 按键选择编辑工作方式。

(2) 按键显示程序画面。

(3) 输入要检索的程序号(如O0001)，如图2-10所示。

(4) 按“O检索”软键，即可调出所要检索的程序。

2) 检索程序段

检索程序段(语句)需在已检索出程序的情况下进行。

(1) 按键，光标回到程序号所在位置，如O0001。

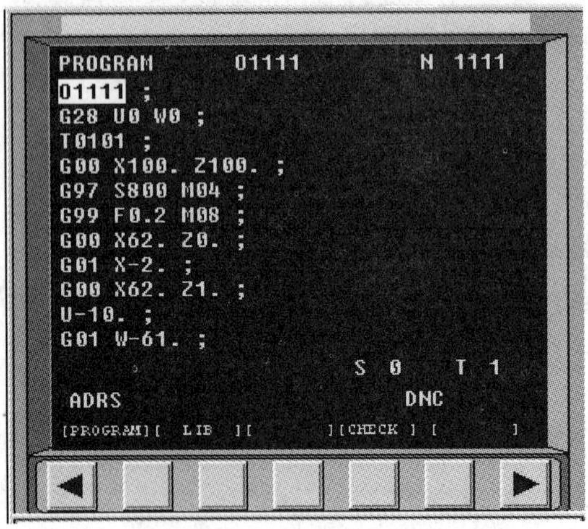

图 2-9 程序输入显示

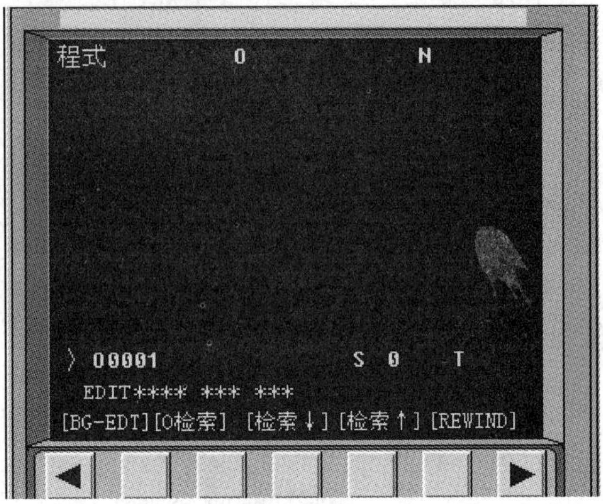

图 2-10 输入要检索的程序号

(2) 输入要检索的程序段号，如 N6。

(3) 按“检索↓”软键，光标即移至所检索的程序段 N6 所在的位置，如图 2-11 所示。

3) 检索程序中的字

(1) 输入要检索的字 Z1.0。

(2) 以光标当前的位置为准，检索前面的程序，按“检索↑”软键；检索后面的程序，按“检索↓”软键。光标移至所检索的字第一次出现的位置。

4) 修改字

例如，将 Z—10.0 改为 Z1.0。

(1) 将光标移至要修改的字 Z—10.0 位置(可用检索方法)。

(2) 输入要修改成的字 Z1.0，如图 2-12 所示。

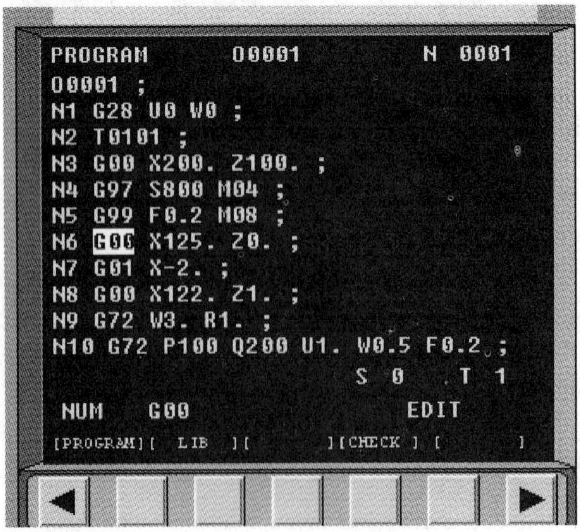

图 2-11 检索程序段

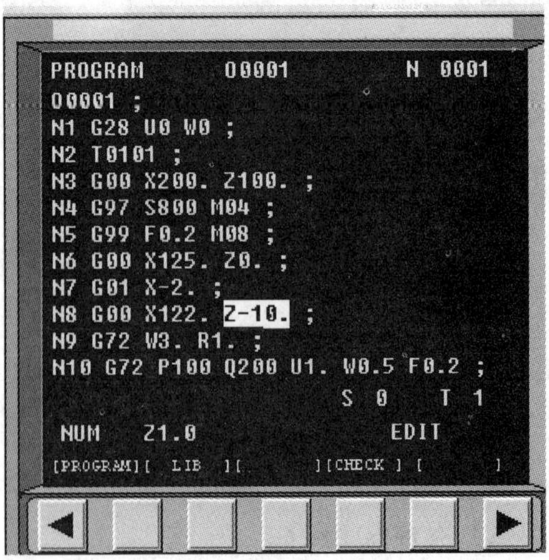

图 2-12 输入字

(3) 按ALTER键，Z1.0 将替换 Z—10.0，如图 2 - 13 所示。

5) 删除字

例如，删除“N8 G00 X122. Z1.0;”中的 Z1.0。

(1) 将光标移至要删除的字 Z1.0 位置，如图 2 - 14 所示。

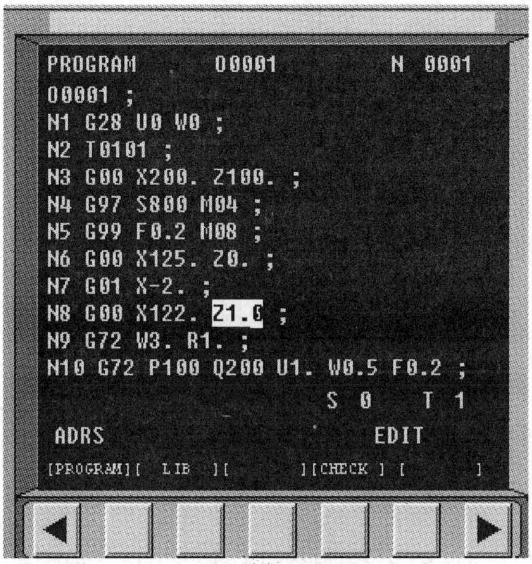

图 2 - 13　替换字

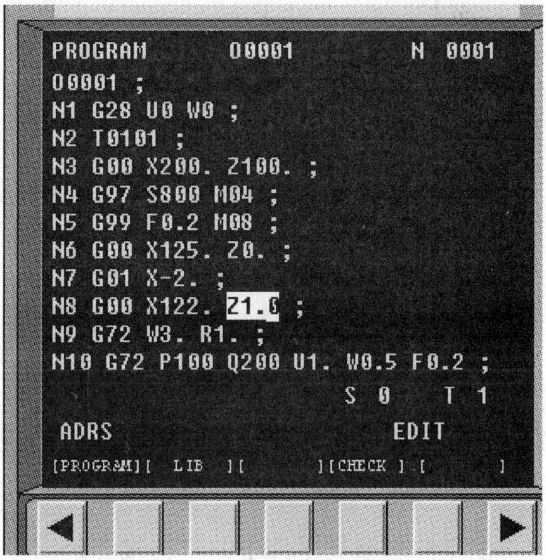

图 2 - 14　要删除的字

(2) 按DELETE键，Z1.0 被删除，光标自动向后移，如图 2 - 15 所示。

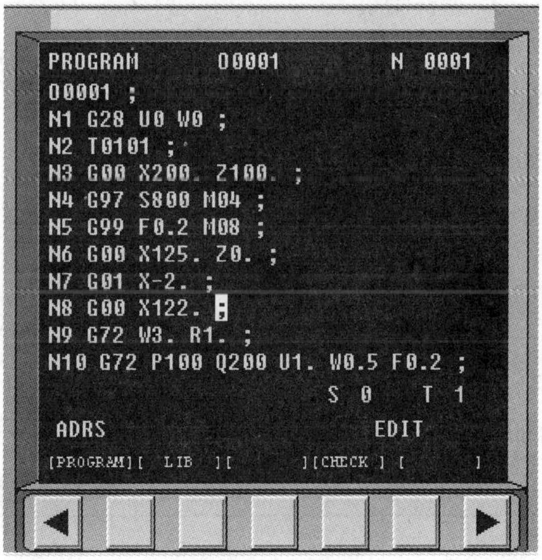

图 2 - 15　删除字

6) 删除程序段

例如，删除此程序段：

O0100;

N1 G50 S3000; …

(1) 将光标移至要删除的程序段第一个字 N1 处。

(2) 按EOB E键。

(3) 按DELETE键即可删除整个程序段。

7) 插入字

例如，在程序段“G01 Z20.0 F0.10;”中插入 X10.0，将其改为“G01 X10.0 Z20.0 F0.10;”。

(1) 将光标移至要插入字的前一个字的位置(Z20.0)处。

(2) 输入要插入的字 X10.0。

(3) 按INPUT键，插入完成，程序段变为“G00 X10.0 Z20.0 F0.10;”。

8) 删除程序

例如，删除程序号为 O0100 的程序。

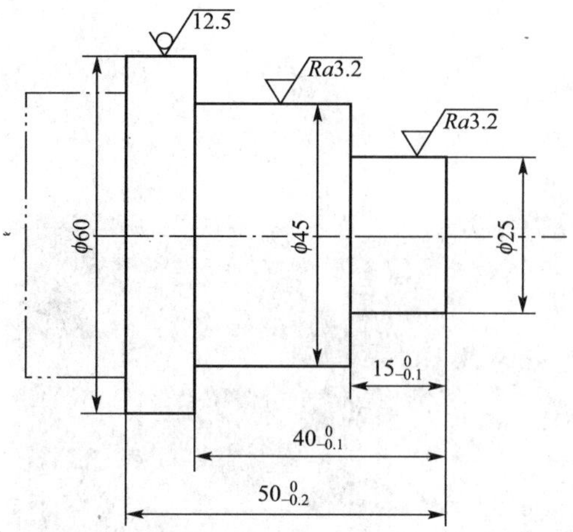

图 2-16　零件图

(1) 将模式选择开关定为编辑状态。

(2) 按 PROG 键显示程序画面。

(3) 输入要删除的程序号 O0100。

(4) 确认要删除的程序号。

(5) 按 DELETE 键即可删除程序号为 O0100 的程序。

任务实施

加工如图 2-16 所示零件的右端阶台。

一、 工艺分析

1. 确定加工路线

按先主后次、先粗后精的加工原则确定加工路线，采用固定循环指令对外轮廓先进行粗加工，再进行精加工。

2. 选择装夹方法和对刀点

该零件属轴类零件中的阶梯轴(又称台阶轴)，尺寸从小到大成阶梯状，因此应采用三爪自定心卡盘自定心夹紧，对刀点选在工件的右端面与回转轴线的交点。

3. 选择刀具

根据零件精度和加工要求，选用一把刀即可，采用试切法对刀，对刀的同时把端面加工出来。

4. 确定切削用量

粗加工时：主轴转速 n=500r/min，进给速度为 f=0.3mm/r，背吃刀量 a_p=3mm。

精加工时：主轴转速 n=800r/min，进给速度为 f=0.08mm/r，背吃刀量 a_p=1.0mm。

二、 程序编制

根据给定的零件图 2-16，确定以轴心线与球头中心的交点为编程原点，编制该零件的加工程序，见表 2-6。

表 2-6　零件加工程序

程　序	说　明
O0001;	程序号
M03 S500 T0101;	以 500r/min 转速正传启动，选择 1 号刀具及 1 号刀补
G00 X65.0 Z5.0;	快速移动到循环起点
G71 U3.0 R1.0;	粗车吃刀深度 3mm
G71 P01 Q02 U0.5;	精加工余量 1mm
N01 G00 X25.0;	

（续）

程　　序	说　　明
G01 Z－14.95 F0.3；	精加工路线
X45.0；	
Z－39.95；	
N02 X62.0；	
G00 X100.0 Z100.0；	快速退刀
M05；	主轴停
M00；	程序暂停
M03 S800 T0101；	以 800r/min 转速正传启动，选择 1 号刀具及 1 号刀补
G00 X62.0 Z2.0；	快速移动到精加工循环起点
G70 P01 Q02；	精加工循环指令
G00 X100.0 Z100.0；	快速退刀
M05；	主轴停
M30；	主程序结束并返回程序开始

三、程序输入

1. 建立程序号

（1）按EDIT键选择编辑工作方式。

（2）按PROG键显示程序画面。

（3）在 MDI 操作面板上输入 O0001，按INSERT键确认，建立 O0001 程序号，即可输入程序的内容。

2. 输入程序内容

每输入一个程序句后按EOB键表示语句结束，然后按INSERT键将该语句输入。

练　习　题

1. 一个完整的加工程序由哪几部分组成？其开始部分和结束部分常用什么符号及代码表示？
2. 模态指令与非模态指令的区别有哪些？
3. 什么是模态代码？什么是非模态代码？
4. 什么是准备功能代码？它的功能有哪些？
5. 什么是前作用代码？什么是后作用代码？

模块三

工件坐标系

引导语

统一规定数控机床坐标轴名称及运动的正负方向，可使编程简单方便，并使所编程序对同一类型机床具有互换性。目前国际上数控机床的坐标轴和运动方向均已标准化。我国 2001 年颁布了最新标准（GB/T 19660—2005/ISO 841：2001）《工业自动化系统与集成 机床数值控制坐标系和运动命名》，它与国际标准组织的 ISO 0841 等效。

教学目标

◇ 掌握数控车床坐标系的确定方法
◇ 掌握数控车床工件坐标系的设定方法
◇ 掌握数控车床上的基本原点的确定

能力目标

◇ 熟练应用各种坐标系进行编程
◇ 熟练设定工件坐标系
◇ 熟练应用基本原点来进行编程加工

任务描述

数控机床的加工是由程序控制完成的，而在编制加工程序时，基准及坐标系的正确选择起到一个举足轻重的作用，所以在零件(图 3-1)加工中，坐标系的确定与使用非常重要。根据 ISO 841 标准，数控机床坐标系以右手笛卡尔直角坐标系作为标准确定。

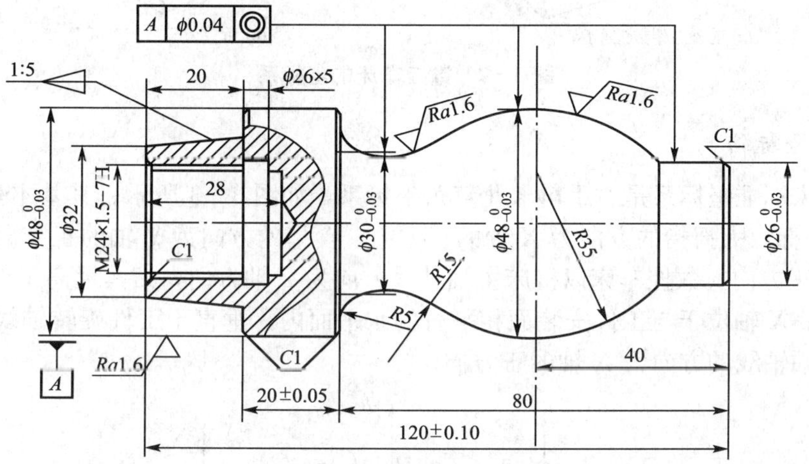

图 3-1　零件图

任务分析

在数控机床中，刀具的运动是在坐标系中进行的。为了更好地掌握数控编程以对零件进行加工，我们要对机床中各点的位置、作用及关系有明确的认识。

相关知识

数控车床常用的 3 个坐标系是机械坐标系、编程坐标系和工件坐标系。机械坐标系的原点是生产厂家在制造机床时的固定坐标系原点，也称机械零点。它是在机床装配、调试时已经确定下来的，是机床加工的基准点。在使用中，机械坐标系是由参考点来确定的，机床系统启动后，进行返回参考点操作，机械坐标系就建立了。坐标系一经建立，只要不切断电源，坐标系就不会变化。编程坐标系是编制程序时使用的坐标系，一般我们把 Z 轴与工件轴线重合，把 X 轴放在工件端面上。工件坐标系是机床进行加工时使用的坐标系，它应该与编程坐标系一致。能否让工件坐标系与编程坐标系一致，是操作的关键。

一、 数控车床坐标系

数控机床坐标系是为了确定工件在机床中的位置、机床运动部件特殊位置及运动范围，即为了描述机床运动和产生数据信息而建立的几何坐标系。通过机床坐标系的建立，可确定机床的位置关系，获得所需的相关数据。图 3－2 为数控车床的坐标系。

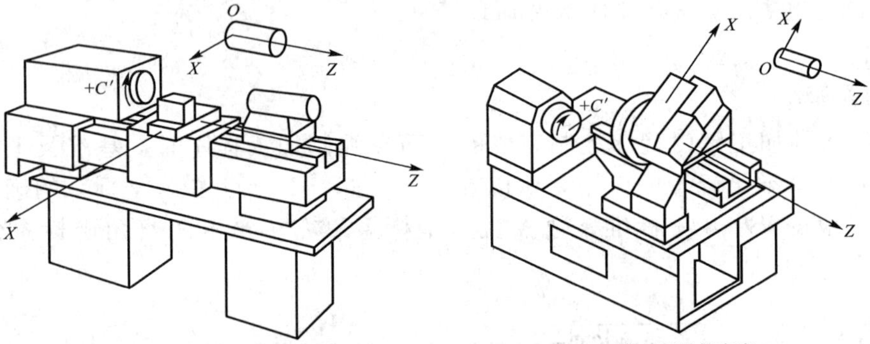

(a) 前置刀架数控车床　　(b) 后置刀架数控车床

图 3－2　数控车床的坐标系

1. 机床坐标轴

数控机床标准坐标系是右手笛卡儿直角坐标系，如图 3－3 所示。其基本坐标轴为 X、Y、Z 直角坐标，大拇指的方向为 X 轴的正方向，食指的方向为 Y 轴的正方向，中指的方向为 Z 轴的正方向。数控车床以机床主轴轴线方向为 Z 轴方向，刀具远离工件的方向为 Z 轴的正方向。X 轴位于与工件安装面相平行的水平面内，垂直于工件旋转轴线的方向，且刀具远离主轴轴线的方向为 X 轴的正方向。

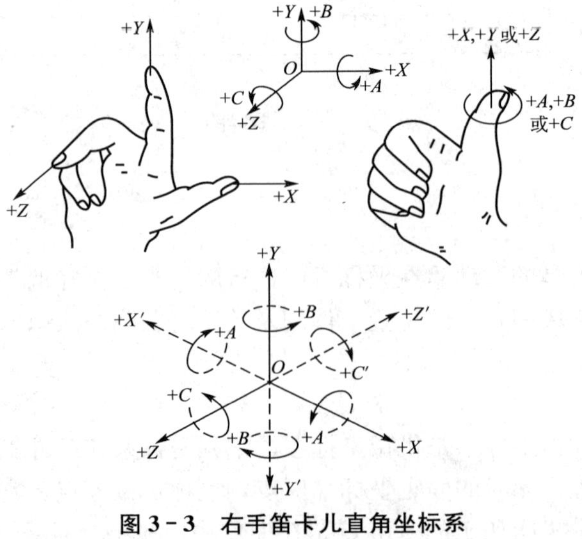

图 3－3　右手笛卡儿直角坐标系

2. 机床坐标轴的确定

顺序：先 Z 轴，再 X 轴，最后 Y 轴。

Z 轴——机床主轴；

X 轴——装夹平面内的水平向；

Y 轴——由右手笛卡尔直角坐标系确定。

3. 坐标轴运动方向的确定

数控车床是由主轴带动工件来进行旋转运动，由拖板带动刀具来进行进给运动的，遵循了坐标轴方向的确定原则：假定工件不动，刀具相对工件做进给运动，即刀具远离工件方向为正方向，如图 3－4 所示。运动方向的确定见表 3－1。

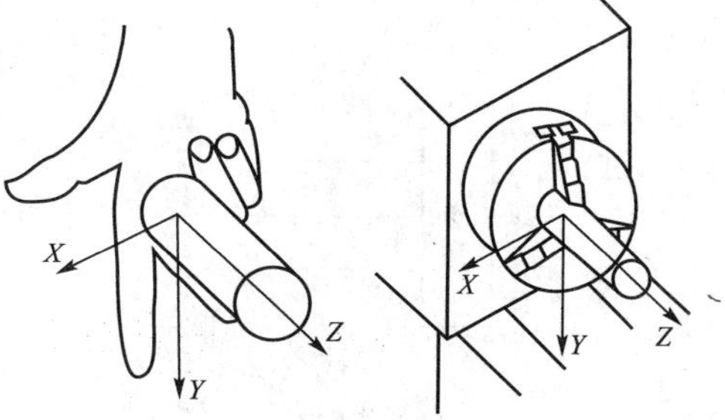

图 3－4　数控车床的坐标系

表 3－1　运动方向的确定

运动类别	说　明
Z 坐标轴上的运动	Z 坐标轴上的运动由传递切削力的主轴决定，与主轴轴线平行的坐标轴即为 Z 坐标轴。若机床上有几个主轴，则选一垂直于工件装夹卡面的主轴作为主要的主轴
X 坐标轴上的运动	X 坐标轴为水平的且平行于工件装卡面的方向，这是在刀具或工件定位平面内运动的主要坐标轴。对于工件旋转的机床（如车床等），X 坐标轴的方向在工件的径向上，且平行于横滑座。刀具离开工件旋转中心的方向为 X 轴的正方向
Y 坐标轴上的运动	Y 坐标轴垂直于 X、Z 坐标轴，沿 Y 坐标轴运动的正方向根据 X 和 Z 坐标轴的正方向，按右手直角坐标系来判断（普通数控车床没有 Y 轴方向的移动）
旋转运动 A、B 和 C	A、B 和 C 相应地表示其轴线平行于 X、Y 和 Z 坐标轴的旋转运动。A、B 和 C 的正方向相应地表示在 X、Y 和 Z 坐标轴正方向上按照右旋螺纹前进的方向

按我国国家标准（GB/T 19660—2005/ISO 841：2001）《工业自动化系统与集成　机床数值控制坐标系和运动命名》中的规定，数控车床的主轴轴线方向为 Z 轴，其正方向为刀具远离工件的方向，X 轴位于与工件安装面平行的水平平面内，垂直于主轴轴线方向，刀具远离主轴轴线的方向为 X 轴的正方向。表 3－2 为卧式数控车床坐标轴方向的确定。

表 3－2　卧式数控车床坐标轴方向的确定

数控车床分类	刀架类型	Z 轴方向的确定	X 轴方向的确定	图　例
刀架前置的数控车床	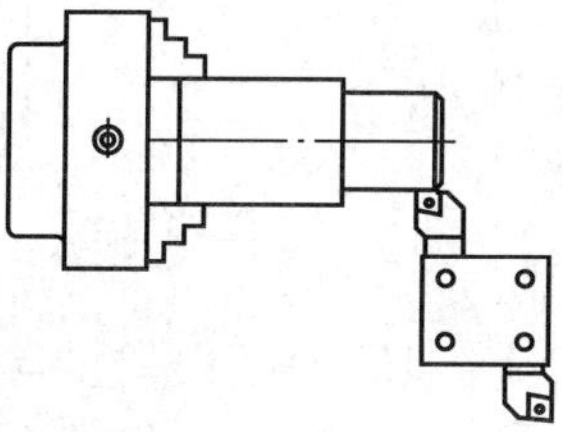 前置四方形回转刀架	刀具沿 Z 轴远离工件的方向为正方向	刀架沿 X 轴向前运动为负，向后运动为正	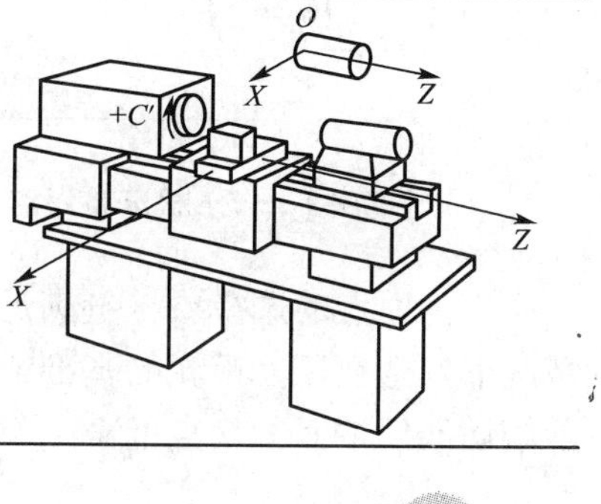

（续）

数控车床分类	刀架类型	Z轴方向的确定	X轴方向的确定	图　例
刀架后置的数控车床	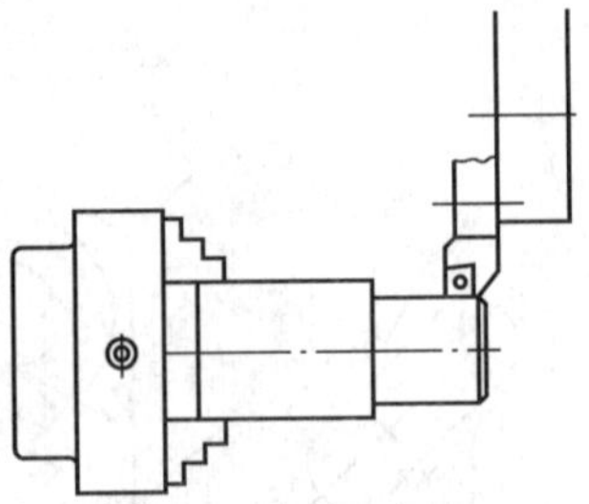 后置转塔刀架	刀具沿Z轴远离工件的方向为正方向	刀架沿X轴向前运动为正，向后运动为负	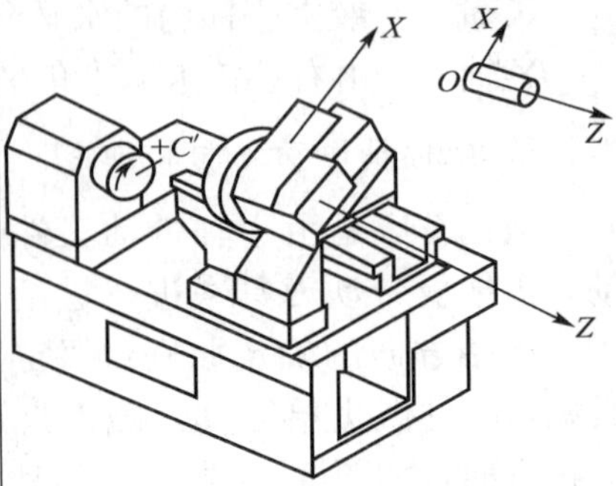

二、 数控车床坐标系、坐标点

1. 机床参考点

机床参考点(图 3-5)可以与机床零点重合，也可以不重合(车床中一般不重合)，它是相对于机床零点的一个可以设定的参数值，由厂家测量并输入至系统中，用户不得随意更改。机床回到了参考点位置，也就知道了该坐标轴的零点位置，找到所有坐标轴的参考点，数控机床也就建立起了机床坐标系。因此，机床参考点是用于对机床运动进行检测和控制的固定位置点。

2. 工件原点

工件原点(也称编程原点)是由编程人员在编程时根据加工零件图样及加工工艺要求选定的编程坐标系的原点。在选择工件坐标系时，应尽可能将工件原点选择在工艺定位基准上，编程坐标系中各轴的方向应该与所使用的数控机床相应的坐标轴方向一致，这对保证加工精度有利。如图 3-6 所示为车削零件的工件原点。

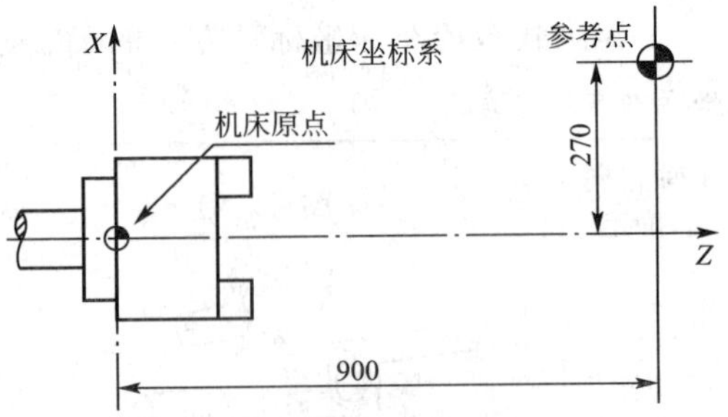

图 3-5　机床参考点

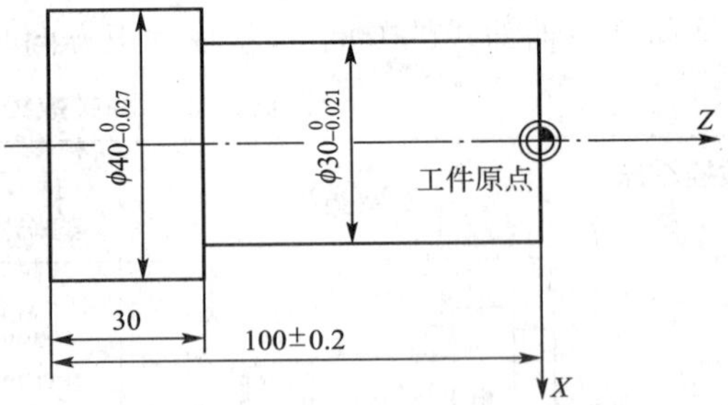

图 3-6　工件原点

工件原点的选择要尽量满足编程简单、尺寸换算少、引起的加工误差少等条件，一般情况下，选在尺寸标注的基准或定位基准上。对车床而言，工件原点一般选在工件轴线与前端面或后端面的交点上。

3. 工件坐标系

工件坐标系是操作人员在加工时使用的坐标系。选择工件上的某一已知点为原点(也称程序原点)，建立一个新的坐标系，称为工件坐标系(图 3－7)。工件坐标系一旦建立便一直有效，直到被新的坐标系代替为止，它应该与编程坐标系一致。

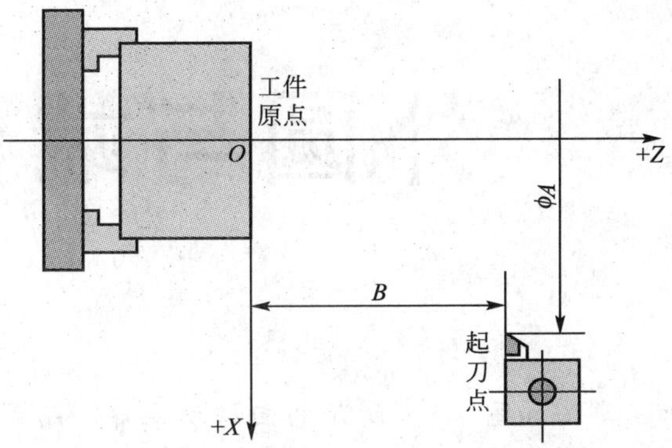

图 3－7　工件坐标系

练　习　题

1. 数控车床的坐标轴是怎样规定的?
2. 确定坐标轴方向的原则是什么?
3. 机床坐标系和工件坐标系之间有怎样的关系?

模块四

外圆与端面加工

数控车床经常加工类似如图 4-1 所示的回转类零件，而外圆和端面加工又是零件加工的基本步骤和前期工步，所以我们应首先掌握外圆与端面的加工工艺、加工特点、加工方法，以及编程指令、加工程序的编写，并能对加工中产生的误差进行分析。本模块主要讲解外圆与端面加工的工艺、特点、刀具补偿及编程加工的基本指令。

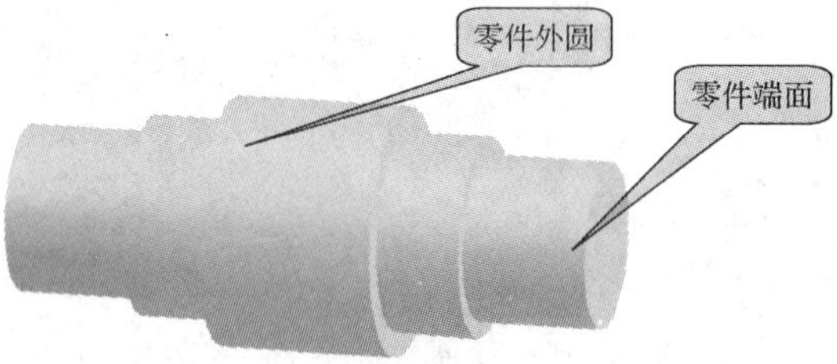

图 4-1　回转类零件

任务一　简单台阶轴的加工

教学目标

◇ 掌握回转类零件的外圆与端面加工
◇ 掌握外圆与端面加工的特点、方法和刀具补偿设定，能合理选择切削用量
◇ 掌握 G00、G01 基本指令的格式，使用 G00、G01 基本指令完成零件加工
◇ 掌握刀具补偿的设置
◇ 掌握刀具安装及对刀操作

能力目标

◇ 熟悉数控车削加工路线的确定原则，合理确定轮廓粗、精加工路线
◇ 掌握数控编程常用插补指令的格式、功能
◇ 巩固数控编程基础知识和编程规则，掌握数控车床开始和结束程序段的编程模式
◇ 根据加工要求完成台阶轴工件的编程与加工

任务描述

如图 4－2 所示的台阶轴零件，毛坯尺寸为 ϕ35mm×60mm，材料为 45 钢，编写该零件的加工程序，并按要求完成该零件的数控加工。

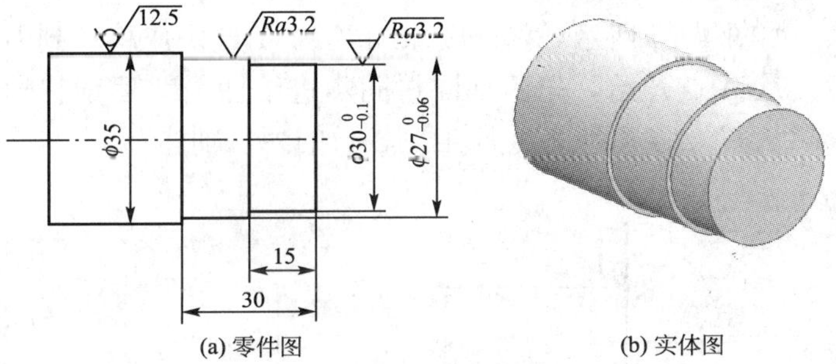

(a) 零件图　　(b) 实体图

图 4－2　台阶轴零件

任务分析

图 4－2 所示零件为外形简单的轴类零件，它是由最基本的外圆和端面组合而成的，由于外形简单，因此可以采用最简单的基本指令——快速点定位指令 G00 和直线插补指令 G01。所以，只要掌握了外圆与端面的加工工艺、加工特点，G00、G01 指令的结构和应用方法，以及如何进行正确的对刀就能轻松完成该任务。此任务只要求加工完零件右端尺寸，无需调头控制总长。

但是在编程和加工过程中，一定要考虑刀具的几何形状，注意刀具位置补偿，否则将会产生错误的加工路径，最后导致加工误差。同时错误的方法和习惯也容易产生先入为主的印象，为以后的编程和加工带来麻烦，而且车外圆与车床上其他加工形式有着密切的关系，因此，必须熟练掌握车外圆的基本技能。

相关知识

在数控机床上加工零件时，首先要编写零件加工程序，该程序用数字代码来描述被加工零件的工艺过程、零件尺寸和工艺参数(如主轴转速、进给速度等)，将该程序输入数控机床的数控系统，控制机床的运动与辅助动作，完成零件的加工。为了完成上述过程，我们先来学习几个基本加工指令代码。

一、 基本指令代码

1. 快速点定位指令(G00)

G00 指令是模态指令，它命令刀具以点定位控制方式从刀具所在点快速运动到下一个目标位置。它只是快速定位，而无运动轨迹要求，且无切削加工过程。

(1) 指令书写格式：

G00　X(U)______ Z(W)______

其中，X、Z：绝对值编程时，刀具以各轴的快速进给速度运动到工件坐标系的 X、Z 点；

U、W：增量值编程时，刀具以各轴的快速进给速度运动到距离现有位置为 U、W 的点。

G00 指令格式中如果省略 X(U)，则表示为外圆加工；如果省略 Z(W)，则表示为端面加工。加工如图 4－3 所示的零件，要求刀具快速从 A 点移动到 B 点，编程格式如下：

设右端面与轴线交点为工件原点，从 $A \rightarrow B$ 点。

绝对值编程：G00 X30.0 Z2.0；

增量值编程：G00 U－30.0 W0；

(2) 走刀规律：如图 4－4 所示，指令要求刀具从 A 点快速移动到 B 点，运行轨迹按快速进给速度运行。从 A 点开始，先两轴同量同步进给做斜线运动快速移动到 C 点，走完距离较短的轴，再从 C 点移动到终点 B 走完较长的另一轴。

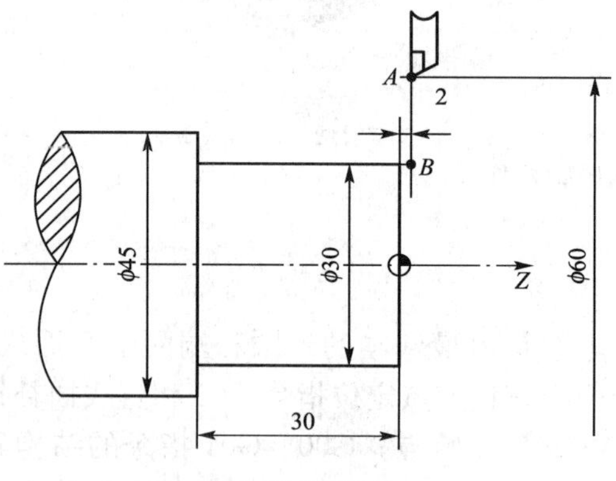

图 4－3　快速点定位

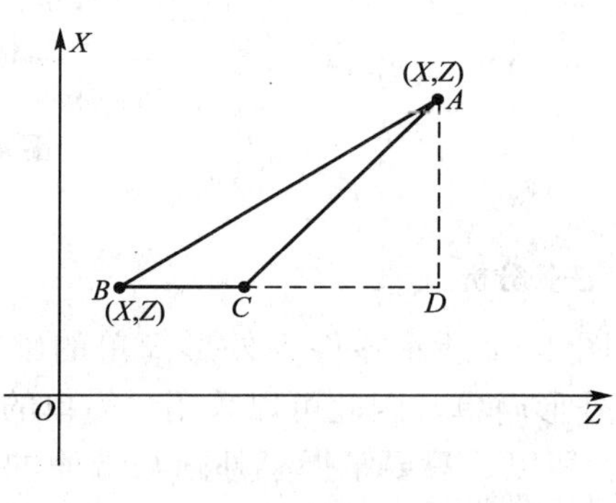

图 4－4　快速点定位走刀规律

注意：

(1) G00 指令为模态指令，可由 G01、G02、G03 或 G33 功能注销。

(2) 在执行 G00 指令时，轴移动速度不能由 F 代码来指定，而是由厂家预先设置的，只受快速修调倍率的影响。

(3) G00 指令的执行过程：刀具由程序起始点加速到最大速度，然后快速移动，最后减速到终点，实现快速点定位。

(4) 刀具的实际运动路线有时不是直线，而是折线，使用时应注意刀具是否和工件或夹具发生干涉。

(5) G00 指令一般用于加工前的快速定位或加工后的快速退刀。

2. 直线插补指令(G01)

G01 指令是模态指令，它是直线运动命令，规定刀具在两坐标或三坐标间以插补联动方式按指定的 F 进给速度做任意的直线运动。

(1) 指令书写格式：

G01 X(U)______Z(W)______F ______

其中，X、Z：绝对值编程时，刀具以 F 指令的进给速度运动到工件坐标系的 X、Z 点；

U、W：增量值编程时，刀具以 F 指令的进给速度运动到距离现有位置为 U、W 的点；

F：合成进给速度。

直线插补指令应用如图 4-5 所示。

设右端面与轴线交点为工件原点，从 $A \to B \to C$。

绝对值编程：G01 X25.0 Z0.0 F0.3；

G01 X25.0 Z−20.0；

增量值编程：G01 U−25.0 W0.0 F0.3；

G01 U0.0 W−20.0；

(2) 走刀规律：如图 4-6 所示，指令要求刀具从 A 点快速移动到 B 点，指令的运行轨迹按 F 给定的进给速度，两轴同时运行到达指定终点 B。

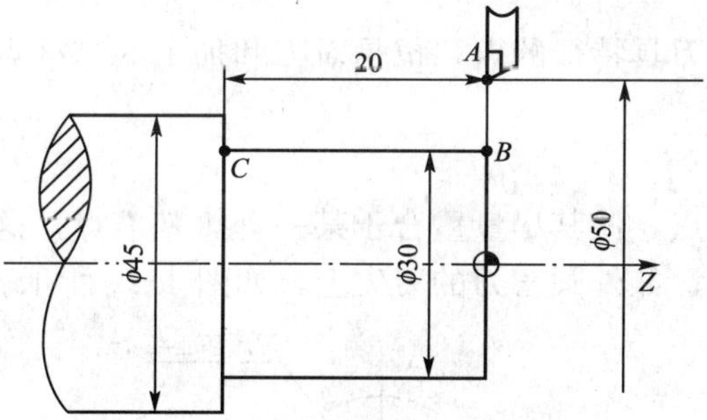

图 4-5　直线插补指令应用

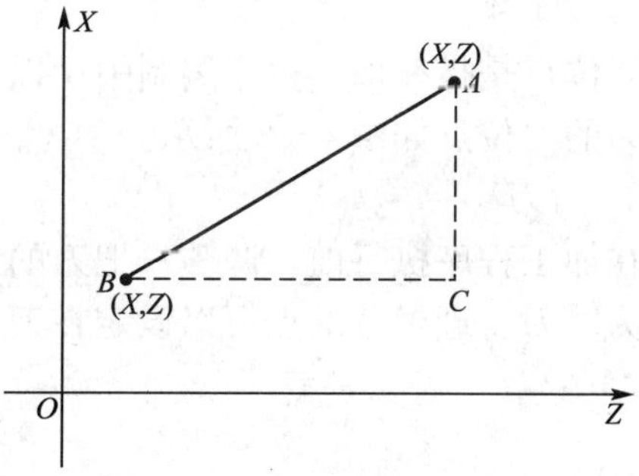

图 4-6　直线插补走刀规律

注意：

(1) G01 指令后的坐标值取绝对值编程还是取增量值编程，由编程者根据情况决定。

(2) 进给速度由 F 指令决定。F 指令也是模态指令，可由 G00 指令取消。若在 G01 程序段之前的程序段中没有 F 指令，且现在的 G01 程序段中也没有 F 指令，则机床不运动。因此，G01 程序中必须含有 F 指令。

(3) 程序中 F 指令进给速度在没有新的 F 指令以前一直有效，不必在每个程序段中都写入 F 指令。

(4) G01 指令为模态指令，可由 G00、G02、G03 或 G33 功能注销。

二、刀具偏置

数控程序一般按工件坐标系编程，对刀过程就是建立工件坐标系与机床坐标系之间对应关系的过程。常见的是将工件右端面中心点设为工件坐标系原点。

1. 刀具补偿功能应用

刀具补偿功能是用来补偿刀具实际安装位置(或实际刀尖圆弧半径)与理论编程位置(刀尖圆弧半径)之差的一种功能。刀具补偿功能是数控车床的一种主要功能，它分为刀具位置补偿(刀具偏移补偿)和刀尖圆弧半径补偿两种功能。在此，主要介绍刀具位置补偿。

刀具位置补偿是数控加工中较为复杂的准备工作之一，各刀具定位及相互之间的位置将直接影响到加工零件的尺寸精度。如图 4-7 所示，刀具安装在刀架上后便与机床确定一相互关系，但每把刀具安装的位置和伸出长度均不相同，都存在一定的位置偏差。图 4-7(a)所示为刀具安装位置，图 4-7(b)所示为两把刀在同一基准下的位置偏差量。

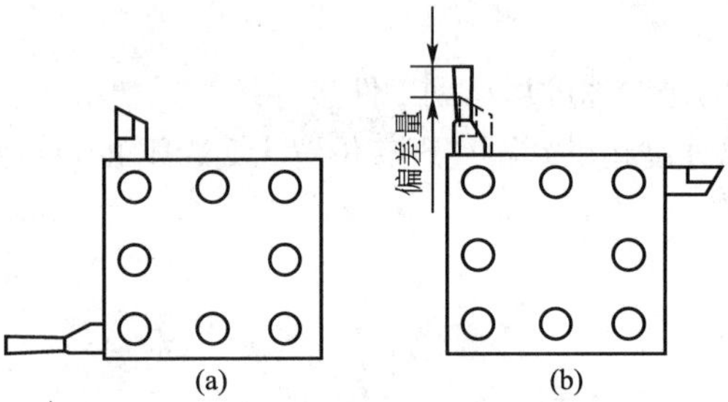

图 4-7 刀具位置补偿

这个偏差量可通过刀具补偿值设定，使刀具在 X 方向和 Z 方向获得相应的补偿量。通过对刀或刀具进行预调，使每把刀的刀位点尽量重合于某一理想基准点，同时测定其各号刀的刀位偏差量，存入相应的刀具偏置寄存器中以备加工时随时调用。

2. 对刀基准点

1) 刀位点

刀位点是指在加工程序编制中用以表示刀具特征的点，也是对刀和加工的基准点。各类车刀的刀位点如图 4-8 所示。

2) 对刀

在加工程序执行前，调整每把刀的刀位点，使其尽量重合于某一理想基准点，这一过程称为对刀。理想基准点可以设定在刀具上，如外圆车刀的刀尖上，如图 4-9 所示。

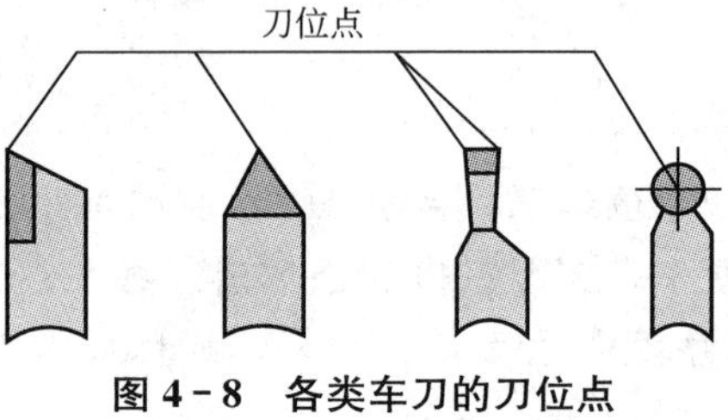

图 4-8 各类车刀的刀位点

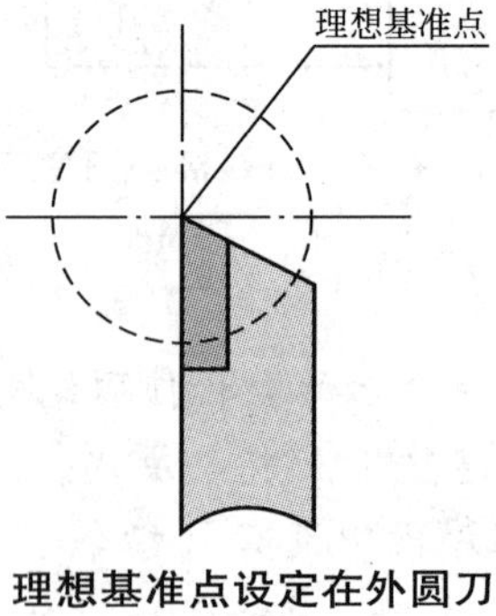

图 4-9 理想基准点设定在外圆刀的刀尖上

3. 对刀的基本方法

对刀是数控加工中较为复杂的工艺准备工作之一。对刀操作的准确性将直接影响到加工零件的尺寸精度。数控车床对刀常采用机械对刀仪对刀(接触式)、光学对刀仪对刀(非接触式)、试切对刀等方法，如图 4－10 所示。

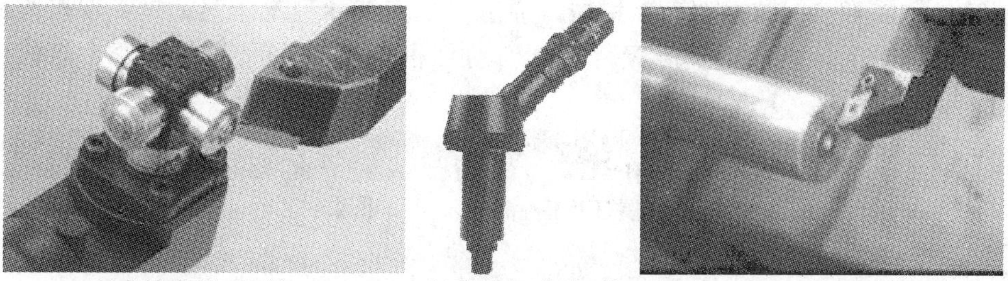

(a) 机械对刀仪对刀法　(b) 光学对刀仪对刀法　(c) 试切对刀法

图 4－10　数控车床对刀方法

1) 定位对刀法（机械对刀仪对刀法）

定位对刀法［图 4－10(b)］的实质是按接触式设定基准重合原理而进行的一种粗定位对刀方法，其定位基准由预设的对刀基准点来体现。对刀时，只要将各号刀的刀位点调整至与对刀基准点重合即可。该方法简便易行，因而得到了较广泛的应用，但其对刀精度受到操作者技术熟练程度的影响，一般情况下其精度都不高，还须在加工或试切中修正。

2) 光学对刀仪对刀法

这是一种按非接触式设定基准重合原理而进行的对刀方法［图 4－10(c)］，其定位基准通常由光学显微镜(或投影放大镜)上的十字基准刻线交点来体现。这种对刀方法比定位对刀法的对刀精度高，并且不会损坏刀尖，是一种推广采用的方法。

3) 试切对刀法

以上各种手动对刀方法均因可能受到手动和目测等多种误差的影响以致其对刀精度十分有限，往往需要通过试切对刀法［图 4－10(a)］，以得到更加准确和可靠的结果。

这里只介绍试切对刀法的对刀步骤。

将工件右端面中心点设为工件坐标系原点。

(1) 在工作方式处按键进入手动方式，确保键没有被按下。按 MDI 键盘上的 POS 键，此时 CRT 界面上显示坐标值，按键移动坐标轴按钮，将刀具移动到工件附近，即如图 4－11 所示的大致位置。

(2) 按键使主轴转动，再按键，用所选刀具切削工件外圆，如图 4－12 所示。沿 Z 轴正方向退刀，按键使主轴停转。

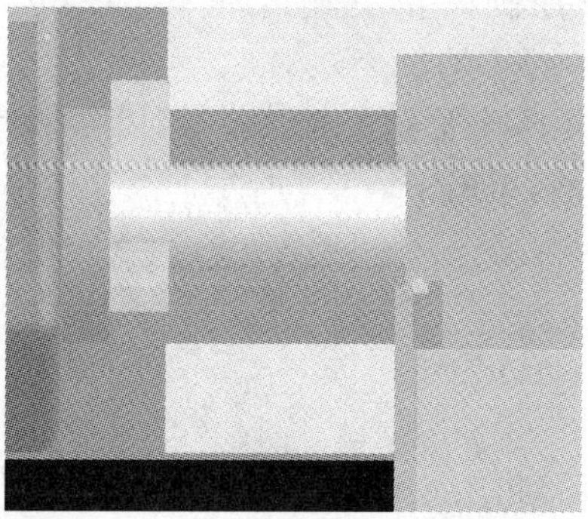

图 4－11　将刀具移动到工件附近

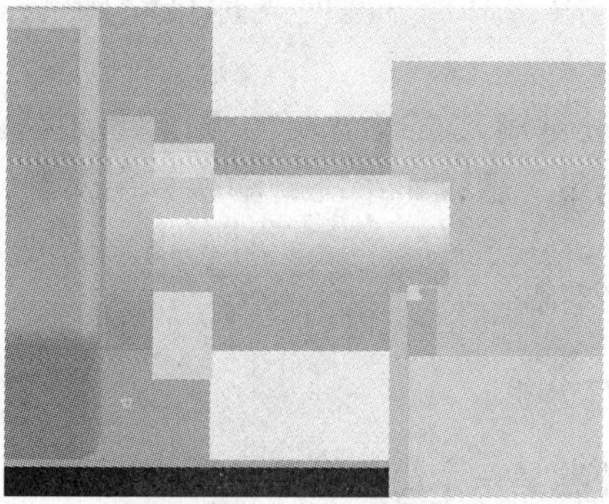

图 4－12　切削工件外围

(3) 在主菜单栏中选择“测量”选项，弹出提示框提示“是否保留半径小于 1 的圆弧?”，如图 4-13 所示。单击“否”按钮，弹出“车床工件测量”对话框，单击外圆加工部位，选中部位变色并显示出实际尺寸，同时对话框下侧相应尺寸参数变为蓝色亮条显示，如图 4-14 所示。

图 4-13 单击“测量”选项后弹出的对话框

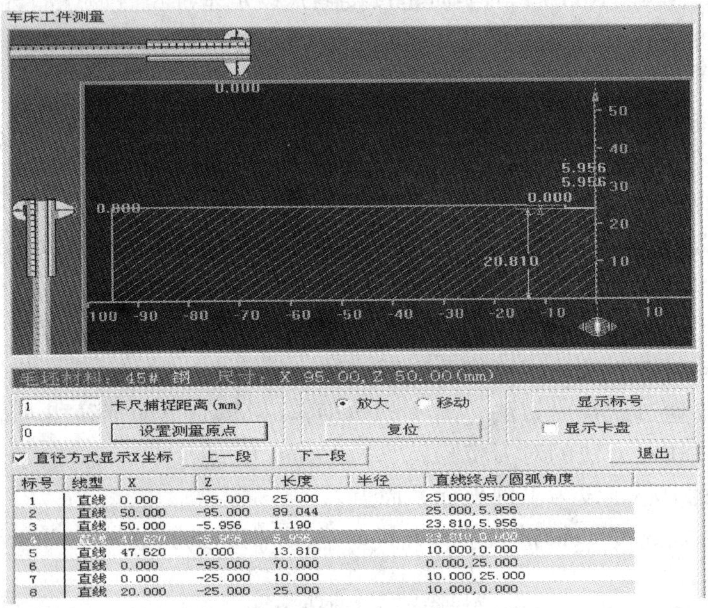

图 4-14 试切测量

(4) 按编辑面板 MDI 键盘上的 OFFSET SETTING 键，进入刀具补正页面，按下显示屏下端的“形状”键，进入刀补界面，如图 4-15 所示。

(5) 按方向键使光标移动到 01 位置，在控制面板上输入“X－41.62”，单击“测量”软键输入 *X* 轴坐标，系统自动换算出 *X* 轴相应坐标值；输入 *Z* 轴尺寸 Z－5.956，单击“测量”软键，系统自动换算出 *Y* 轴相应坐标值，如图 4-16 所示。

任务实施

一、 工艺分析

本课题是一个简单台阶类零件的加工，根据台阶轴的加工关键技术，对零件图形进行分析，确定加工工艺、程序编制、车刀的安装和车床的操作过程。

1. 分析零件的外形和结构

该零件为一阶梯轴，外形轮廓简单，尺寸精度要求不高。

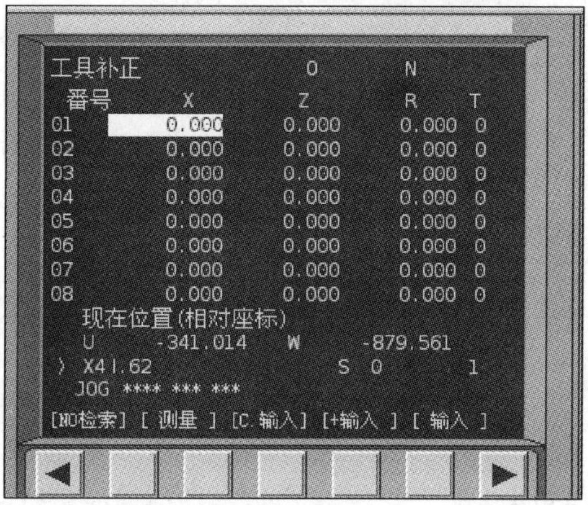

图 4-15　刀补界面

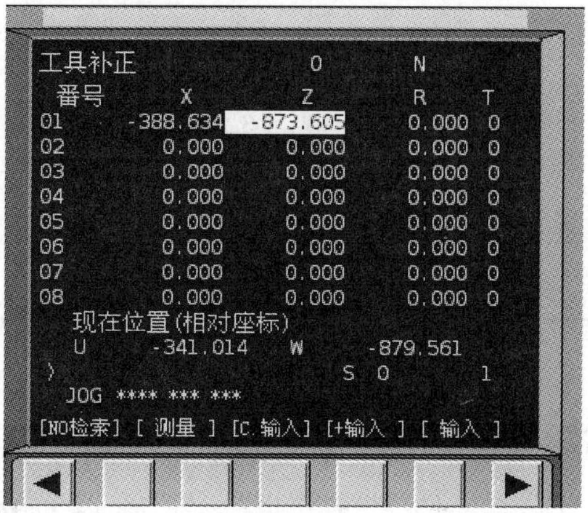

图 4-16　T01 刀具补偿输入界面

2. 加工工艺分析

(1) 编程原点的确定：在工件右端面与轴线的交点处。

(2) 制定加工路线：车端面→粗车直径 ϕ30mm 外圆→粗车直径 ϕ27mm 外圆→精车直径 ϕ30mm 外圆→精车直径 ϕ27mm 外圆。

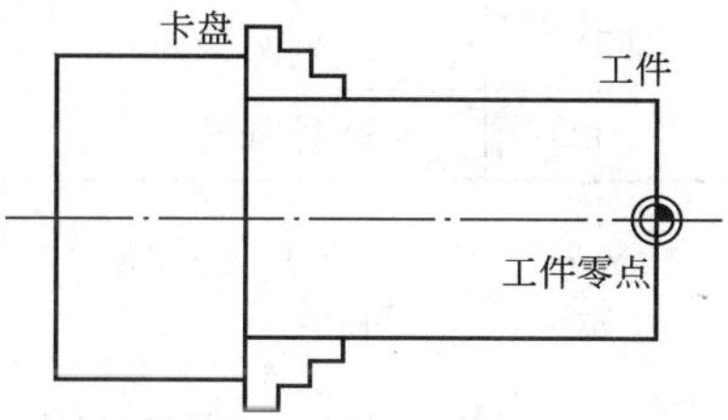

图 4-17　装夹示意图

3. 工件的定位与装夹

采用三爪自定心卡盘，装夹示意图如 4-17 所示。

注意：

(1) 加工路线的确定首先必须保持被加工零件的精度及表面粗糙度要求。

(2) 其次考虑数值计算简单，以减少编程工作量。

(3) 应使走刀路线尽量短、效率尽量高。

(4) 加工路线还应根据工件的加工余量和机床、刀具的刚性等具体情况确定。

(5) 考虑到数控车削的特点，工件的完工轮廓应由最后一刀连续加工而成，所以工件精加工的进给路线基本上沿轮廓进行，确定加工路线的重点主要在于确定粗加工及空行程的路线。

二、填写工艺卡片

1. 确定加工工艺

填写数控加工工艺卡，见表 4-1。

表 4-1　数控加工工艺卡

工序	名称	工艺要求		工作者	备注
1	下料	ϕ45mm×150mm			
2	数控车	工步	工步内容	刀具号	
		1	车端面	T01	

（续）

工序	名称	工艺要求		工作者	备注
2	数控车	工步	工步内容	刀具号	
		2	粗车 ϕ30mm 外圆	T02	
		3	粗车 ϕ27mm 外圆	T02	
		4	精车 ϕ30mm 外圆	T02	
		5	精车 ϕ27mm 外圆	T02	
3	检验				

2. 切削用量及刀具选择

切削用量及刀具选择见表 4－2。

表 4－2　切削用量及刀具选择

刀具号	刀具规格名称	数量	加工内容	主轴转速 /(r/min)	进给速度 /(mm/r)	备注
T01	45°外圆偏刀	1	车端面	500	0.2	
T02	90°外圆偏刀	1	车工件外轮廓	600/800	0.3/0.1	

三、编写加工程序

加工图 4－2 所示零件的程序见表 4－3。

表 4－3　零件加工程序

程　序	说　明
O0001；	
N10　M03　T0101 S500；	以 500r/min 启动主轴正转，选择 1 号刀及 1 号刀补
N20　G00　X50.0　Z2.0；	快速移到起刀点，Z 轴 2mm
N30　G01　Z0.0　F0.3；	Z 轴方向进刀
N40　G01　X0.0　F0.1；	加工端面
N50　Z2.0；	退刀
N60　G00　X100.0　Z100.0；	退刀
N70　T0202　S600；	换 2 号刀加工外圆，转速 600r/min
N80　G00　X40.0　Z2.0；	快速移到起刀点，Z 轴 2mm
N90　G00　X31.0　；	X 轴方向进刀
N100　G01 X30.5 Z－15.0　F0.3；	粗加工 ϕ30mm 外圆，留精加工余量 0.5mm
N110　X40.0；	退刀
N120　G00 Z2.0；	快速退刀
N130　X27.5；	进刀

（续）

程　　序	说　　明
N140　　　Z−30.0；	粗加工 φ27mm 外圆，留精加工余量 0.5mm
N150　　　X35.0；	退刀
N160　G00 Z2.0　S800；	快速退刀
N170　G01 X27.0　F0.1；	进刀至精加工起点
N180　　　Z−15.0；	精加工 φ27mm 外圆
N190　　　X30.0；	精车端面
N200　　　Z−30.0；	精加工 φ30mm 外圆
N210　　　X40.0；	精车端面
N220　G00 X100.0 Z100.0；	退刀
N230　　　M05；	主轴停
N240　　　M30；	主程序结束并复位

注意：

（1）指导教师应先在数控车床上示范对刀过程，让学生有一个清楚的感性认识。

（2）输入并检查加工程序，每人至少一遍，并经带班教师检查无误后，才能进行车削练习。

（3）车台阶前，必须准确地对好车刀中心高，严格调整好对刀点位置。如果在加工过程中，需要停车检查定刀点，可使用“单段”功能暂停程序或按“暂停”键实施硬件暂停，待调整好位置后，必须在教师的指导下进行恢复运行程序，以免发生意外。

（4）加工后出现尺寸误差时，应冷静分析，查找原因。

① 如加工后各尺寸均以标准尺寸增大或减小同一个尺寸，说明可能是对刀点有问题。

② 如各部分尺寸误差参差不齐，原则上应立即停车，然后在教师的指导下查找原因。

（5）学生不得按加工工件尺寸的波动随意修改程序中的各尺寸坐标值。

四、外圆加工误差分析

数控车床在外圆加工过程中会遇到各种各样的加工和质量问题，表 4－4 对较常出现的问题现象、产生原因、预防消除的方法进行了分析。

表 4－4　外圆加工的质量分析

问题现象	产生原因	预防和消除
工件外圆尺寸超差 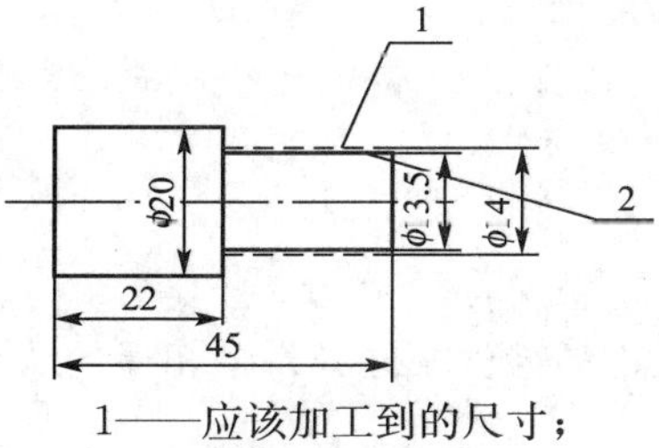 1——应该加工到的尺寸； 2——实际加工到的尺寸	1. 刀具数据不准确 2. 切削用量选择不当产生让刀 3. 程序错误 4. 工件尺寸计算错误	1. 调整或重新设定刀具数据 2. 合理选择切削用量 3. 检查修改加工程序 4. 正确计算

（续）

问题现象	产生原因	预防和消除
外圆表面粗糙度太差 	1. 切削用量选择不当，如选择过小的前角、后角和主偏角 2. 刀具中心过高 3. 切屑控制较差 4. 刀尖产生积屑瘤 5. 切削液选用不合理 6. 工件刚性不足	1. 合理选择车刀角度 2. 调整刀具中心高度 3. 合理选择进刀方式及背吃刀量 4. 选择合适的切速范围 5. 合理选择切削液并充分喷注 6. 增加工件的装夹刚度
加工过程中出现扎刀引起工件报废 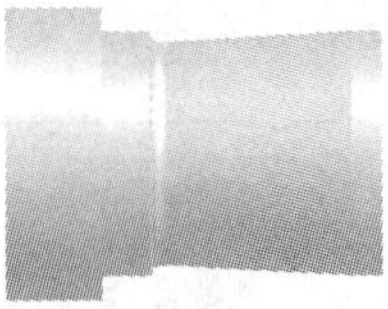	1. 进给量过大 2. 切屑阻塞 3. 工件安装不合理 4. 刀具角度选择不合理	1. 降低进给速度 2. 采用断、退屑方式切入 3. 检查工件安装，增加安装刚性 4. 正确选择刀具
台阶端面出现倾斜 	1. 程序错误 2. 刀具安装不正确 3. 切削用量不当	1. 检查修改加工程序 2. 正确安装刀具 3. 合理调整和选择切削用量
工件圆度超差或产生锥度 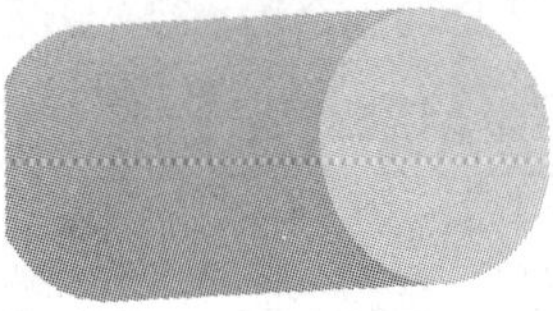	1. 机床主轴间隙过大 2. 程序错误 3. 工件安装不合理	1. 调整机床主轴间隙 2. 检查修改加工程序 3. 检查工件安装，增加安装刚性

任务二　多台阶轴的加工

教学目标

◇ 掌握多台阶轴类零件加工工艺路线的确定

◇ 掌握台阶类零件加工的特点、方法和刀具补偿设定，能合理选择切削用量

◇ 掌握轴类零件合理定位及装夹的方法和原则

◇ 能分析该类零件废品产生的原因，并提出解决和预防的措施

学习要点

◇ 根据零件形状正确分析加工工艺，制定合理的轮廓粗、精加工路线
◇ 熟练掌握对刀、设置刀偏位置补偿等编程功能，提高综合运用能力
◇ 巩固数控编程基础知识和编程规则，掌握数控车床正确操作加工方法
◇ 根据加工要求完成多台阶轴工件的编程与加工

任务描述

如图 4－18 所示的台阶轴零件，毛坯尺寸为 ϕ35mm×72mm，材料为 45 钢，编写该零件的粗、精加工程序，并按要求完成该零件的数控加工。

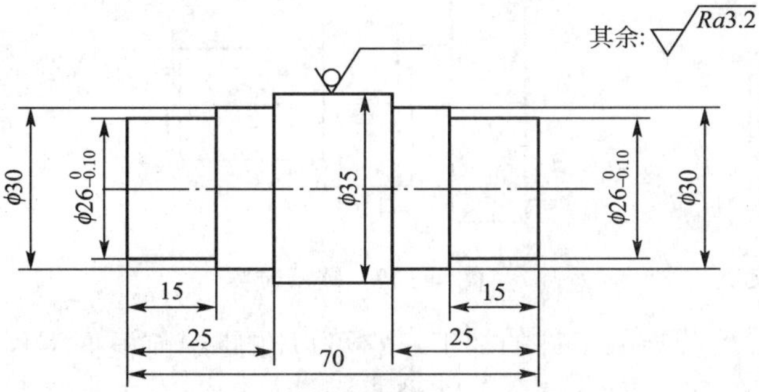

(a) 零件图

(b) 实体图

图 4－18　复杂台阶轴零件

任务分析

该零件的外形属于典型的台阶轴类零件，外形组成要素只包括外圆和端面。由于外形简单，因此我们可以采用上一任务介绍的基本指令：快速点定位指令 G00 和直线插补指令 G01 来完成。虽然这是零件加工中最原始和最基础的内容，我们也应熟练掌握它们的加工方法和要求。由于该零件两端都需要加工，需要零件调头，因此在安排加工工艺时重点考虑定位装夹方式。

相关知识

阶梯轴类零件一般情况都是中间大、两端小，由中间向两端依次减小，以便于轴上零件的装拆。在加工轴类零件的过程中，应根据零件的加工精度、要求和余量来划分粗、精加工工序。粗加工时应先车削直径较大的外圆，以避免过早降低工件的刚性；而精加工余量的合理确定是决定零件加工质量的重要因素之一。工件的正确安装可使工件在整个切削过程中始终保持正确的位置，工件安装的质量和速度直接影响到工件的加工质量和效率。加工外圆时，由于所有的加工表面都位于零件的外圆上，所以加工中将产生较大的切削力。车外圆时主切削力的方向与工件轴线不重合，也将影响到工件的稳固性。

一、 数控车床常用装夹定位方式

(1) 利用普通三爪自定心卡盘装夹工件，如图 4-19 所示。工件安装后一般不需要校正，只控制长度即可，所以三爪自定心卡盘是车床上最常用的附件，主要用来装夹工件截面为圆形、正六边形的中小型轴类、盘类零件。

(2) 利用软爪装夹工件，如图 4-20 所示。软爪从外形来看和三爪自定心卡盘无大的区别，不同之处在于其卡爪硬度不同。普通的三爪自定心卡盘的卡爪为了保证刚度要求和耐磨性要求，通常要经过淬火热处理，硬度较高，很难用常用刀具材料切削加工。而软爪的卡爪通常在夹持部位焊有铜等软材料，是一种可以切削的卡爪，它是为了配合被加工工件而特别制造的。

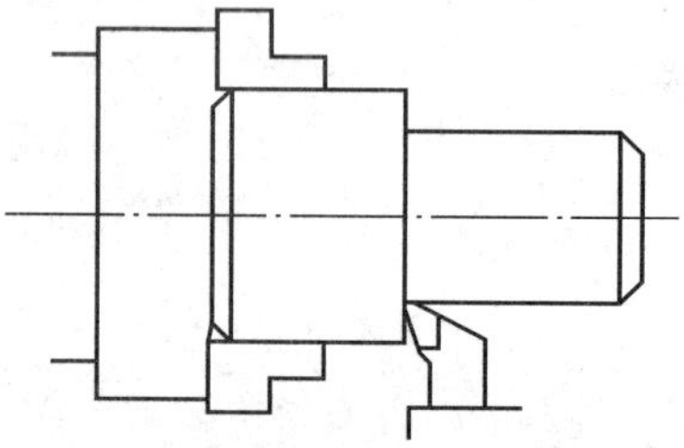

图 4-19　三爪自定心卡盘装夹

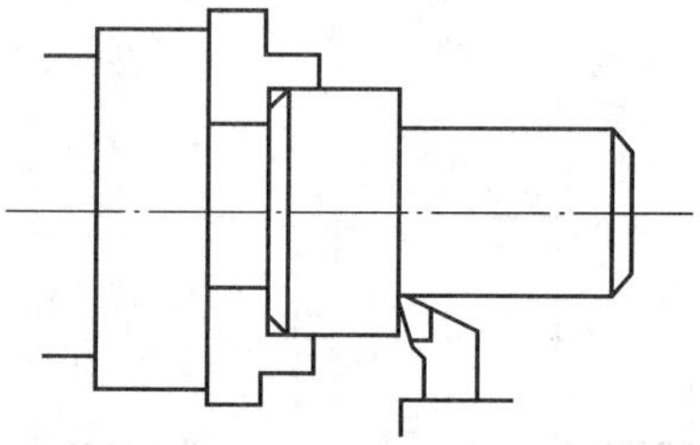

图 4-20　软爪装夹

软爪主要用于同轴度较高且需要二次装夹的工件的加工，它可以在使用前根据零件外形尺寸进行自由加工(图 4-21)，从而保证卡爪中心与主轴中心同轴，因此，工件的装夹表面也应是精加工表面。另外，在使用过程中要求软爪的内圈直径等于或大于所要加工的工件外径(图 4-22)，以消除卡盘的定位间隙，同时增加卡盘与工件的接触面积。

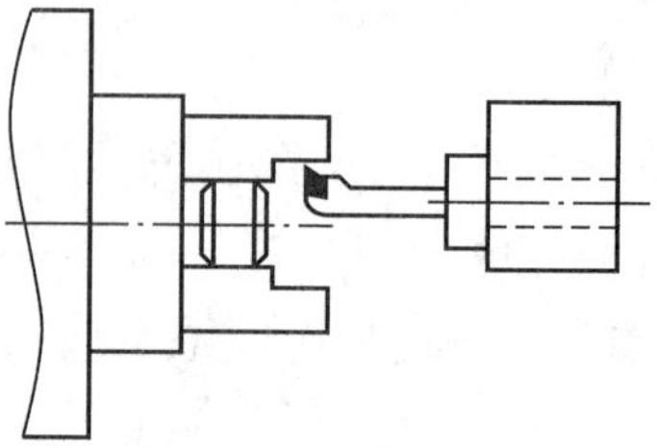

图 4-21　加工软爪

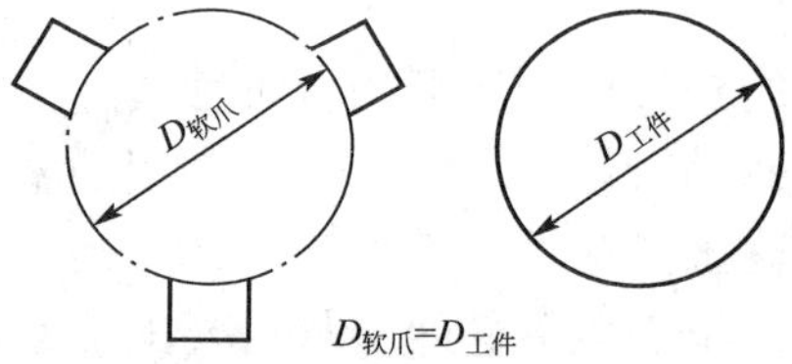

图 4-22　软爪内圆与工件外圆的关系

(3) 利用一夹一顶装夹工件，如图 4-23 所示。利用尾座及顶尖做辅助，一夹一顶安装工件安全、可靠，能承受较大的轴向切削力，最大限度地保证零件的稳固性，但是对于相互位置精度要求较高的工件，这种方法在工件调头车削时校正较困难。

(4) 利用两顶尖装夹工件，如图 4-24 所示。对于较长或必须经过多道工序才能完成的轴类零件，为保证每次装夹时的精度，必须采用两顶尖，它装夹工件方便、不需找正，而且定位精度很高。

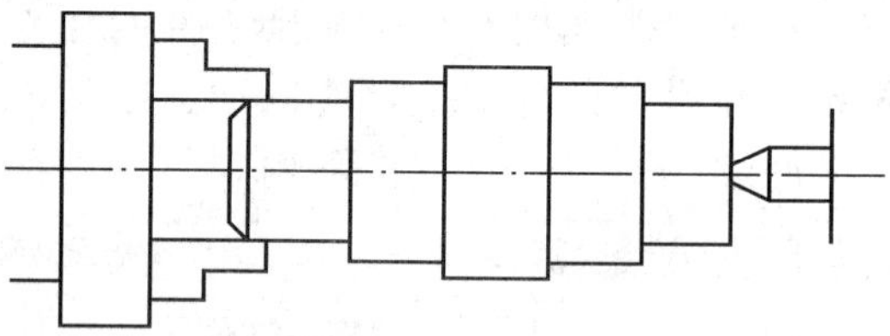

图 4-23　一夹一顶装夹

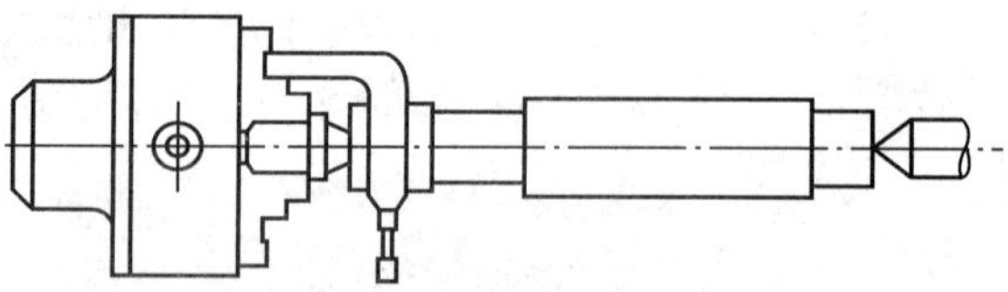

图 4-24　两顶尖装夹

二、夹具的选择原则

(1) 保证加工精度，提高加工质量。
(2) 提高劳动效率，降低生产成本。
(3) 夹具要尽量开敞，避免干涉。
(4) 尽量减少装夹次数。
(5) 扩大机床加工范围，实现一机多用。
(6) 装卸零件要方便可靠。

任务实施

一、工艺分析

1. 分析零件的外形和结构

该零件为多台阶阶梯轴，外形轮廓简单，尺寸精度要求不高。

2. 加工工艺分析

(1) 编程原点的确定：该零件两端均需加工，且需控制总长，因此确定将原点定在工件左、右端面与轴线的交点处。

(2) 制定加工路线：

① 夹持零件右端，车左端端面→粗车 ϕ30mm、ϕ26mm 外圆，留精加工余量 0.5mm，同时控制长度 15mm、25mm 至尺寸→依次精加工 ϕ26mm、ϕ30mm 外圆至尺寸。

② 调头夹持零件左端→车右端端面并控制总长 70mm→粗车直径 ϕ30mm、ϕ26mm 外圆，留精加工余量 0.5mm，同时加工长度 15mm、25mm 至尺寸→依次精加工 ϕ26mm、ϕ30mm 外圆至尺寸。

3. 工件的定位与装夹

因工件没有几何公差要求，且尺寸精度要求不高，所以工件的定位与装夹可采用三爪自定心卡盘，装夹示意图如图 4－25 所示。

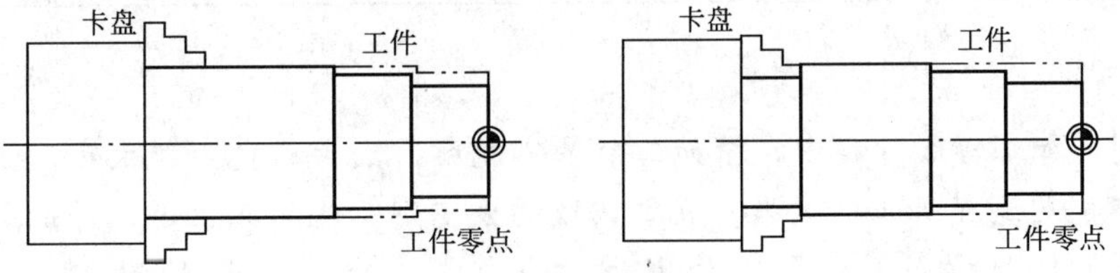

图 4－25　装夹示意图

二、填写工艺卡片

1. 确定加工工艺

填写数控加工工艺卡，见表 4－5。

表 4-5　数控加工工艺卡

<table>
<tr><th>工序</th><th>名称</th><th colspan="2">工艺要求</th><th>工作者</th><th>备注</th></tr>
<tr><td>1</td><td>下料</td><td colspan="3">ϕ35mm×72mm</td><td></td></tr>
<tr><td rowspan="8">2</td><td rowspan="8">数控车</td><td>工步</td><td>工步内容</td><td>刀具号</td><td></td></tr>
<tr><td>1</td><td>夹持零件右端，车左端端面</td><td>T01</td><td></td></tr>
<tr><td>2</td><td>粗车 ϕ30mm、ϕ26mm 外圆，留加工余量 0.5mm；车长度 15mm、25mm 至尺寸</td><td>T02</td><td></td></tr>
<tr><td>3</td><td>精车 ϕ26mm、ϕ30mm 外圆至尺寸</td><td>T02</td><td></td></tr>
<tr><td>4</td><td>调头夹持零件左端</td><td></td><td></td></tr>
<tr><td>5</td><td>车右端端面并控制总长 70mm</td><td>T01</td><td></td></tr>
<tr><td>6</td><td>粗车 ϕ30mm、ϕ26mm 外圆，留加工余量 0.5mm；车长度 15mm、20mm 至尺寸</td><td>T02</td><td></td></tr>
<tr><td>7</td><td>精车 ϕ26mm、ϕ30mm 外圆至尺寸</td><td>T02</td><td></td></tr>
<tr><td>3</td><td>检验</td><td colspan="2"></td><td></td><td></td></tr>
</table>

2. 切削用量及刀具选择

切削用量及刀具选择见表 4-6。

表 4-6　切削用量及刀具选择

刀具号	刀具规格名称	数量	加工内容	主轴转速 /(r/min)	进给速度 /(mm/r)	备注
T01	45°外圆偏刀	1	车端面	500	0.2	
T02	90°外圆偏刀	1	车工件外轮廓	600/800	0.3/0.1	

注意：

(1) 在制定加工路线过程中，精加工余量不能留得太大，也不能太小。太大，则在精加工过程中不能起到精加工的效果；反之，留的太少则不能纠正上道工序的加工误差。由于数控车床的先进特性(重复定位精度高)，内、外轮廓面的精加工余量一般取 0.3～0.5mm。

(2) 考虑装夹定位方法时注意在确保加工质量的前提下，尽量选择普通夹具。

(3) 加工路线应根据工件的加工余量和机床、刀具的刚性等具体情况确定。

三、 编写加工程序

加工图 4-18 所示零件的程序见表 4-7。

表 4-7　零件加工程序

程　序	说　明
O0001;	
N10　M03　T0101 S500;	以 500r/min 启动主轴正转，选择 1 号刀及 1 号刀补
N20　G00　X40.0　Z2.0;	快速移到起刀点，Z 轴 2mm
N30　G01　Z0.0　F0.3;	Z 轴进刀
N40　G01　X0.0　F0.1;	加工端面
N50　Z2.0;	退刀
N60　G00　X100.0　Z100.0;	退刀
N70　T0202　S600;	换 2 号刀加工外圆
N80　G00　X40.0　Z2.0;	快速移到起刀点，Z 轴 2mm
N90　G00　X30.5;	进刀
N100　G01 Z—25.0 F0.3;	粗加工 ϕ30mm 外圆
N110　X40.0;	退刀
N120　G00 Z2.0;	快速退刀
N130　X26.5;	进刀
N140　G01Z—15.0　F0.3;	粗加工 ϕ26mm 外圆
N150　X40.0;	退刀
N160　G00 Z2.0　S 800;	快速退刀
N170　X26.0;	进刀准备精加工
N180　G01 Z—15.0　F0.3;	精加工 ϕ26mm 外圆
N190　X30.0;	精车端面
N200　Z—25.0;	精加工 ϕ30mm 外圆
N210　X40.0;	精车端面
N220　G00 X100.0 Z100.0;	退刀
N230　M05;	主轴停止
N240　M00;	程序暂停，工件调头
N250　M03　T0101 S500;	以 500r/min 启动主轴正转，换 1 号刀
N260　G00　X40.0　Z2.0;	快速移到起刀点，Z 轴 2mm
N270　G00　X30.5;	进刀
N280　G01 Z—25.0 F0.3;	粗加工 ϕ30mm 外圆
N290　X40.0;	退刀
N300　G00 Z2.0;	快速退刀
N310　X26.5;	进刀
N320　G01Z—15.0　F0.3;	粗加工 ϕ26mm 外圆
N330　X40.0;	退刀
N340　G00 Z2.0　S800;	快速退刀

（续）

程　序	说　明
N350　　X26.0；	进刀准备精加工
N360　G01 Z－15.0　F0.3；	精加工 ϕ26mm 外圆
N370　　X30.0；	精车端面
N380　　Z－25.0；	精加工 ϕ30mm 外圆
N390　　X40.0；	精车端面
N400　　G00 X100.0 Z100.0；	退刀
N410　　M05；	主轴停止
N420　M30；	程序结束

注意：

(1) 工件装夹时要保证坯料轴线与主轴轴线尽量重合，伸出长度不宜过长，满足加工要求即可。

(2) 必须准确地对好车刀中心高，严格调整好对刀点位置，注意移动方向和速度，避免发生碰撞，刀具对好后，不允许随便拆卸刀具。

(3) 自动加工前仔细检查程序是否正确，先用单段运行进行刀具定位检查，移动位置无误后释放连续加工按钮，进行自动加工。

(4) 车端面时切削用量不能过大，以免产生振动。

(5) 加工过程中，根据加工情况随时调节进给倍率旋钮控制进给速度。

四、 端面加工质量分析

端面加工是零件加工中必不可缺的工序，而且直接或间接地影响到工件的整体尺寸精度，因此有必要对加工中出现的加工和质量问题现象、产生原因、预防和消除方法做简要介绍(表 4－8)。

表 4－8　端面加工的质量分析

问题现象	产生原因	预防和消除
端面加工时长度尺寸超差 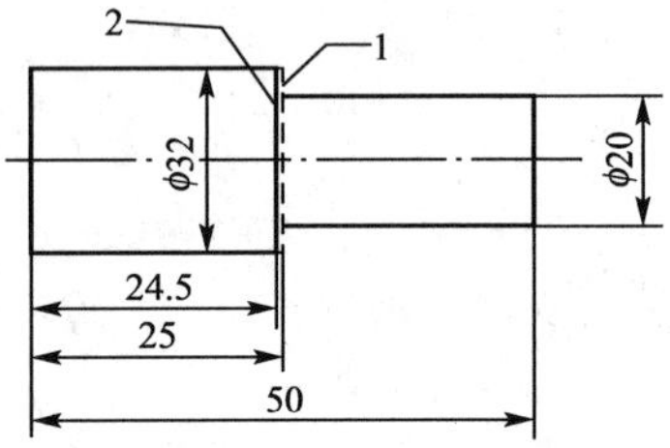 1——应该加工到尺寸； 2——实际加工到尺寸	1. 刀具数据不准确 2. 尺寸计算错误 3. 程序错误	1. 调整或重新设定刀具数据 2. 正确进行尺寸计算 3. 检查修改加工程序

（续）

问题现象	产生原因	预防和消除
端面粗糙度太差 	1. 切削速度过低 2. 刀具中心过高 3. 切屑控制较差 4. 刀尖产生积屑瘤 5. 切削液选用不合理	1. 调高主轴转速 2. 调整刀具中心高度 3. 合理选择进刀方式及背吃刀量 4. 合理选择切速范围 5. 合理选择切削液并充分喷注
端面中心处有凸台或凹凸不平 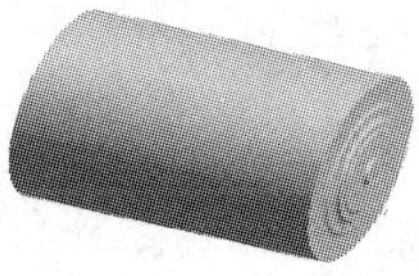	1. 程序错误 2. 刀具中心过高 3. 刀具损坏 4. 机床主轴径间隙过大 5. 切削用量选择不当	1. 检查修改加工程序 2. 调整刀具中心高度 3. 更换刀片 4. 调整机床主轴间隙 5. 合理选择切削用量
台阶处不清根或呈圆角 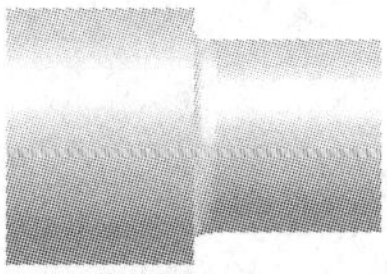	1. 程序错误 2. 刀具选择错误 3. 刀具损坏	1. 检查修改加工程序 2. 正确选择加工刀具 3. 更换刀片

练　习　题

1. 简述刀具位置补偿的作用。
2. 画图表示车床常用刀具的刀位点。
3. 常见的外圆加工缺陷有哪些？
4. 常见的端面加工缺陷有哪些？
5. 简述工件外圆尺寸超差的原因及预防方法。
6. 零件如图 4－26 所示，编写该零件的加工程序并释义。
7. 零件如图 4－27 所示，编写该零件的加工程序并释义。

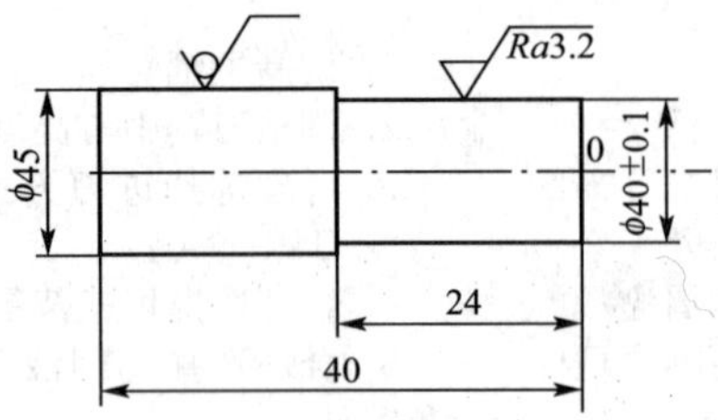

图 4-26　练习题 6 图

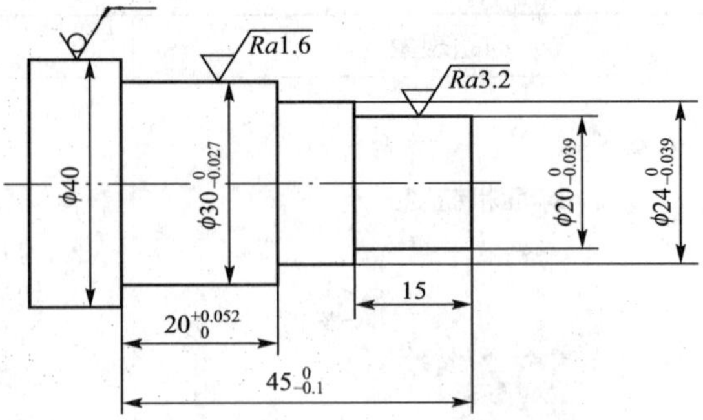

图 4-27　练习题 7 图

8. 零件如图 4-28 所示，编写该零件的加工程序并释义。

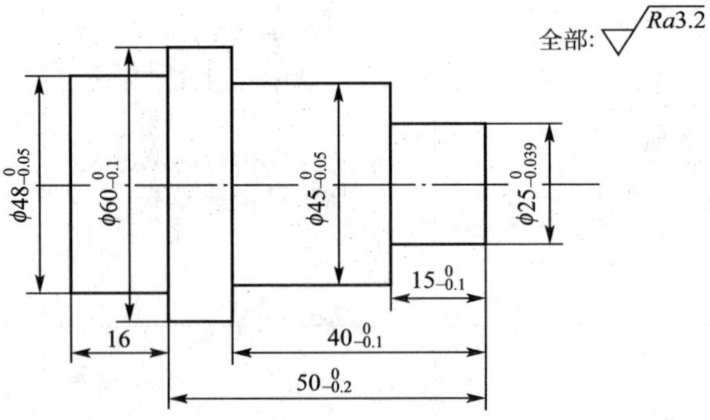

图 4-28　练习题 8 图

模块五

圆锥与圆弧加工

锥面和圆弧是组成轴类零件外轮廓最常见的元素之一。如图 5-1 所示的零件便是其中较有代表性的零件。本模块将以两个任务分别介绍锥面和圆弧加工的特点、工艺的确定、指令的应用、程序的编制及刀具补偿号、刀尖圆弧半径补偿指令等。

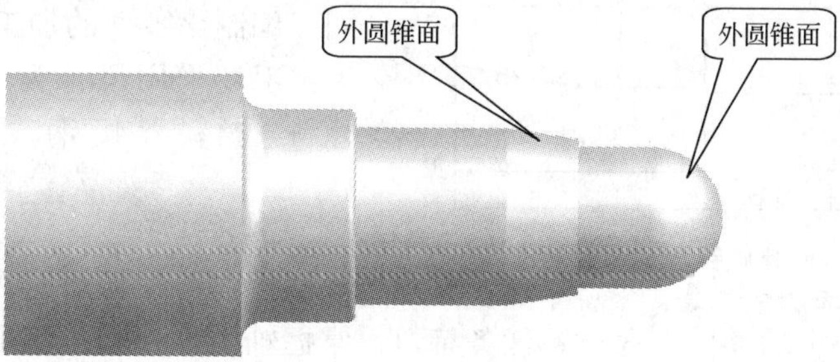

图 5-1 零件图

任务一　简单零件圆锥面的加工

教学目标

◇ 掌握圆锥加工工艺分析
◇ 使用 G00、G01 基本指令完成零件圆锥面加工
◇ 掌握刀尖圆弧半径补偿功能的应用

能力目标

◇ 熟练对圆锥面零件进行加工工艺分析
◇ 熟练完成零件圆锥面编程与加工
◇ 熟练应用 G40、G41、G42 进行编程
◇ 掌握锥度误差产生的原因及预防措施

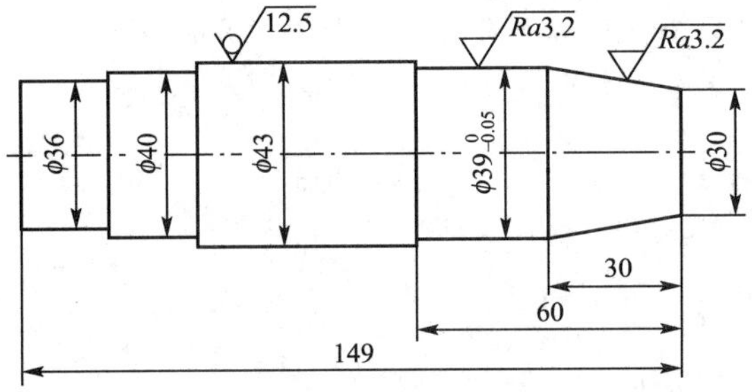

图 5－2　带外圆锥面的零件图

任务描述

如图 5－2 所示为带外圆锥面的零件图，编制该零件的加工程序并进行练习加工。毛坯采用尺寸为 φ45mm×150mm 的棒料，材料为 45 钢。

任务分析

圆锥和圆弧组合的轴类零件是机械、机构部件中不可缺少的零件，通过本任务练习，掌握轴类零件圆锥面的编程与加工。该零件除了包括端面、外圆，还包括外圆锥面，外形简单，采用基本编程指令即可完成零件的编程。但是，在编程和加工过程中，还要注意锥度加工时各坐标点的设定及刀尖圆弧半径补偿等因素，否则将会产生加工误差。

相关知识

一、锥度加工工艺路线的确定

数控加工中，刀具(严格说是刀位点)相对于工件的运动轨迹和方向称为加工路线。即刀具从对刀点开始运动起，直至结束加工程序所经过的路径，包括切削加工的路径及刀具引入、返回等非切削空行程。加工路线的确定首先必须保证被加工零件的尺寸精度和表面质量，其次考虑数值计算简单、走刀路线尽量短、效率尽量高等。

下面分析车圆锥面的几种加工路线。

(1) 按图 5－3(a)所示的阶梯切削路线，两刀粗车，最后一刀精车。按此种加工路线，粗车时，刀具背吃刀量相同；精车时，背吃刀量不同。缺点是粗车时终点坐标需精确计算，精车时切削力变化；优点是刀具切削运动的路线最短。

(2) 按图 5－3(b)所示的相似斜线切削路线，也需计算粗车时终刀距，按此种加工路线，刀具切削运动的距离相对较短。

(3) 按图 5－3(c)所示的斜线加工路线，只需确定每次背吃刀量 a_p，而不需计算终点坐标，编程方便。但在每次切削中背吃刀量是变化的，且刀具切削运动的路线较长。

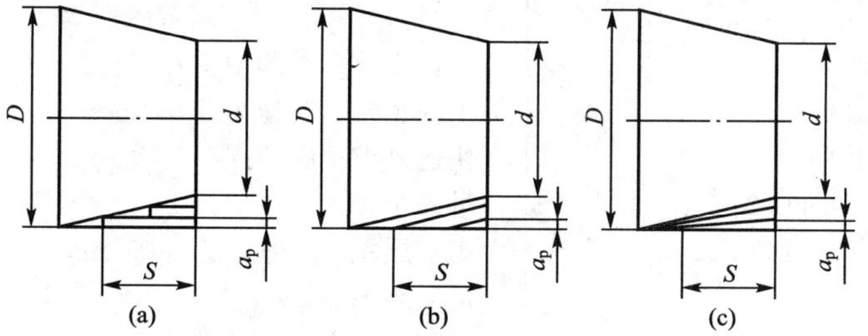

图 5－3　车圆锥加工路线

(4) 编程实例。

① 圆锥面各部分的尺寸计算。如图 5－4 所示，定义圆锥面的锥度 C 为圆锥大、小端直径之差与长度之比，即 $C=(D-d)/L$。

在大端直径 D、小端直径 d、圆锥长度 L、锥度 C 这四个基本参数中，只要已知其中任意三个参数，便可计算出其他一个未知参数。

圆锥半角 $\alpha/2$ 与锥度的关系为 $\tan\frac{\alpha}{2}=\frac{C}{2}$。

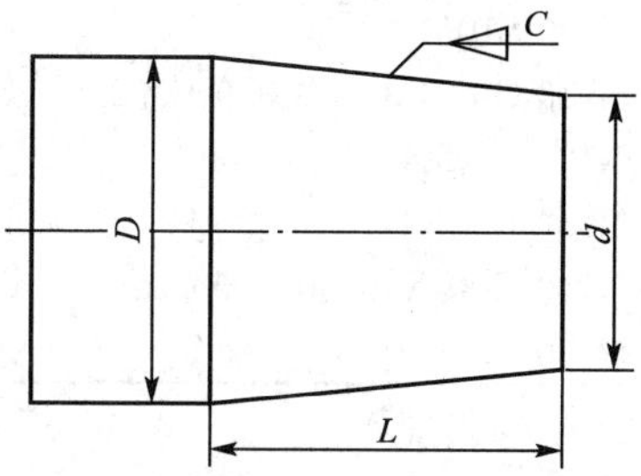

图 5－4　圆锥面各部分的尺寸

注意：

数控加工中，圆锥两端的基点坐标由大、小端直径和圆锥长度决定，所以数值计算的重点主要是根据图样中标注的锥度计算上述几个参数。圆锥半角的计算是为满足圆锥面检测的需要。

图 5－4 中，已知圆锥面大端直径 $D=40$mm，圆锥长度 $L=40$mm，锥度 $C=1:5$，求小端直径 d 和圆锥半角 $\alpha/2$。

将各已知参数代入公式得

$$d=D-CL=40-40\times\frac{1}{5}=32(\text{mm}),$$

$$\tan\frac{\alpha}{2}=\frac{C}{2}=(\frac{1}{5})/2=0.1。$$

查三角函数表，得 $\alpha/2=5°42'38''$。

即圆锥面小端直径 d 为 32mm，圆锥半角 $\alpha/2$ 为 $5°42'38''$。

② 程序编制。

试用 G01 指令编写如图 5－5 所示圆锥面的数控加工程序，加工程序见表 5－1。

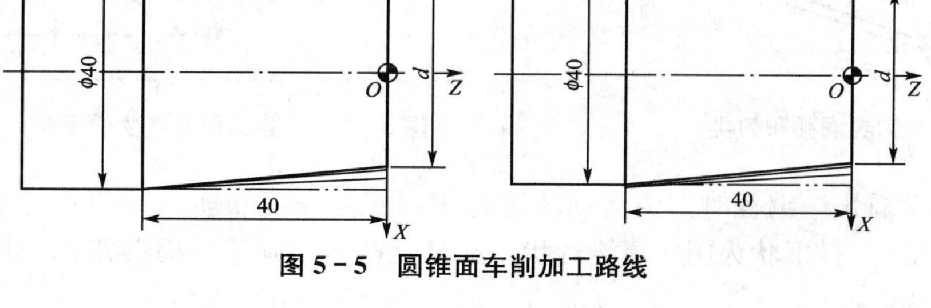

图 5－5　圆锥面车削加工路线

表 5-1 圆锥面的数控加工程序

程　序	说　明
O0001；	
N10 M03 S500 T0101；	选择 1 号刀并调用 1 号刀补
N20 G00 X50.0 Z100.0；	主轴正转，转速为 500r/min
N30 G00 X41.0 Z1.0；	快速进刀至起刀点
N40 G01 X35.0 Z0.0 F0.2；	进刀至切入点
N50 X40.0 Z—40.0 F0.2；	第一层粗车，进给量为 0.2mm/r
N60 G00 X41.0 Z1.0；	退回起刀点
N70 G01 X30.5 Z0.0 F0.2；	进刀至切入点，X 向留双边 0.5mm 精加工余量
N80 X40.0 Z—40.0 F0.2；	第二层粗车
N90 G00 X41.0 Z1.0；	退回起刀点
N100 S1000；	主轴变速
N110 G01 X30.0 Z0.0 F0.2；	进刀至精加工切入点
N120 X40.0 Z—40.0 F0.1；	精车，进给量为 0.1mm/r
N130 X41.0；	退刀
N140 G00 X100.0 Z100.0；	
N150 M30；	程序结束并返回程序开始

二、 刀尖圆弧半径补偿

1. 刀尖圆弧半径补偿的目的

数控程序一般是针对刀具上的某一点即刀位点，按工件轮廓尺寸编制的。车刀的刀位点一般为理想状态下的假想刀尖 P 点或刀尖圆弧圆心 S 点。但实际加工中的车刀，由于工艺或其他要求，刀尖往往不是一个理想点，而是一段圆弧(图 5-6)。当切削加工时，刀具切削点在刀尖圆弧上变动，会造成实际切削点与刀位点之间的位置有偏差，进而造成过切或少切。这种由于刀尖不是一个理想点而是一段圆弧所造成的加工误差，可用刀尖圆弧半径补偿功能来消除。

车削时，实际起作用的切削刃是圆弧的各切点，这样在加工圆锥面和圆弧面时，就会产生加工表面的形状误差，如图 5-7 所示。

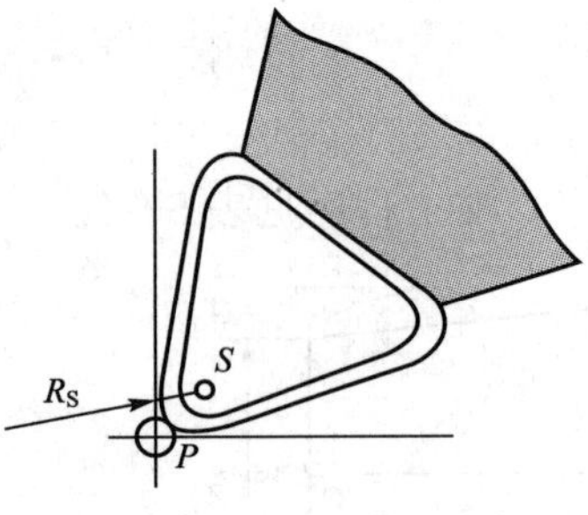

图 5-6 刀尖圆弧和刀尖

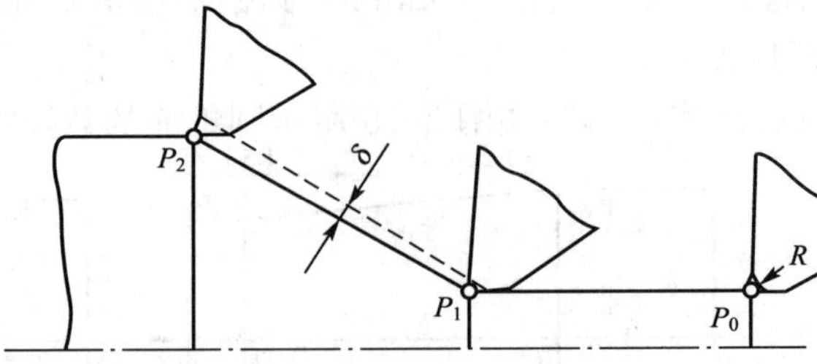

图 5-7 车圆锥面时产生的误差

从图 5-7 看出，编程时刀尖运动轨迹是 P_0、P_1、P_2，但由于刀尖圆弧半径 R 的存在，实际车出的工件形状为图中虚线形状，这样就产生了圆锥表面误差 δ。如果工件要求不高(如留磨削余量)，可忽略不计；如果工件要求很高，就应考虑刀尖圆弧半径对工件表面形状的影响。

现由车圆弧面的实例来说明刀尖磨损对工件表面形状误差的影响。如图 5－8 所示，编程时刀尖运动轨迹是刀尖 A 轨迹(P_1，A，A，A，…，P_2)。但是，车削时实际起车削作用的是刀尖圆弧的各切点，因此车出的工件实际表面形状是图中的虚线形状，这样就产生了较大的形状误差 $\delta_1 \sim \delta_2$。

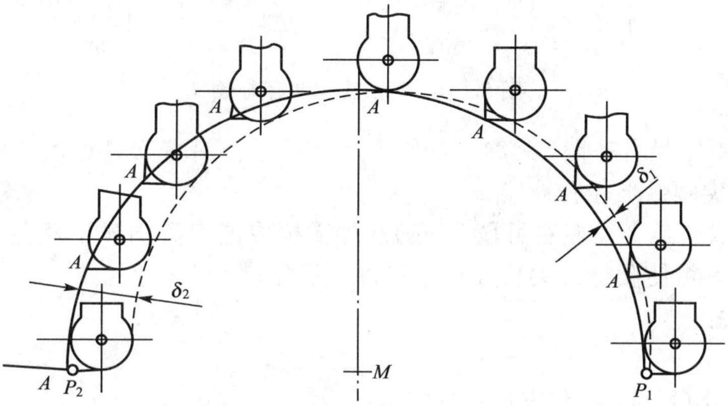

图 5－8　车圆弧面时产生的误差

可见，在这种情况下就必须考虑刀尖圆弧半径对工件表面形状的影响。

车内孔、外圆或端面时，并无误差产生，因为实际切削刃的轨迹与工件轨迹一致。但车圆锥面和圆弧面时，工件轮廓(编程轨迹或假想刀尖轨迹)与实际轨迹不重合，如图 5－7 和图 5－8 所示，有误差 δ 产生。消除误差的方法是采用机床的刀尖圆弧半径补偿功能，编程者只需按工件轮廓线编程，执行刀尖圆弧半径补偿后，刀具自动偏离工件轮廓一个刀具半径值，从而消除了刀尖圆弧半径对工件形状的影响，如图 5－9 所示。

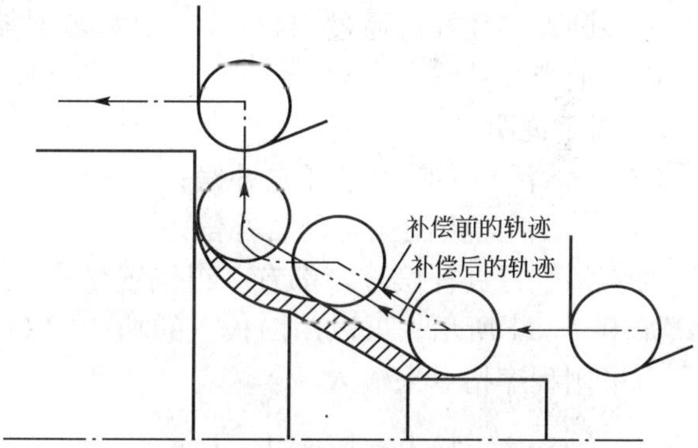

图 5－9　刀尖圆弧半径补偿时的刀具轨迹

2. 刀尖圆弧半径补偿的指令

在编制轮廓切削加工场合中，一般以工件的轮廓尺寸为刀具轨迹编程，这样编制加工程序简单，即假设刀具中心运动轨迹是沿工件轮廓运动的，而实际的刀具运动轨迹要与工件轮廓有一个偏移量(刀具半径)(图 5－8)。利用刀尖圆弧半径补偿功能可以方便地实现这一转变，简化程序编制，机床可自动判断补偿的方向和补偿值的大小，自动计算出实际刀具中心轨迹，并按刀具中心轨迹运动。

根据刀具轨迹的左右补偿，刀尖圆弧半径补偿的指令有以下几种。

(1) 刀尖圆弧半径左补偿(G41)。如图 5－10 所示，沿着刀具运动方向看，刀具在工件左侧，称为刀尖圆弧半径左补偿。

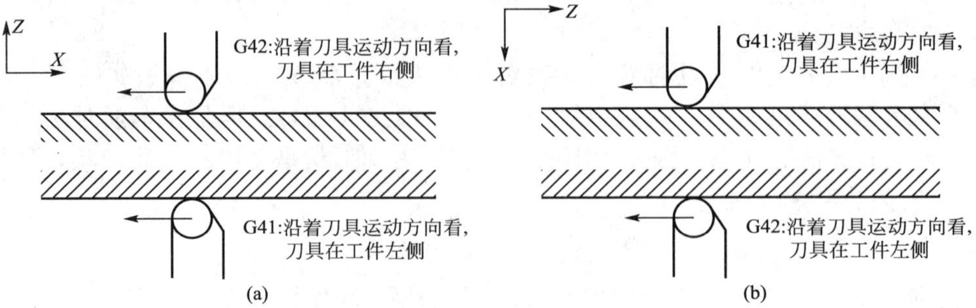

图 5-10　刀尖圆弧半径补偿

(2) 刀尖圆弧半径右补偿(G42)。如图 5-10 所示,沿着刀具运动方向看,刀具在工件右侧,称为刀尖圆弧半径右补偿。

(3) 取消刀尖圆弧半径左右补偿(G40)。如需要取消刀尖圆弧半径左右补偿,可编入 G40 代码。这时,可使假想刀尖轨迹与编程轨迹重合。

① 指令格式:

$$\left.\begin{matrix}G41\\G42\\G40\end{matrix}\right\}\left.\begin{matrix}G01\\G00\end{matrix}\right\}X(U)\_\_\_\_\ Z(W)\_\_\_\_;$$

其中,X、Z:建立或取消刀具补偿段中刀具移动的相对终点坐标;

U、W:建立或取消刀具补偿段中刀具移动的绝对终点坐标。

刀尖圆弧半径补偿通过 G41、G42、G40 代码及 T 代码指定的刀尖圆弧半径补偿号,加入或取消半径补偿。

② 指令说明:

G41:激活刀尖圆弧半径左补偿;

G42:激活刀尖圆弧半径右补偿。

对应每个刀具补偿号,都有一组偏置量 X、Z,刀尖圆弧半径补偿量 R 和刀尖方位号 TIP 如图 5-11 所示。可以用面板上的功能键 OFSET 分别设定、修改并输入到数控系统中,也可用程序指令来输入。

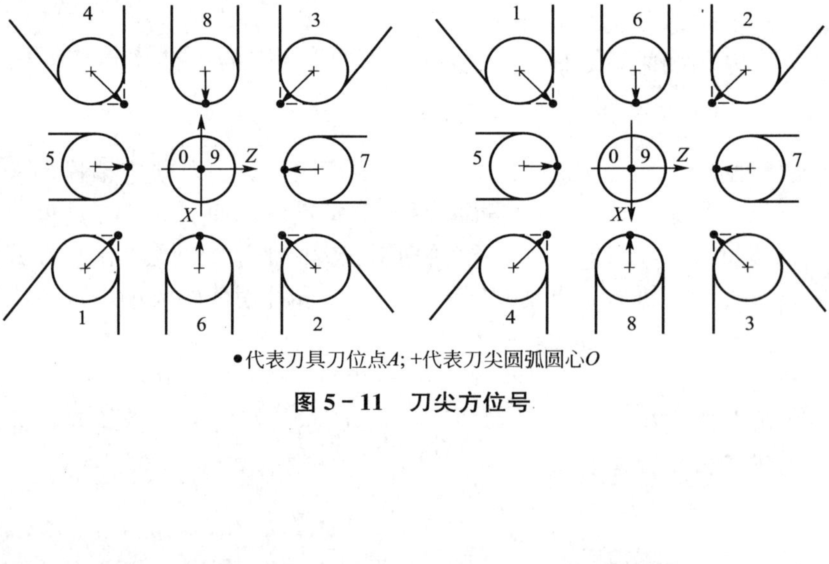

•代表刀具刀位点A;+代表刀尖圆弧圆心O

图 5-11　刀尖方位号

3. 刀尖圆弧半径补偿实例

车削如图 5-12 所示零件，应用刀尖圆弧半径补偿指令。

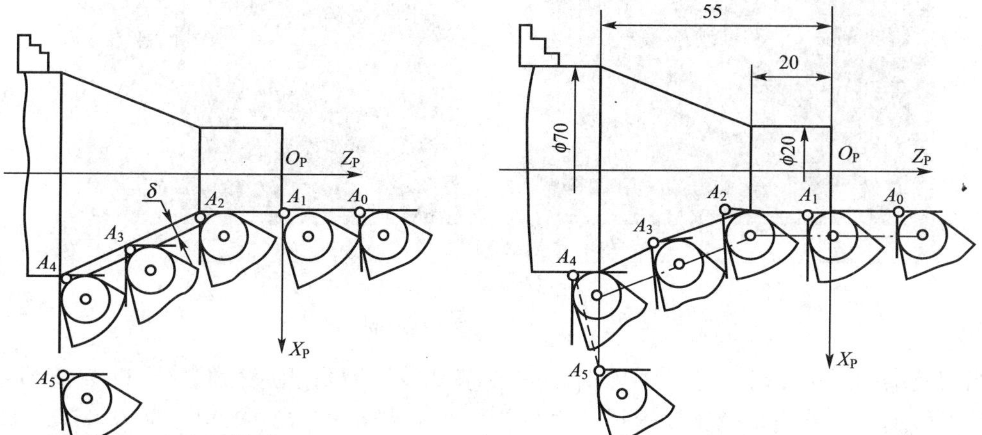

图 5-12　刀尖圆弧半径补偿实例

注意：

(1) G41、G42、G40 指令不能与圆弧切削指令写在同一个程序段内，可与 G01、G00 指令在同程序段出现，即它是通过直线运动来建立或取消刀具补偿的。

(2) 在调用新刀具前或要更改刀具补偿方向时，中间必须取消刀具补偿。目的是为了避免产生加工误差。

(3) 刀尖圆弧半径补偿取消在 G41 或 G42 程序段后面，加 G40 程序段，便是刀尖圆弧半径补偿取消，其格式为：

```
G41(或 G42)
……
G40
```

程序的最后必须以取消偏置状态结束，否则刀具不能在终点定位，而是停在与终点位置偏移一个矢量的位置上。

(4) G41、G42、G40 是模态代码，可相互注销。

(5) 在 G41 方式中，不要再指定 G41 方式，否则补偿会出错。同样，在 G42 方式中，不要再指定 G42 方式，当补偿取负值时，G41 和 G42 互相转化。

(6) 在使用 G41 和 G42 之后的程序段时，不能出现连续两个或两个以上的不移动指令，否则 G41 和 G42 会失效。

4. 刀具补偿号

刀尖圆弧半径补偿可以由刀具号来实现，在程序中用指定的 T 代码来实现，T 代码后的 4 位数码中，前两位为刀具号，后两位为刀具补偿号。刀具补偿号实际上是刀具补偿寄存器的地址号，该寄存器中放有刀具的几何偏置量和磨损偏置量（X 轴偏置和 Z 轴偏置），如图 5-13 所示。刀具补偿号可以是 00～16 中的任意一个数，刀具补偿号为 00 时，表示不进行刀具补偿或取消刀具补偿。

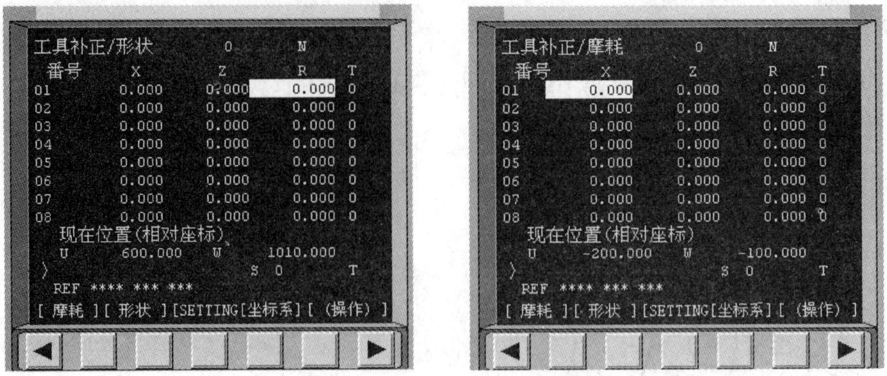

(a) (b)

图 5-13 刀具补偿寄存器页面

当刀具磨损后或工件尺寸有误差时，只要修改每把刀具相应存储器中的数值即可。例如，某工件加工后外圆直径比要求尺寸大(或小)了 0.02mm，则可以用 U—0.02(或 U0.02)修改相应存储器中的数值，如图 5-14 所示；当长度方向尺寸有误差时，修改方法类同。

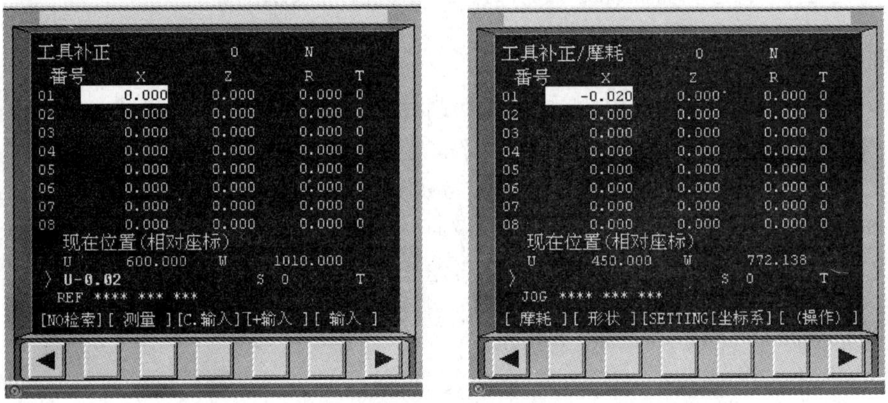

图 5-14 磨耗输入界面

由此可见，刀具偏移可以根据实际需要分别或同时对刀具轴向和径向的偏移量进行修正。修正的方法是在程序中事先给定各刀具及其刀具补偿号，每个刀具补偿号中的 X 向刀具补偿值和 Z 向补偿值由操作者按实际需要输入数控装置。每当程序调用这一刀具补偿号时，该刀具补偿值就生效，使刀尖从偏离位置恢复到编程轨迹上，从而实现刀具偏移量的修正。

注意：

(1) 刀具补偿程序段内有 G00 或 G01 功能才有效。而且偏移量补偿在一个程序的执行过程中完成，这个过程是不能省略的。例如，G00 X20.0 Z10.0 T0202 表示调用 2 号刀具，且有刀具补偿，补偿量在 02 号存储器内。

(2) 在调用刀具时，必须在取消刀具补偿状态下调用刀具。

任务实施

一、 工艺分析

本课题是一个前端带有锥度的阶梯轴类零件，根据阶梯轴的加工及锥面加工的关键技术，对零件图进行分析，确定加工工艺、程序编制、车刀的安装和车床的操作过程。

1. 分析零件的外形和结构

该零件为一阶梯轴，外形轮廓简单，尺寸精度要求不高，但是该零件前端有一段圆锥面，需仔细确定加工工艺路线。

2. 加工工艺分析

（1）编程原点的确定：在工件右端面与轴线的交点处。

（2）制定加工路线：车端面→粗车直径 ϕ40mm 的外圆→粗车零件右端外圆锥面→精车零件右端外圆锥面→精车直径 ϕ40mm 的外圆。

3. 工件的定位与装夹

工件的定位与装夹：采用三爪自定心卡盘，装夹示意图如图 5-15 所示。

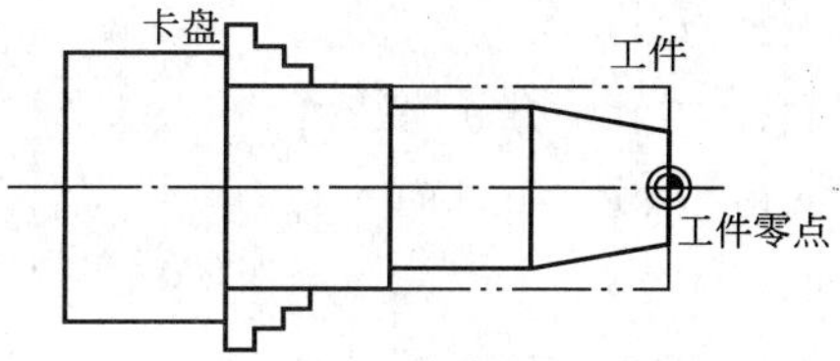

图 5-15　工件装夹示意图

二、填写工艺卡片

1. 确定加工工艺

填写数控加工工艺卡，见表 5-2。

表 5-2　数控加工工艺卡

工序	名称	工艺要求		工作者	备注
1	下料	ϕ45mm×150mm			
2	数控车	工步	工步内容	刀具号	
		1	车端面	T01	
		2	粗车 ϕ40mm 外圆	T02	
		3	粗车外圆锥面	T02	
		4	精车外圆锥面	T02	
		5	精车 ϕ40mm 外圆	T02	
3	检验				

2. 切削用量及刀具选择

切削用量及刀具选择见表 5-3。

表 5-3　切削用量及刀具选择

刀具号	刀具规格名称	数量	加工内容	主轴转速/(r/min)	进给速度/(mm/r)	备注
T01	45°外圆偏刀	1	车端面	500	0.2	
T02	90°外圆偏刀	1	车工件外轮廓	600	0.3/0.1	

三、编写加工程序

加工如图 5-1 所示零件的程序，见表 5-4。

表 5-4　零件加工程序

程　序	说　明
O0001；	
N10　M03　T0101 S500；	以 500r/min 启动主轴正转，选择 1 号刀及 1 号刀补
N20　G00　X50.0　Z2.0；	快速移到起刀点，Z 轴 2mm
N30　G01　Z0.0　F0.3；	进刀
N40　G01　X0.0　F0.1；	加工端面
N50　Z2.0；	退刀
N60　G00　X100.0　Z100.0；	退刀
N70　T0202　S600；	换 2 号刀加工外圆
N80　G00　X50.0　Z2.0；	快速移到起刀点，Z 轴 2mm
N90　G00　X43.0；	进刀
N100　G01 Z—60.0 F0.3；	粗加工 ϕ40mm 外圆至 ϕ43mm
N110　X50.0；	退刀
N120　G00 Z2.0；	快速退刀
N130　G01 X41.0 F0.3；	进刀
N140　Z—60.0；	粗加工 ϕ40mm 外圆至 ϕ41mm
N150　X50.0；	退刀
N160　G00　Z5.0；	退刀
N170　G42　G01　X36.0 Z0.0 F0.3；	
N180　X41.0　Z—15.0；	调用刀尖圆弧半径右补偿，粗加工圆锥面第一刀
N190　X45.0；	
N200　G00 Z5.0；	
N210　G01 X31.0 Z0.0 F0.3；	
N220　X41.0 Z—30.0；	粗加工圆锥面第二刀
N230 X45.0；	
N240　G00 Z5.0；	
N250　G01 X30.0 Z0.0 F0.3；	精加工起点
N260　X40.0 Z—30.0 F0.1；	精车圆锥面
N270 Z—60.0；	精车 ϕ40mm 外圆
N280　X50.0；	退刀
N290　G40　G00 X100.0　Z100.0；	取消刀尖圆弧半径右补偿并退刀
N300 M05；	主轴停
N310　M30；	主程序结束并复位

注意：

（1）在编制加工程序时要注意锥度尺寸坐标的计算。

（2）在调用刀具时，必须使刀尖与主轴轴线严格等高，以免使圆锥母线产生双曲线误差。

四、圆锥加工质量分析

圆锥加工质量分析见表 5－5。

表 5－5　锥面加工质量分析

问题现象	产生原因	预防和消除
锥度不符合要求或产生双曲线 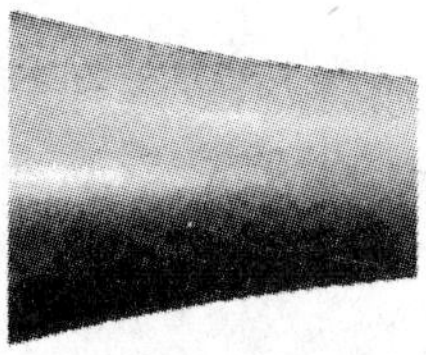	1. 程序错误 2. 工件装夹不正确 3. 车刀刀尖过高或过低	1. 检查修改加工程序 2. 检查工件安装，增加安装刚度 3. 调整车刀刀尖与工件轴线等高
切削过程出现振动 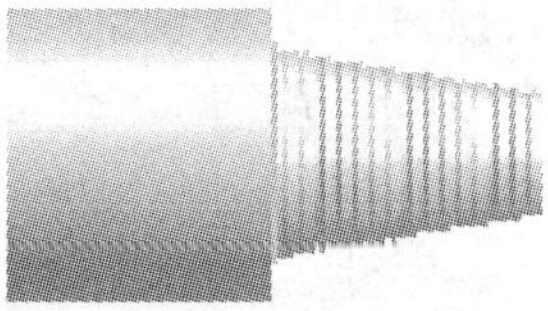	1. 工件装夹不正确 2. 刀具安装不正确 3. 切削参数不正确	1. 正确安装工件和刀具 2. 编程时合理选择切削参数
锥面径向尺寸不符合要求 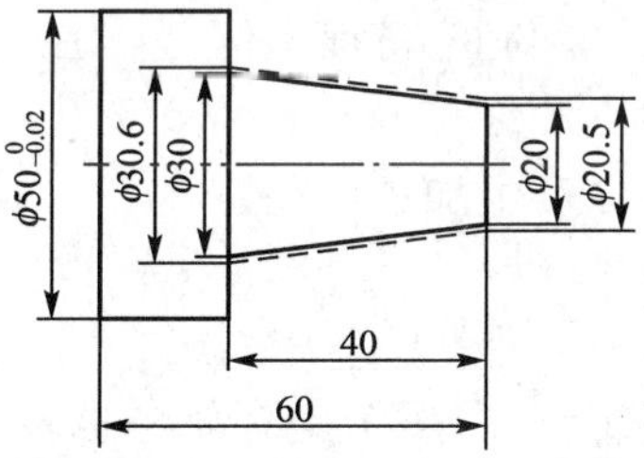	1. 程序错误 2. 刀具磨损 3. 没考虑刀尖圆弧半径补偿	1. 保证编程正确，并考虑刀具补偿 2. 及时更换磨损大的刀具
切削过程出现干涉现象 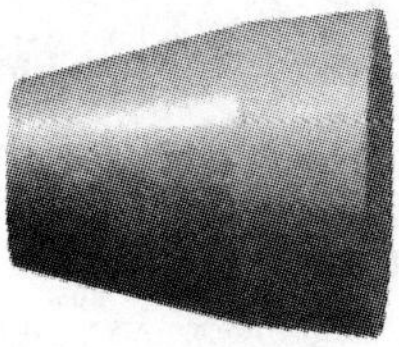	工件斜度大于刀具后角	1. 选择正确刀具 2. 改变切削方式

任务二　零件圆弧面的加工

教学目标

◇ 掌握圆弧面加工工艺分析
◇ 掌握圆弧指令 G02、G03 的格式，熟练进行零件圆弧面编程
◇ 掌握刀尖圆弧半径补偿的应用
◇ 合理选择切削参数和刀具

能力目标

◇ 熟练对圆弧面零件加工进行工艺分析
◇ 熟练进行零件圆弧面编程
◇ 合理选择切削参数和刀具
◇ 掌握圆弧加工误差产生的原因及预防措施

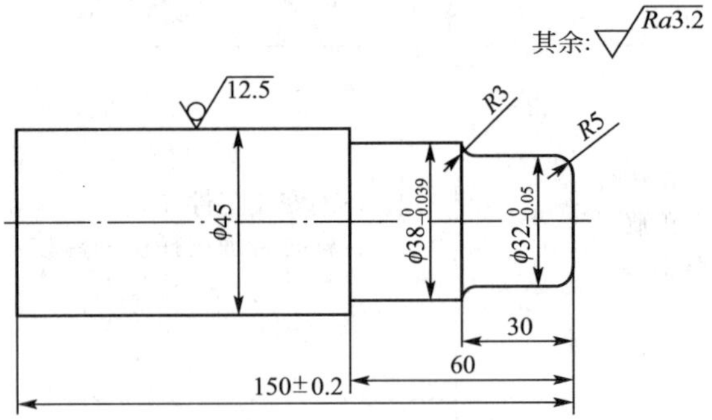

图 5-16　零件图

任务描述

如图 5-16 所示的带圆弧的零件，编制该零件的加工程序并进行练习加工。毛坯采用尺寸为 ϕ45mm×150mm 的棒料，材料为 45 钢。

任务分析

该零件除了包括端面、外圆，还包括外圆弧面，外形简单，采用基本编程指令即可完成零件的编程。但是，在编程和加工过程中，要注意圆弧加工时圆弧的旋转方向、圆弧起点和终点坐标计算，刀尖圆弧半径补偿等因素，以及圆弧指令的正确选择和使用，否则将会产生加工误差。

相关知识

数控机床的应用特点之一就是能完成复杂型面的加工，它能实现多个坐标轴的联动。为了完成上述复杂型面的加工，我们必须要掌握下面几个基本加工指令代码。

一、 圆弧插补指令（G02、 G03）

圆弧插补指令是模态代码，为顺时针圆弧插补 G02 和逆时针圆弧插补 G03，规定刀具在两坐标间以插补联动方式按指定的 F 进给速度做圆弧运动。

(1) 指令书写格式：

$$\left.\begin{matrix}\text{G02}\\\text{G03}\end{matrix}\right\}\text{X(U)\_\_\_\_ Z(W)\_\_\_\_}\left\{\begin{matrix}\text{I\_ K\_}\\\text{R\_}\end{matrix}\right\}\text{F\_ ;}$$

(2) 指令说明：G02、G03 指令刀具按顺时针/逆时针进行圆弧加工。圆弧插补

G02、G03 的判断符合直角坐标系的右手定则，是在加工平面内，根据其插补时的旋转方向为顺时针/逆时针来区分的。沿(*XOZ*)平面的垂直坐标轴的负方向(—*Y*)看去，顺时针方向为 G02，逆时针方向为 G03，如图5－17所示。

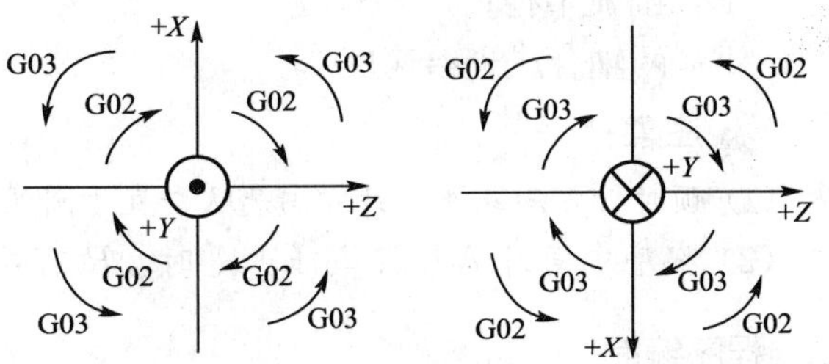

图 5－17　G02、G03 插补方向

1. 指定圆心的圆弧插补

指令书写格式：

G02
G03 } X(U)____ Z(W)____ I____ K____ F____；

其中，X、Z：绝对值编程时，圆弧终点坐标；

U、W：增量值编程时，圆弧终点相对圆弧起点的距离；

I、K：圆心相对于圆弧起点的增加量(等于圆心的坐标减去圆弧起点的坐标，如图 5－18 所示)，在绝对值、增量值编程时都是以增量方式指定，在直径、半径编程时 I 都是半径值；

F：两轴合成进给速度。

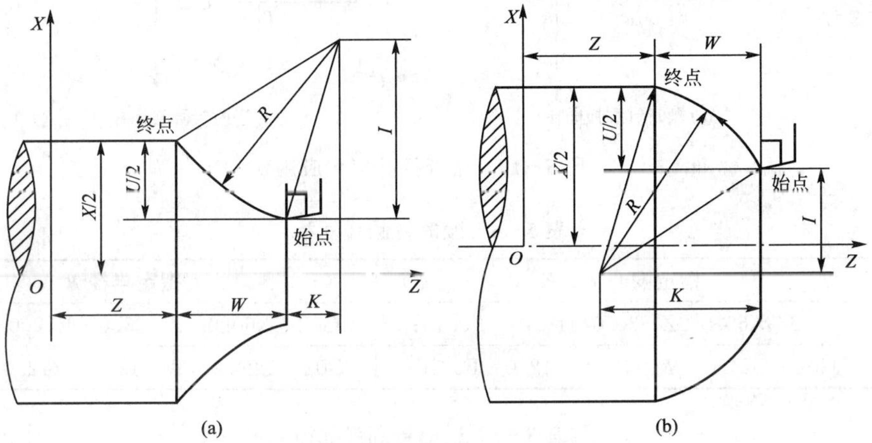

图 5－18　指定圆心的圆弧插补

注意：

(1) *I*、*K* 的数值是从圆弧始点向圆弧中心看的矢量，用增量值指定。

(2) *I*、*K* 会因始点相对圆心的方位不同而带有正、负号，如图 5－18(a)所示的 *I*、*K* 均为正值；如图 5－18(b)所示的 *I*、*K* 均为负值。

2. 指定半径的圆弧插补

指令书写格式：

G02
G03 } X(U)____ Z(W)____ R____ F____；

其中，X、Z：绝对值编程时，圆弧终点坐标；

U、W：增量值编程时，圆弧终点相对圆弧起点的距离；

R：圆弧半径；

F：两轴合成进给速度。

注意：

(1) 顺时针方向或逆时针方向是从垂直于圆弧所在平面的坐标轴的正方向看到的回转方向。

(2) 程序中同时编入 R 与 I、K 时，R 有效。

二、 程序编制

如图 5－19(a)、图 5－19(b)所示，刀尖从圆弧起点 A 移动至终点 B，写出圆弧插补的程序段。表 5－6 为顺时针圆弧加工程序，表 5－7 为逆时针圆弧加工程序。

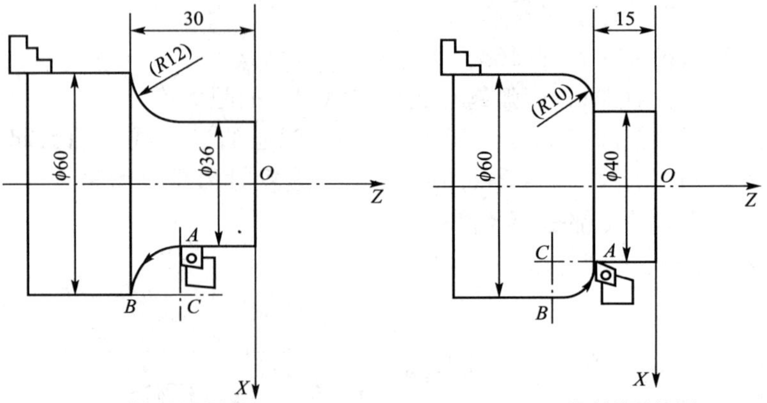

(a) 顺时针圆弧插补　　(b) 逆时针圆弧插补

图 5－19　圆弧插补指令应用

表 5－6　顺时针圆弧插补

	指定圆心 *I*、*K*	**指定半径 *R***
绝对方式	G02　X60.0　Z－30.0　I12.0　F0.15；	G02　X60.0　Z－30.0　R12.0　F0.15；
增量方式	G02　U24.0　W－12.0　I12.0　F0.15；	G02　U24.0　W－12.0　R12.0　F0.15；

表 5－7　逆时针圆弧插补

	指定圆心 *I*、*K*	**指定半径 *R***
绝对方式	G03　X60.0　Z－25.0　K－10.0　F0.15；	G03　X60.0　Z－25.0　R10.0　F0.15；
增量方式	G03　U20.0　W－10.0　K－10.0　F0.15；	G03　U20.0　W－10.0 R10.0　F0.15；

1. 圆心坐标的确定

圆心坐标 I、K 值为圆弧起点到圆弧圆心的矢量在 X、Z 轴向上的投影，如图 5－20 所示。I、K 为增量值，带有正负号，且 I 值为半径值。I、K 的正负取决于该矢量方向与坐标轴方向的异同，相同者为正，相反者为负。若已知圆心坐标和圆弧起点坐标，则 $I=X_{圆心}-X_{起点}$(半径差)，$K=Z_{圆心}-Z_{起点}$。如图 5－20 所示 I 值为－10，K 值为－20。

2. 圆弧半径的确定

圆弧半径 R 有正值与负值之分。当圆弧所对的圆心角小于或等于 180°时，R 取正值；

当圆弧所对的圆心角大于180°并小于360°时，R 取负值，如图 5－21 所示。通常情况下，在数控车床上所加工的圆弧的圆心角小于180°。

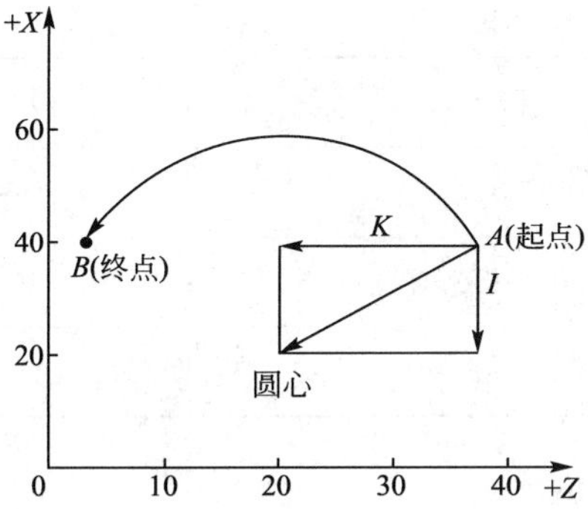

图 5－20　圆心坐标 I、K 值的确定

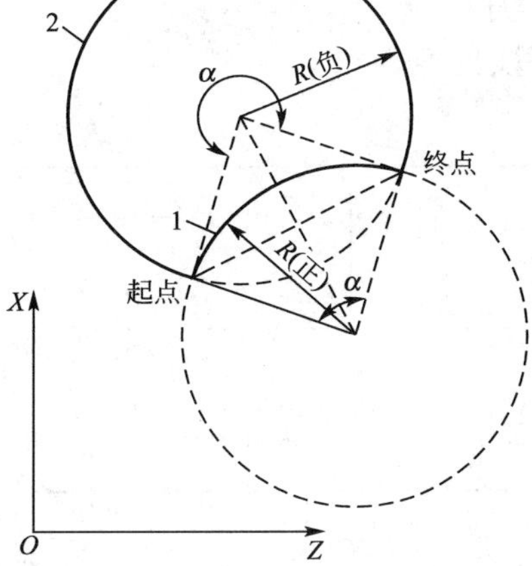

图 5－21　圆弧半径 R 正负的确定

提示

(1) 当 $I=0$ 或 $K=0$ 时，可以省略其相应指令字符；但指令地址 I、K 或 R 必须至少输入一个，否则系统产生报警。

(2) I、K 和 R 同时输入时，R 有效，I、K 无效。

(3) R 值必须等于或大于起点到终点距离的一半，如果终点不在用 R 指令定义的圆弧上，系统会产生报警。

(4) 地址 $X(U)$、$Z(W)$ 可省略一个或全部；当省略一个时，表示省略的该轴的起点和终点一致；同时省略表示终点和始点是同一位置，若用 I、K 指令圆心时，执行 G02、G03 指令的轨迹为全圆(360°)；用 R 指定时，表示0°的圆。

(5) 建议使用 R 编程。当使用 I、K 编程时，为了保证圆弧运动的始点和终点与指定值一致，系统按半径 $R=\sqrt{I^2+K^2}$ 运动。

(6) 若使用 I、K 值进行编程，若圆心到的圆弧终点距离不等于 $R(R=\sqrt{I^2+K^2})$，系统会自动调整圆心位置保证圆弧运动的始点和终点与指定值一致，如果圆弧的始点与终点间距离大于 $2R$，系统报警。

3. 编程实例

车削如图 5－22 所示的球头手柄。写出刀尖从工件原点 O 出发，车削凸凹球面的程序段。

1) 任务分析

计算圆弧起点、终点坐标。两圆弧

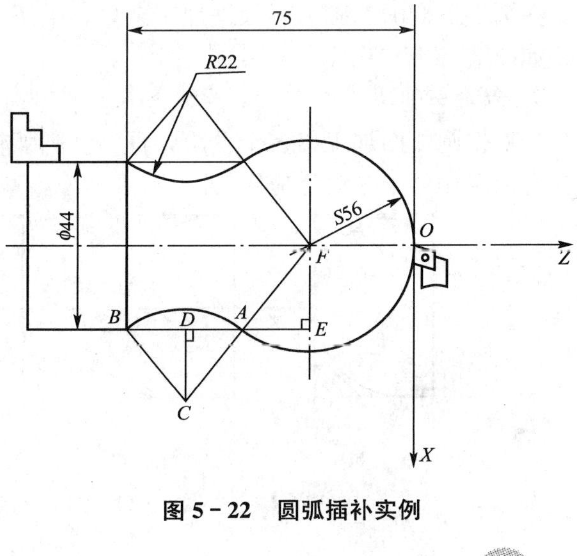

图 5－22　圆弧插补实例

相切于 A 点，在直角三角形 AEF 中，因为 $AF=28$，$EF=22$，所以 $AE=\sqrt{AF^2-EF^2}\approx 17.32$，所以 A 点 Z 向坐标为 $Z_A=-(28+17.32)=-45.32$，圆弧起点、终点为：$O(0, 0)$，$A(22, -45.32)$，$B(22, -75)$。

2）程序编制

程序段见表 5-8。

表 5-8　球手手柄程序段

绝对方式	G03　X22.0　Z−45.32　R28.0　F50；	$O\to A$
	G02　X22.0　Z−75.0　R22.0　F50；	$A\to B$
增量方式	G03　U22.0　W−45.32　R28.0　F50；	$O\to A$
	G02　U0.0　W−29.68　R22.0　F50；	$A\to B$

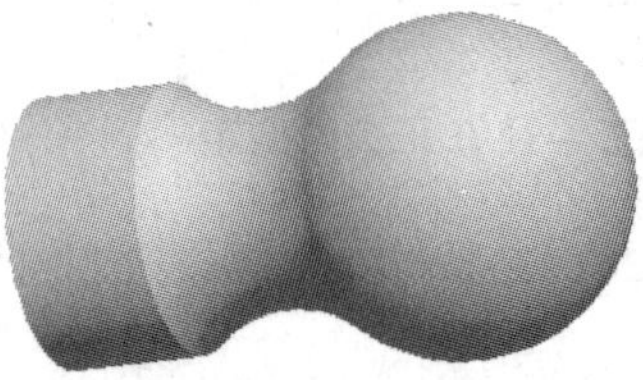

图 5-23　加工零件

3）完成加工后的零件

完成加工后的零件实体如图 5-23 所示。

三、圆弧面工艺路线

1. 圆弧车削加工路线

1）车锥法

根据加工余量，采用圆锥分层切削的办法将加工余量去除后，再进行圆弧精加工，如图 5-24(a)所示。采用这种加工路线时，加工效率高，但计算麻烦。

2）移圆法

根据加工余量，采用相同的圆弧半径，渐进地向机床的某一轴方向移动，最终将圆弧加工出来，如图 5-24(b)所示。采用这种加工路线时，编程简单，但处理不当会导致较多的空行程。

3）车圆法

在圆心不变的基础上，根据加工余量，采用大小不等的圆弧半径，最终将圆弧加工出来，如图 5-24(c)所示。

4）台阶车削法

先根据圆弧面加工出多个台阶，再车削圆弧轮廓，如图 5-24(d)所示。这种加工方法在复合固定循环中被广泛应用。

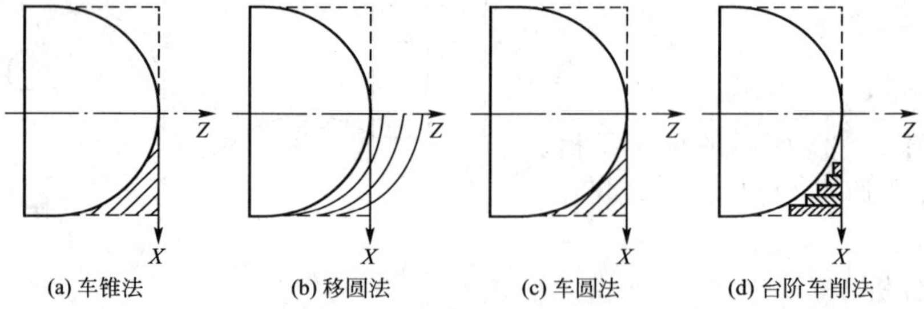

图 5-24　圆弧车削加工路线

2. 编程实例

1）车锥法加工圆弧

如图 5-25 所示，先用车锥法粗车掉以 AB 为母线的圆锥面外的余量，再用圆弧插补粗车右半球。

（1）相关计算。确定点 A、B 两点坐标，经平面几何的推算，得出一简单公式：

$$CA=CB=\frac{R}{2}，即 CA=CB=\frac{22}{2}=11(mm)$$

所以 A 点坐标为(22，0)，B 点坐标为(22，−11)。

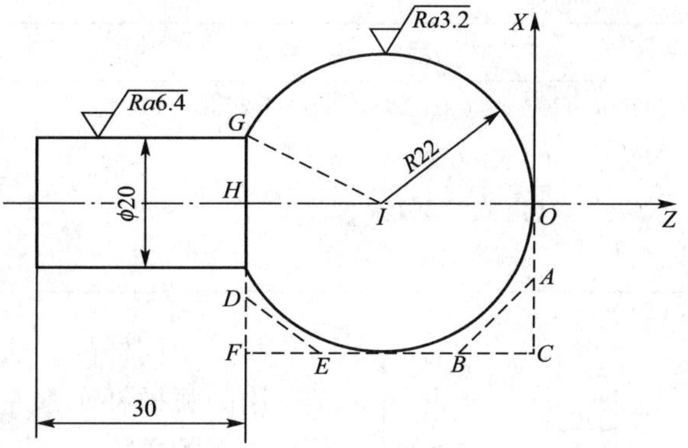

图 5-25　车锥法加工圆弧实例

（2）程序编制。用车锥法车掉以 AB 为母线的圆锥面外的余量，零件加工程序见表 5-9。

表 5-9　零件加工程序

程　　序	说　　明
O0001；	
……	
N50　G42 G01　X46.0　Z0.0　F0.3；	车刀右补偿
N60　U−4.0；	进刀，准备车第一刀
N70　X44.0　Z−11.0；	车第一刀锥面
N80　G00　Z0.0；	退刀
N90　G01　U−8.0 F0.3；	进刀，准备车第二刀
N100　X44.0　Z−11.0；	车第二刀锥面
N110　G00 Z0.0；	退刀
N120　G01 U−12.0 F0.3；	进刀，准备车第三刀
N130　X44.0　Z−11.0；	车第三刀锥面
N140　G00 Z0.0；	退刀
N150　G01 U−16.0 F0.3；	进刀，准备车第四刀
N160　X44.0　Z−11.0；	车第四刀锥面
N170　G00 Z0.0；	退刀
N180　G01 U−20.0 F0.3；	进刀，准备车第五刀
N190　X44.0　Z−11.0；	车第五刀锥面
N200　G00 Z0.0；	退刀
N210　G01 U−24.0 F0.3；	进刀，准备车第六刀
N220　X44.0　Z−11.0；	车第六刀锥面
N230　G00 Z0.0；	退刀
N240　G01 X0.0 F0.3；	退刀

（续）

程　　序	说　　明
N250 G03 X44.0 Z－22.0 R22.0 F0.2；	圆弧插补右半球
N260 G00 X100.0；	退刀
N270 G40 G00 Z50.0；	退刀
……	

用同样的方法车掉以 *DE* 为母线的圆锥面外的余量，再用圆弧插补车削左半球，留给读者自己做练习，要注意使用车刀的角度。

2）同心圆法加工圆弧

圆心不变，圆弧插补半径依次减小(或增大：车凹形圆弧)一个吃刀深度，直到尺寸要求，如图 5－26 所示。

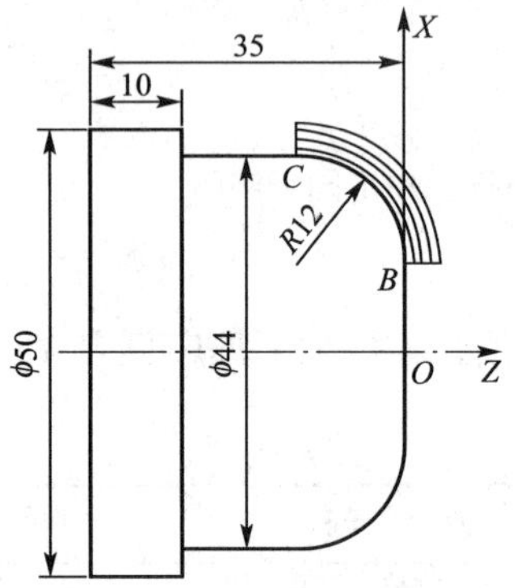

图 5－26　圆弧面的车削

(1) 相关计算。*BC* 圆弧的起点坐标为(*X*20.0，*Z*0)，终点坐标为(*X*44.0，*Z*－12.0)，半径为 *R*12。依此类推，可知同心圆的起点、终点及半径如下：

(*X*20.0，*Z*2)，(*X*48.0，*Z*－12.0)，*R*14；

(*X*20.0，*Z*4)，(*X*52.0，*Z*－12.0)，*R*16；

(*X*20.0，*Z*6)，(*X*56.0，*Z*－12.0)，*R*18；

(*X*20.0，*Z*8)，(*X*60.0，*Z*－12.0)，*R*20。

(2) 程序编制。零件加工程序见表 5－10。

表 5－10　零件加工程序

程　　序	说　　明
O0002；	
……	
N130 G42 G01 X20.0 Z8.0 F0.2；	
N140 G03 X60.0 Z－12.0 R20.0 F0.1；	圆弧插补第一刀
N150 G00 Z6.0；	退刀
N160 X20.0；	进刀，准备车第二刀
N170 G03 X56.0 Z－12.0 R18.0 F0.1；	圆弧插补第二刀
N180 G00 Z4.0；	退刀
N190 X20.0；	进刀，准备车第三刀
N200 G03 X52.0 Z－12.0 R16.0 F0.1；	圆弧插补第三刀
N210 G00 Z2.0；	退刀
N220 X20.0；	进刀，准备车第四刀
N230 G03 X48.0 Z－12.0 R14.0 F0.1；	圆弧插补第四刀
N240 G00 Z0.0；	退刀
N250 X20.0；	进刀，准备车第五刀

（续）

程　　序	说　　明
N260　G03　X44.0　Z—12.0　R12.0 F0.1；	圆弧插补至尺寸要求
N270　G01　Z—25.0 F0.2；	
……	

这种插补方法适用于起、终点正好为的 1/4 圆弧或半圆弧，每车一刀 *X*、*Z* 方向分别改变一个吃刀深度。车削一般圆弧时，使用圆心偏移法比较好。

3）圆心偏移法加工圆弧面

圆心依次偏移一个吃刀深度，直至尺寸要求，如图 5－27 所示。

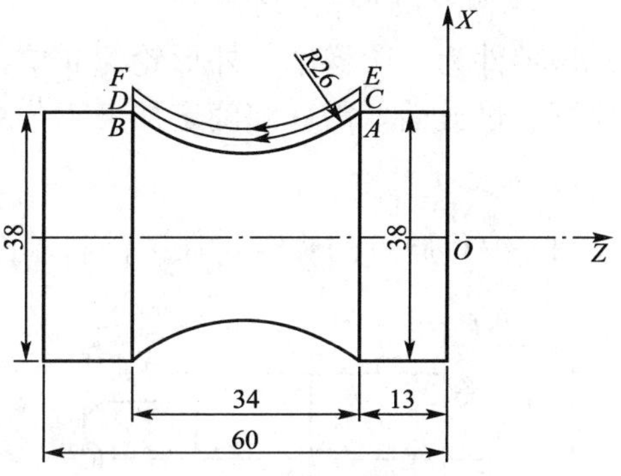

图 5－27　圆弧面的车削

（1）相关计算。由图可知：*A* 点坐标为（*X*19.0，*Z*－13.0），*B* 点坐标为（*X*19.0，*Z*—47.0）；

C 点坐标为（*X*19.0，*Z*—13.0），*D* 点坐标为（*X*19.0，*Z*—47.0）；

E 点坐标为（*X*19.0，*Z*—13.0），*F* 点坐标为（*X*19.0，*Z*—47.0）。

（2）程序编制。零件加工程序见表 5－11。

表 5－11　零件加工程序

程　　序	说　　明
O3004；	
……	
N90　G42 G00　Z—13.0；	
N100 G01 X46.0　F0.3；	进刀
N110 G02 X46.0　Z—47.0　R26.0　F0.2；	圆弧插补第一刀
N120 G01 Z—13.0 F0.2；	退刀
N130 G01 X42.0；	圆心 *X* 向进一个吃刀深度
N140 G02 X42.0　Z—47.0　R26.0　F0.2；	圆弧插补第二刀
N150 G01 Z—13.0 F0.2；	退刀
N150 G01 X38.0　F0.3；	圆心 *X* 向进一个吃刀深度
N160 G02 X38.0　Z—47.0　R26.0　F0.2；	圆弧插补第三刀，至尺寸要求
……	

在这种圆弧插补方法中，*Z* 向坐标、圆弧半径 *R* 不需改变，每车一刀，*X* 向改变一个吃刀深度就可以了。

任务实施

一、 工艺分析

本课题是一个带有圆弧过渡的阶梯轴类零件，根据阶梯轴的加工及圆弧加工的关键技术，对零件图形进行分析，确定加工工艺、程序编制、车刀的安装和车床的操作过程。

1. 分析零件的外形和结构

该零件为一阶梯轴，外形轮廓简单，尺寸精度要求不高，但是该零件前端和中部各有一段圆弧过渡面，需仔细确定加工工艺路线。

2. 加工工艺分析

(1) 编程原点的确定：在工件右端面与轴线的交点处。

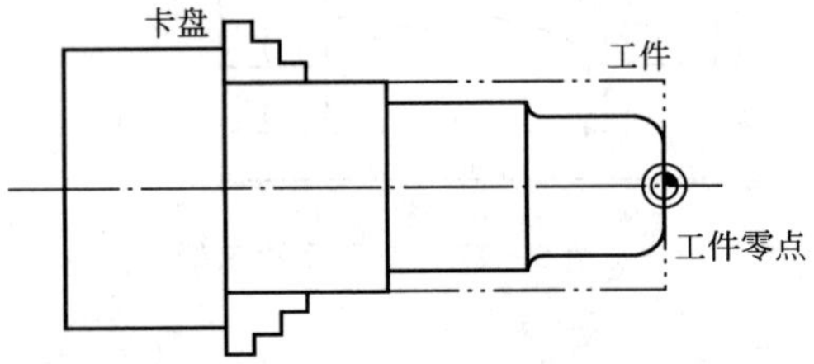

图 5-28 装夹示意图

(2) 制定加工路线：车端面→粗车直径 ϕ38mm、ϕ32mm 外圆→粗车零件右端圆弧面→精车零件右端 R5mm 圆弧→精车直径 ϕ32mm 外圆→精车 R3mm 过渡圆弧→精车直径 ϕ38mm 外圆。

3. 工件的定位与装夹

工件的定位与装夹：采用三爪自定心卡盘，装夹示意图如图 5-28 所示。

二、 填写工艺卡片

1. 确定加工工艺

填写数控加工工艺卡，见表 5-12。

表 5-12 数控加工工艺卡

工序	名称	工艺要求		工作者	备注
1	下料	ϕ45mm×150mm			
2	数控车	工步	工步内容	刀具号	
		1	车端面	T01	
		2	粗车 ϕ38mm 外圆	T02	
		3	粗车 ϕ32mm 外圆	T02	
		4	粗车 R5mm 圆弧	T02	
		5	精车 R5mm 圆弧	T02	
		6	精车 ϕ32mm 外圆	T02	
		7	精车 R3mm 圆弧	T02	
		8	精车 ϕ38mm 外圆	T02	
3	检验				

2. 切削用量及刀具选择

切削用量及刀具选择见表 5－13。

表 5－13　切削用量及刀具选择

刀具号	刀具规格名称	数量	加工内容	主轴转速 /(r/min)	进给速度 /(mm/r)	备注
T01	45°外圆偏刀	1	车端面	500	0.2	
T02	90°外圆偏刀	1	车工件外轮廓	600	0.3/0.1	

三、编写加工程序

加工图 5－14 所示零件的程序见表 5－14。

表 5－14　零件加工程序

程　　序	说　　明
O0001；	
N10　M03　T0101 S500；	以 500r/min 启动主轴正转，选择 1 号刀及 1 号刀补
N20　G00　X50.0　Z2.0；	快速移到起刀点，Z 轴 2mm
N30　G01　Z0.0　F0.3；	进刀
N40　G01　X0.0　F0.1；	加工端面
N50　Z2.0；	退刀
N60　G00　X100.0　Z100.0；	退刀
N70　T0202　S600；	换 2 号刀加工外圆
N80　G42 G00　X50.0　Z2.0；	快速移到起刀点并调用刀尖圆弧半径右补偿
N90　G00　X42.0；	进刀
N100　G01 Z－60.0 F0.3；	粗加工 ϕ38mm 外圆
N110　X48.0；	退刀
N120　G00 Z2.0；	快速退刀
N130　G01 X39.0 F0.3；	进刀
N140　Z－60.0；	粗加工 ϕ38mm 外圆
N150　X48.0；	退刀
N160　G00　Z5.0；	快速退刀
N170　X36.0；	进刀
N180　G01 Z－28.0 F0.3；	粗加工 ϕ32mm 外圆
N190　X40.0；	退刀
N200　G00 Z5.0；	快速退刀
N210　X33.0；	进刀
N220　G01　Z－27.0 F0.3；	粗加工 ϕ32mm 外圆

（续）

程　　序	说　　明
N230　　X40.0；	退刀
N240　G00 Z5.0；	快速退刀
N250　G01 X26.0 Z0.0 F0.3；	进刀
N260　G03 X33.0　Z−3.0 R5.0 F0.3；	粗加工 R5mm 圆弧
N270　　X35.0；	退刀
N280　G00 Z−2.0；	快速退刀
N290　G01　X22.0 Z0.0 F0.1；	进刀
N300　G03　X32.0 Z−5.0 R5.0；	精加工 R5mm 圆弧
N310　G01 Z−27.0；	精加工 ϕ32mm 外圆
N320　G02 X38.0 Z−30.0　R3.0；	精加工 R3mm 圆弧
N330　G01　Z−60.0；	精加工 ϕ38mm 外圆
N340　　X50.0；	退刀
N350　G00 X100.0；	退刀
N360　G40　G00 Z100.0；	退刀并取消刀具半径补偿
N370　M05；	主轴停
N380　M30；	主程序结束并返回程序开始

注意：

（1）在编制加工程序时要注意锥度尺寸坐标的计算。

（2）在调用刀具时，必须使刀尖与主轴轴线严格等高，以免使圆锥母线产生双曲线误差。

四、圆弧加工质量分析

圆弧加工质量分析见表 5－15。

表 5－15　圆弧加工质量分析

问题现象	产生原因	预防和消除
切削过程出现干涉现象 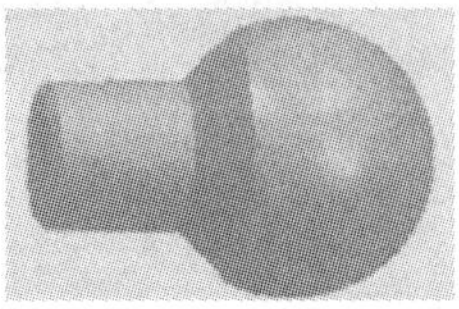	1. 刀具参数不正确 2. 刀具安装不正确	1. 正确编制程序 2. 正确安装刀具
圆弧凹凸方向不对 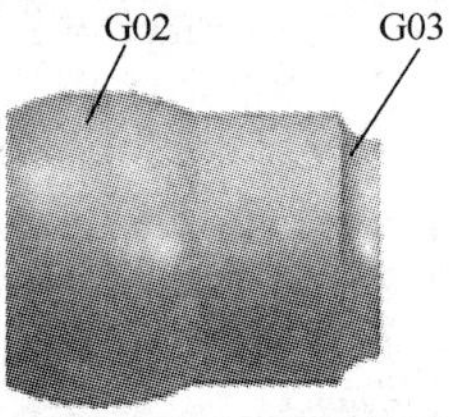	程序不正确	正确编制程序

（续）

问题现象	产生原因	预防和消除
圆弧尺寸不符合要求 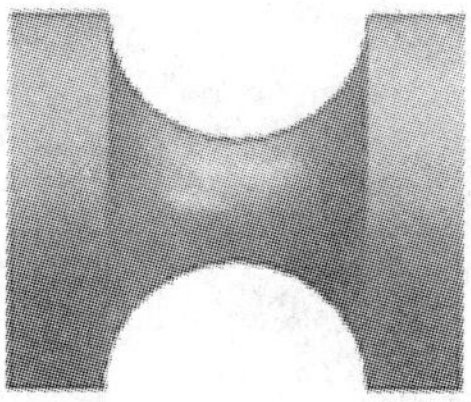	1. 程序不正确 2. 刀具磨损 3. 刀尖圆弧半径没有补偿	1. 正确编制程序 2. 及时更换刀具 3. 考虑刀尖圆弧半径补偿
表面粗糙度达不到要求 	1. 车刀刚性不足或伸出太长引起振动 2. 刀具参数选择不合理，如前角过小或后角过大等 3. 切削用量选择不当	1. 正确安装刀具，提高刀具刚性 2. 合理选择刀具角度 3. 进给量不宜选择过大，合理选择精加工余量

练　习　题

1. 简述刀具位置补偿的作用。
2. 常见圆锥面加工缺陷有哪些？
3. 如何判断圆弧的顺逆？
4. 为什么要用刀尖圆弧半径补偿？刀尖圆弧半径补偿有哪几种？指令是什么？
5. 使用刀尖圆弧半径补偿指令时应注意些什么？
6. 常见圆弧加工缺陷有哪些？
7. 如图 5－29 所示工件，毛坯采用尺寸为 ϕ30mm×50mm 的 45 钢，试完成其右端轮廓的编程加工。

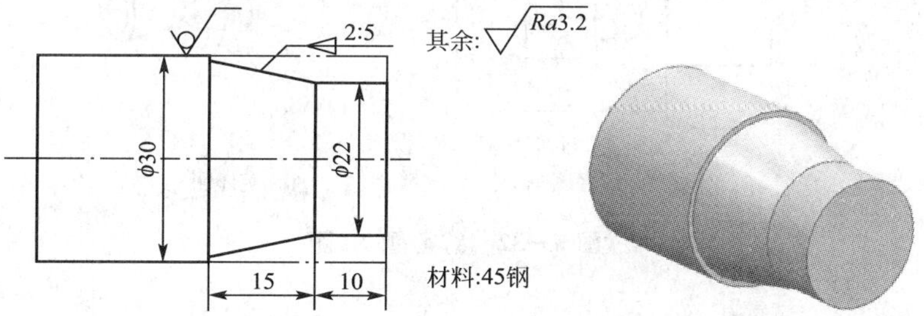

(a) 零件图　　(b) 实体图

图 5－29　练习题 7 图

8. 编写如图 5－30 所示零件的加工程序并练习加工。

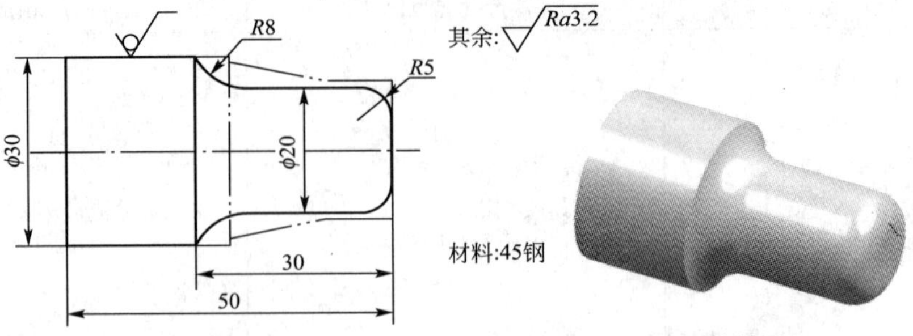

(a) 零件图　　(b) 实体图

图 5－30　练习题 8 图

9. 编写如图 5－31 所示零件的加工程序并练习加工。

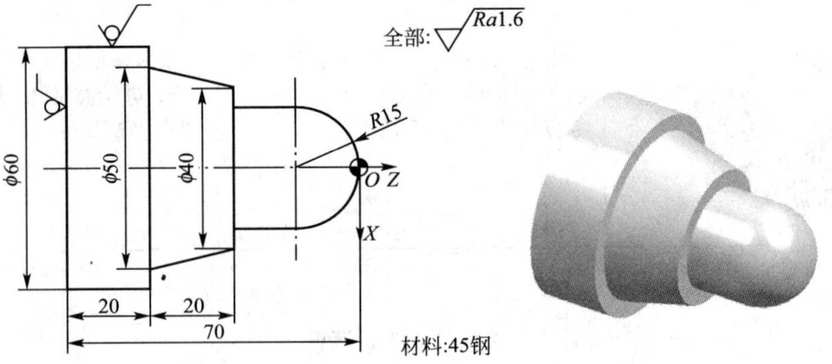

(a) 零件图　　(b) 实体图

图 5－31　练习题 9 图

10. 如图 5－32 所示工件，试采用粗、精车循环指令编写其数控车加工程序。

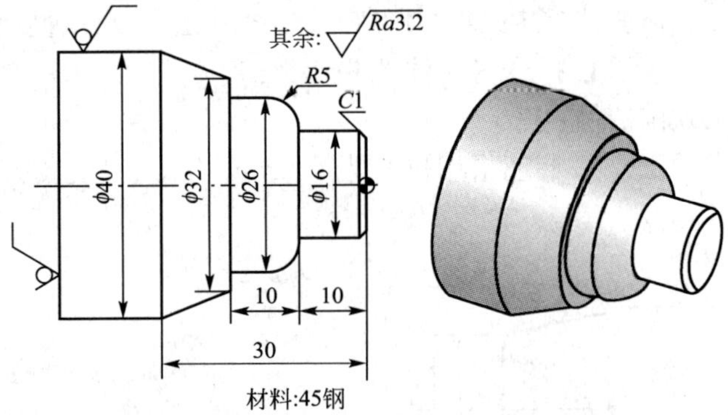

(a) 零件图　　(b) 实体图

图 5－32　练习题 10 图

模块六

简单轮廓零件编程与加工

引导语

数控车床上主要加工回转类零件，而零件的毛坯常用棒料或铸、锻件来制造，加工余量大，因此在编程过程中就会出现程序过长，占用内存多的现象，而且检验程序时特别费时。为了解决这些问题，提高编程效率和正确率，我们必须掌握如何解决该问题的办法，本模块就上述问题以下面两个任务来分别进行解决。

任务一 单一形状固定循环加工

教学目标

◇ 掌握单一形状固定循环编程指令的格式
◇ 掌握简单零件的综合工艺分析与应用
◇ 熟练选择编程指令编程加工

能力目标

◇ 熟练应用固定循环指令进行编程
◇ 熟练掌握一般零件的综合工艺分析
◇ 掌握数控车床基本参数的调整及加工误差的调整

任务描述

如图 6-1 所示的工件，毛坯采用尺寸为 ϕ65mm×113mm 的 45 钢，试编写其数控加工程序并进行加工。

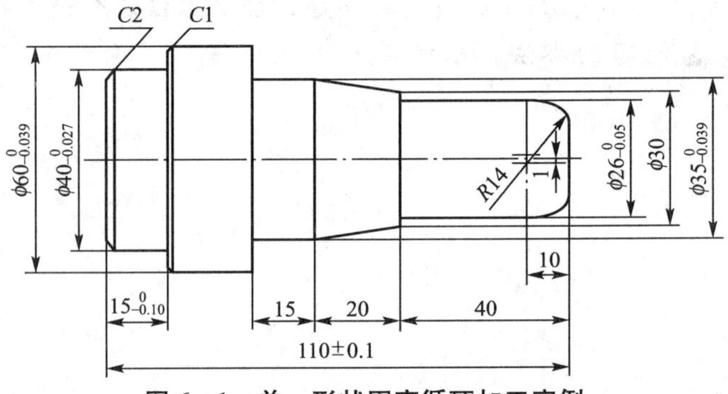

图 6-1 单一形状固定循环加工实例

任务分析

该任务中由于零件的直径落差比较大，因此加工余量大，需要多次重复同一路径循环加工，才能去除全部余量。这样造成程序内存较大，为了简化编程，数控系统提供了不同形式的固定循环功能，以缩短程序的长度，减少程序所占内存。固定切削循环通常是用一个含 G 代码的程序段完成用多个程序段指令的加工操作，使程序得以简化。

相关知识

单一形状固定循环编程指令有外圆切削循环(G90)和端面切削循环(G94)两种。

一、 外圆切削循环(G90)

(1) 指令书写格式：

G90 X(U)______Z(W)______F ______

其中，X、Z：绝对值编程时，切削终点坐标值；

U、W：增量值编程时，切削终点相对循环起点的有向距离；

F：合成进给速度。

如图 6-2 所示，刀具从循环起点开始按矩形循环，最后又回到循环起点。图中虚线表示快速运动，实线表示按 F 指定的工作进给速度运动。其加工顺序按 1、2、3、4 进行。

（2）编程实例。加工如图 6-3 所示的零件，编写加工程序。

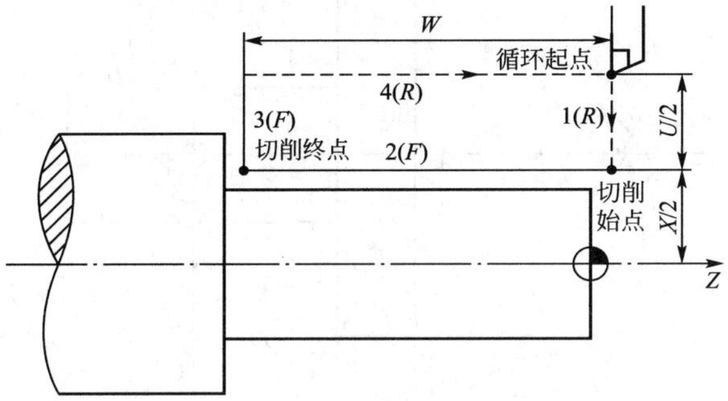

图 6-2　外圆切削循环

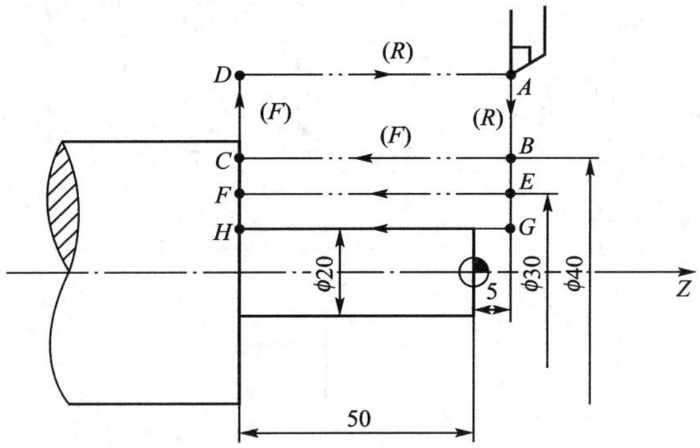

图 6-3　外圆切削循环加工

其加工程序如下（设右端面中心点为工件原点）：

```
……
N50  G90  X40.0  Z-50.0  F0.3; (A→B→C→D→A)
N60       X30.0;                (A→E→F→D→A)
N70       X20.0;                (A→G→H→D→A)
……
```

注意：

（1）在固定循环切削过程中，M、S、T 等功能都不能改变；如需改变，必须在 G00 或 G01 的指令下变更，然后再指令固定循环。

（2）G90 循环每一步吃刀加工结束后刀具均返回起刀点。

（3）G90 循环第一步移动为 X 轴方向移动。

二、 端面切削循环（G94）

（1）指令书写格式：

G94　X(U)______Z(W)______F ______

其中，X、Z：绝对值编程时，切削终点坐标值；

U、W：增量值编程时，切削终点相对循环起点的有向距离；

F：合成进给速度。

如图 6-4 所示，刀具从循环起点开始按矩形循环，其加工顺序按 1、2、3、4 进行。

（2）编程实例。加工如图 6-5 所示的零件，编写加工程序。

其加工程序如下（设右端面中心点为工件原点）：

……

```
N30  G94  X15.0  Z-3.5  F0.3;(A→B→C→D→A)
N40        X15.0  Z-7.0;      (A→E→F→D→A)
N50        X15.0  Z-10.0      (A→H→I→D→A)
……
```

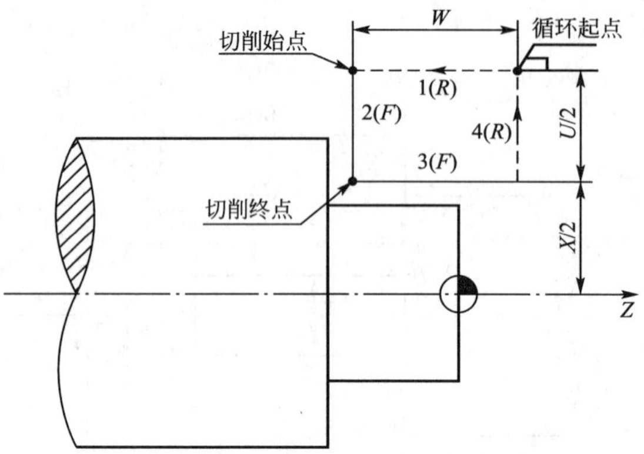

图 6-4　端面切削循环

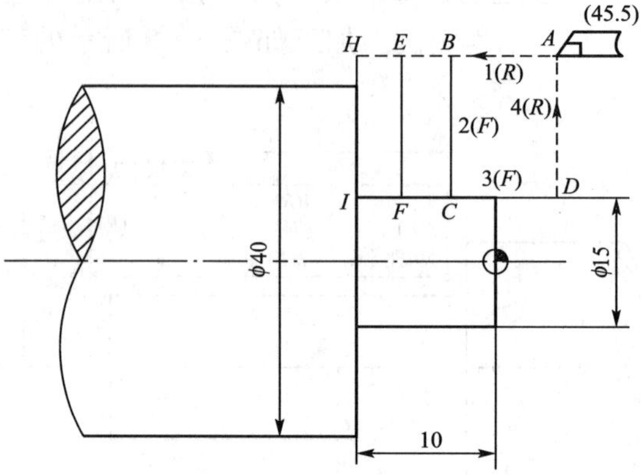

图 6-5　G94 切削循环编程

注意：

G94 循环与 G90 循环最大区别在于，G94 第一步先走 Z 轴而 G90 则是先走 X 轴。

任务实施

一、确定零件的加工工艺

1. 工艺分析

分析图样要求，选择先粗后精的加工原则，确定加工路线。

(1) 此零件为回转类工件，外形结构简单，无几何公差要求，但精度要求较高。

(2) 该零件精度外圆主要有，零件左端 $\phi26_{-0.05}^{\ 0}$ mm、$\phi35_{-0.039}^{\ 0}$ mm 外圆；零件右端 $\phi40_{-0.027}^{\ 0}$ mm 和 $\phi60_{-0.039}^{\ 0}$ mm 大外圆。

2. 工艺处理

(1) 选取工件端面中心为工件坐标系(编程)原点。

(2) 由于工件外形不大，另外为了加工路径清晰，加工起点与换刀点可以设为同一点。

(3) 加工路线如下。

① 采用三爪自定心卡盘装夹零件毛坯，粗、精车端面，粗、精车左端 $\phi26_{-0.05}^{\ 0}$ mm、$\phi35_{-0.039}^{\ 0}$ mm 外圆和 $\phi30$mm 外圆至尺寸，并加工 $R14$mm 圆弧，零件装夹示意图如图 6-6 所示。

② 反头装夹，粗、精车零件右端 $\phi40_{-0.027}^{\ 0}$ mm 和 $\phi60_{-0.039}^{\ 0}$ mm 外圆及倒角，零件装夹示意图如图 6-7 所示。

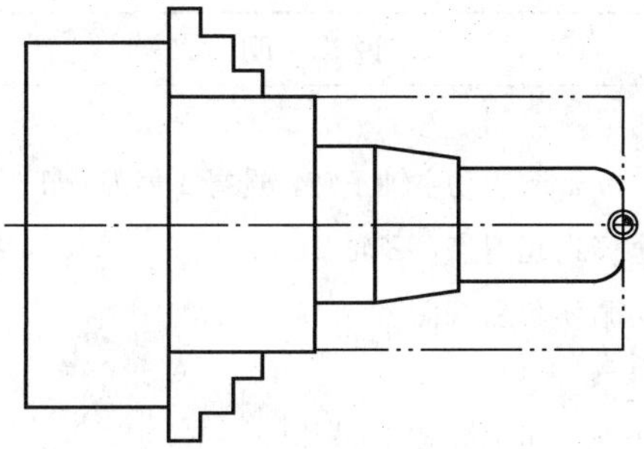

图 6-6　零件装夹示意图

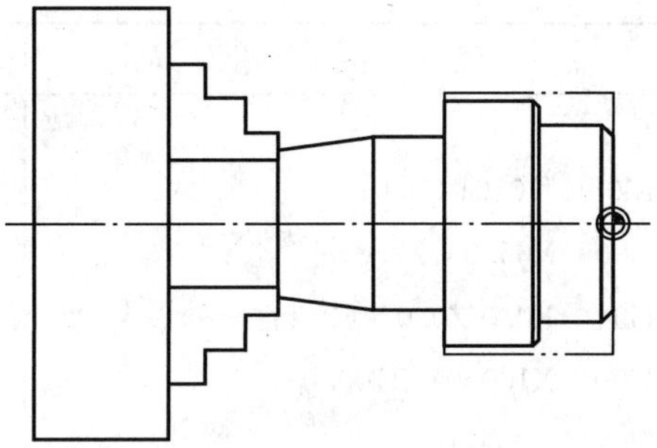

图 6-7　零件装夹示意图

二、 填写工艺卡片

1. 确定加工工艺

填写数控加工工艺卡，见表 6-1。

表 6-1　数控加工工艺卡

工序	名称	工艺要求		工作者	备注
1	下料	ϕ65mm×113mm			
2	数控车	工步	工步内容	刀具号	
		1	粗、精车端面	T01	
		2	自左向右粗车各外圆	T02	
		3	自左向右精车各外轮廓、圆弧	T02	
		4	零件反头，粗、精车端面	T01	
		5	粗车各外圆和圆弧	T02	
		6	精车外圆及 R9mm、R10mm 两圆弧	T02	
3	检验	7			

2. 切削用量及刀具选择

切削用量及刀具选择见表 6-2。

表 6-2　切削用量及刀具选择

刀具号	刀具规格名称	数量	加工内容	主轴转速 /(r/min)	进给速度 /(mm/r)	备注
T01	45°外圆偏刀	1	车端面	500	0.2	
T02	90°外圆偏刀	1	车工件外轮廓	600	0.3/0.1	

三、 编制加工程序

零件左端阶台加工程序见表 6-3。零件右端圆弧加工程序见表 6-4。

表 6-3 零件左端阶台加工程序

程　序	说　明
O0001;	
N10 M03 T0101 S500;	以 500r/min 启动主轴正转，选择 1 号刀及 1 号刀补
N20 G00 X65.0 Z2.0;	快速移到起刀点，Z 轴 2mm
N30 G94 X0.0 Z0.0 F0.1;	端面循环车削端面
N40 G00 X100.0 Z100.0;	退刀
N50 T0202 S600;	换 2 号刀加工外圆
N60 G42 G00 X65.0 Z2.0;	调用刀尖圆弧半径右补偿并移动到循环起点
N70 G90 X57.0 Z—75.0 F0.3;	单一形状固定循环粗车外圆
N80 X52.0 Z—75.0;	第二刀
N90 X47.0 Z—75.0;	第三刀
N100 X42.0 Z—75.0;	第四刀
N110 X37.0 Z—75.0;	第五刀
N120 G00 X40.0;	快速进刀
N130 G90 X32.0 Z—40.0 F0.3;	单一形状固定循环粗车外圆
N140 X27.0 Z—40.0;	第二刀
N150 X22.0 Z—4.0;	第三刀
N160 G00 X17.6;	快速定刀
N170 G01 Z0.0 F0.1;	进刀至精加工起点
N180 G03 X26.0 Z—10.0 R14 F0.1;	精加工 R14mm 圆弧
N190 G01 Z—40.0;	精加工 ϕ26mm 外圆
N200 X30.0;	精加工端面
N210 X35.0 W—20.0;	精加工外锥
N220 W—15.0;	精加工 ϕ35mm 外圆
N230 X65.0;	精加工端面
N240 G00 X100.0;	快速退刀
N250 G40 Z100.0;	退刀并取消刀具半径补偿
N260 M05;	主轴停
N270 M30;	程序停止并返回程序开始

表 6-4 零件右端圆弧加工程序

程　序	说　明
O0002;	
N10 M03 T0101 S500;	以 500r/min 启动主轴正转，选择 1 号刀及 1 号刀补
N20 G00 X65.0 Z2.0;	快速移到起刀点，Z 轴 2mm
N30 G94 X0.0 Z0.0 F0.1;	端面循环车削端面
N40 G00 X100.0 Z100.0;	退刀

（续）

程　　序	说　　明
N50　　T0202　S600；	换 2 号刀加工外圆
N60　G42　G00 X65.0　Z2.0；	调用刀尖圆弧半径右补偿并移动到循环起点
N70　G90　X61.0 Z−37.0 F0.3；	单一形状固定循环粗车外圆
N80　　　X55.0　Z−15.0；	第二刀
N90　　　X50.0　Z−15.0；	第三刀
N100　　　X45.0　Z−15.0；	第四刀
N110　　　X41.0　Z−15.0；	第五刀
N120　G00　X34.0；	快速定刀
N130　G01 Z1.0　F0.1；	进刀至精加工起点
N140　　　X40.0　Z−2.0；	倒角 $C2$
N150　　　Z−15.0；	精加工 ϕ40mm 外圆
N160　　　X58.0；	精加工端面
N170　　　X60.0　W−1.0；	倒角 $C1$
N180　　　W−20.0；	精加工 ϕ60mm 外圆
N190　　　X65.0；	退刀
N200　G00 X100.0；	快速退刀
N210　G40 Z100.0；	退刀并取消刀具半径补偿
N220　M05；	主轴停
N230　M30；	程序停止并返回程序开始

四、任务评价

任务评价见表 6－5。

表 6－5　任务评分标准

工件编号				总得分		
项目与权重	序号	技术要求	配分	评分标准	检测记录	得分
工件加工(50%)	1	$\phi 26_{-0.05}^{0}$ mm	6	超 0.01mm 扣 2 分		
	2	$\phi 35_{-0.039}^{0}$ mm	6	超 0.01mm 扣 2 分		
	3	$\phi 40_{-0.027}^{0}$ mm	6	超 0.01mm 扣 2 分		
	4	$\phi 60_{-0.039}^{0}$ mm	6	超 0.01mm 扣 2 分		
	5	(110±0.10)mm	6	超差不得分		
	6	$15_{-0.10}^{0}$ mm	3	超差不得分		
	7	R14mm	3	超差不得分		
	8	$C1$、$C2$ 倒角	3×2	不合格不得分		
	9	Ra1.6μm	8	每降 1 级扣 2 分		

（续）

工件编号				总得分		
项目与权重	序号	技术要求	配分	评分标准	检测记录	得分
程序与加工工艺(30%)	10	程序格式规范	10	每错 1 处扣 2 分		
	11	程序正确、完整	10	每错 1 处扣 2 分		
	12	切削用量参数设定正确	5	不合理每处扣 3 分		
	13	换刀点与循环起点正确	5	不正确全扣		
机床操作(10%)	14	机床参数设定正确	5	不正确全扣		
	15	机床操作不出错	5	每错 1 次扣 3 分		
文明生产(10%)	16	安全操作	5	不合格全扣		
	17	机床维护与保养				
	18	工作场所整理	5	不合格全扣		

任务二　复合形状固定循环加工

教学目标

◇ 掌握复合循环编程指令的格式
◇ 掌握复合循环编程指令的应用

能力目标

◇ 熟练应用复合循环指令进行编程
◇ 熟练掌握较复杂零件的综合工艺分析，并合理安排加工工艺和工序
◇ 掌握较复杂零件的定位装夹、走刀路线的确定和操作加工

任务描述

如图 6－8 所示工件，试编写其数控车加工程序并进行加工。

任务分析

由于该任务中含有圆弧指令，所以无法用任务一中讲述的 G90 或 G94 指令来去除余量。为了更快捷地去除余量，我们采用复合形状固定循环指令来加工，与单一形状固定循环指令一样，它可以用于必须重复多次加工才能加工到规定尺寸的典型工序，主要用于铸、锻毛坯的粗车和棒料车阶梯较大的轴等情况下。利用复合形状固定循环功能，只要编写出最终走刀路线，给出每次切除余量或循环次数，机床即可以自动决定粗加工时的刀具路径，完成重复切削直至加工完毕。

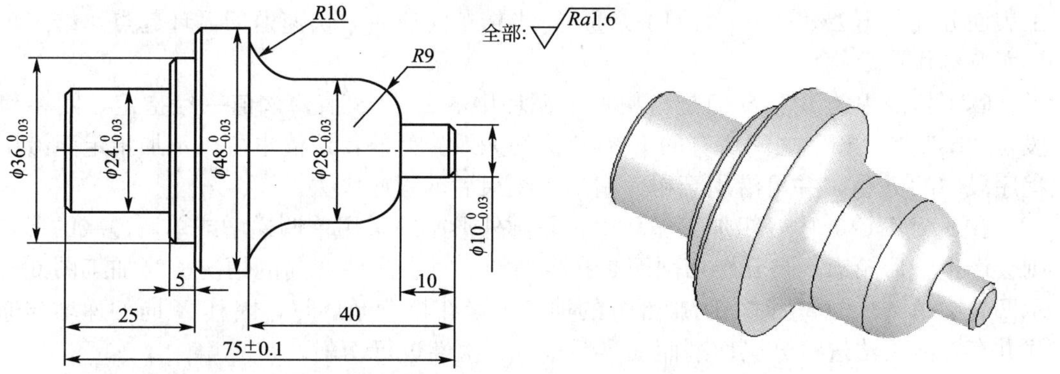

技术要求:未注倒角C1。材料:45钢

(a) 零件图　　(b) 实体图

图 6 - 8　复合循环加工实例

相关知识

为了完成上述零件的编程与加工，我们首先来学习其中几个指令。

一、 内、 外圆粗车复合固定循环(G71)

(1) 指令格式：

G71 U($\underline{\Delta d}$) R($\underline{e}$)；

G71 P($\underline{ns}$)Q($\underline{nf}$)U($\underline{\Delta u}$)W($\underline{\Delta w}$) F __S __T __；

N $\underline{ns}$　……；
　……；　(用以描述精加工轨迹)
N $\underline{nf}$　……；

其中，Δd：*X* 向背吃刀量(半径量指定)，不带符号，且为模态值；

e：退刀量，其值为模态值；

ns：精车程序第一个程序段的段号；

nf：精车程序最后一个程序段的段号；

Δu：*X* 方向精车余量的大小和方向，用直径量指定。该加工余量具有方向性，即外圆的加工余量为正，内孔加工余量为负；

Δw：*Z* 方向精车余量的大小和方向；

F、S、T：粗加工循环中的进给速度、主轴转速与刀具功能。

例如：

```
G71 U1.5 R0.5;
G71 P100 Q200 U0.3 W0.05 F150;
```

(2) 指令说明：G71 粗车循环的运动轨迹如图 6 - 9 所示。刀具从循环起点(*C* 点)开始，快速退刀至 *D* 点，退刀量由 Δ*w* 和 Δ*u*/2 值确定；再快速沿 *X* 向进刀 Δ*d*(半径值)至 *E* 点；然后按 G01 进给至 *G* 点后，沿 45°方向快速退刀至 *H* 点(*X* 向退刀量由 *e* 值确定)；*Z* 向快速退刀至循环起始的 *Z* 值处(*I* 点)；再次 *X* 向进刀至 *J* 点(进刀量为 *e*+Δ*d*)进行第二次切削；该循环至粗车完成后，再进行平行于精加工表面的半精车(这时，刀具沿精加

工表面分别留出 Δw 和 Δu 的加工余量)；半精车完成后，快速退回循环起点，结束粗车循环所有动作。

G71 指令中的 F 和 S 值是指粗加工循环中的 F 和 S 值，该值一经指定，则在程序段段号"ns"和"nf"之间所有的 F 和 S 值均无效。另外，该值也可以不加指定而沿用前面程序段中的 F 值，并可沿用至粗、精加工结束后的程序中去。

在 FANUC 0i 中，粗加工循环中，轮廓外形必须采用单调递增或单调递减的形式，否则会产生凹形轮廓不是分层切削而是在半精加工时一次性切削的情况。当加工图 6－10 所示凹轮廓 A—B—C 段时，阴影部分的加工余量在粗车循环时，因其 X 向的递增与递减形式并存，故无法进行分层切削而在半精车时一次性进行切削。

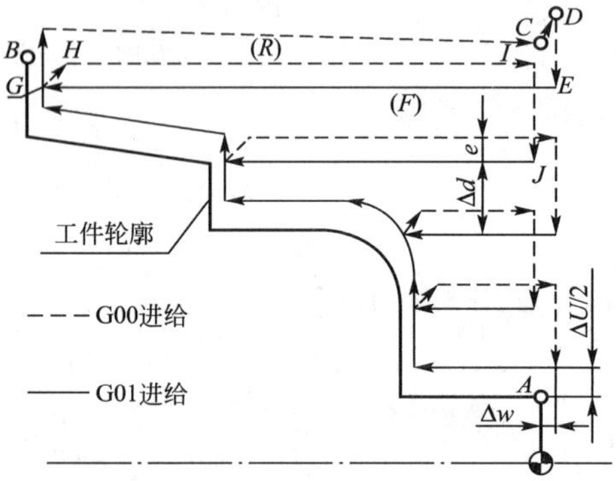

图 6－9　粗车循环轨迹图

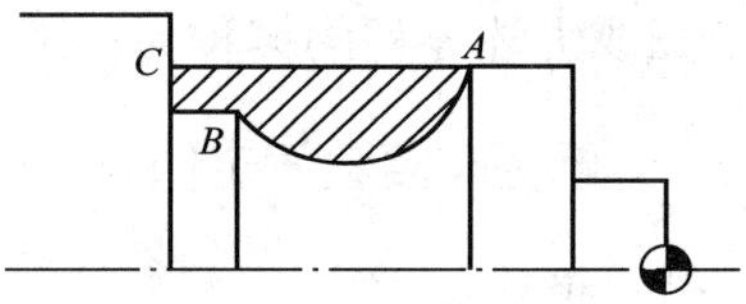

图 6－10　粗车凹槽

对于 G71 指令中的"ns"程序段，应特别注意其书写格式，如下例所示：

N100 G01 X30.0；　　　(正确的"ns"程序段)

N100 G01 X30.0 Z2.0；(错误的"ns"程序段，程序段中出现了 Z 坐标字)

注意：

在 FANUC 系列的 G71 循环中，顺序号"ns"程序段必须沿 X 向进刀，且不能出现 Z 坐标字，否则会出现程序报警。

二、 端面粗车复合固定循环(G72)

(1) 指令格式：

G72　W(<u>Δd</u>)R(<u>e</u>)；

G72　P(<u>ns</u>)Q(<u>nf</u>)U(<u>Δu</u>)W(<u>Δw</u>) F __S __T __；

N <u>ns</u>　……；

　　……；　　(用以描述精加工轨迹)

N <u>nf</u>　……；

其中，Δd：Z 向背吃刀量，不带符号，且为模态值；

e：退刀量，其值为模态值；

ns：精车程序第一个程序段的段号；

nf：精车程序最后一个程序段的段号；

Δu：X 方向精车余量的大小和方向，用直径量指定。该加工余量具有方向性，即外圆的加工余量为正，内孔加工余量为负；

Δw：Z 方向精车余量的大小和方向；

F、S、T：粗加工循环中的进给速度、主轴转速与刀具功能。

例如：

```
G72 W1.5 R0.5;
G72 P100 Q200 U0.3 W0.05 F150;
```

(2) 指令说明：G72 程序段中的地址含义与 G71 相同，但它只完成端面方向粗车，如图 6－11 所示为从外径方向往轴心方向车削端面循环。

注意：

在 FANUC 系列的 G72 循环中，顺序号“ns”程序段必须沿 Z 向进刀，且不能出现 X 坐标字，否则会出现程序报警。

三、 固定形状粗车循环(G73)

它适用于毛坯轮廓形状与零件轮廓形状基本接近的铸、锻毛坯件。

(1) 指令格式：

G73　U(Δi) W(Δk)　R(Δd)；

G73　P(ns)　Q(nf)　U(Δu)　W(Δw)　F＿S＿T＿；

其中，Δi：粗切时径向切除的总余量(半径值)；

Δk：粗切时轴向切除的总余量；

Δd：循环次数；

例如：

```
G73  U9.  W1.5  R5;
G73  P100 Q200 U0.3 W0.05 F150;
```

(2) 指令说明：G73 指令走刀路线如图 6－12 所示。执行 G73 功能时，每一刀的切削路线的轨迹形状是相同的，只是位置不同。每走完一刀，就把切削轨迹向工件移动一个位置，因此对于经锻造、铸造等粗加工已初步成型的毛坯，该指令可实现高效加工。

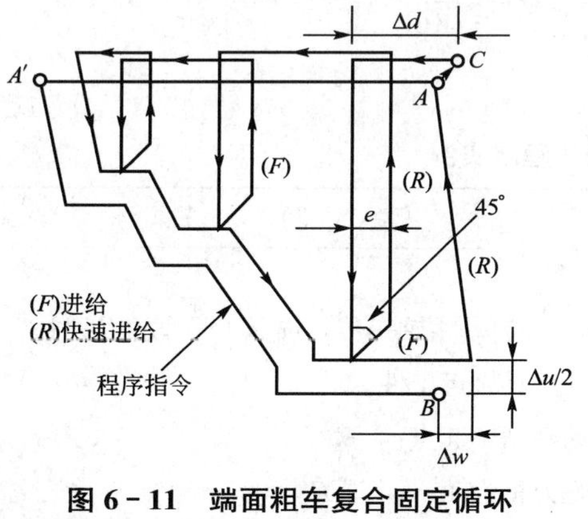

图 6－11　端面粗车复合固定循环

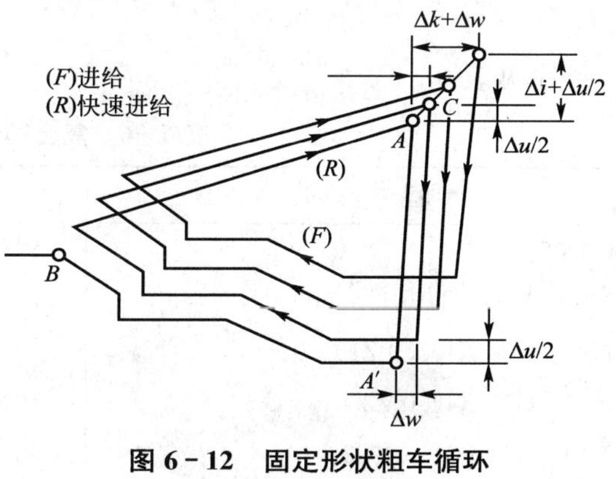

图 6－12　固定形状粗车循环

四、 精车循环加工指令(G70)

当用 G71、G72、G73 粗车工件后，用 G70 来指定精车循环，切除精加工的余量。

(1) 指令格式:

G70　P(ns)Q(nf)

其中，ns：精加工循环中的第一个程序号；

nf：精加工循环中的最后一个程序号。

例如：

```
G70  P100  Q200;
```

(2) 指令说明：

① 在精车循环 G70 状态下，"ns"至"nf"程序中指定的 F、S、T 有效；如果"ns"至"nf"程序中不指定 F、S、T，粗车循环中指定的 F、S、T 有效。

② 执行 G70 循环时，刀具沿工件的实际轨迹进行切削，循环结束后刀具返回循环起点。

③ G70 指令用在 G71、G72、G73 指令的程序内容之后，不能单独使用。

注意:

在使用 G70 精车循环时，要特别注意快速退刀路线，防止刀具与工件发生干涉。

五、 G71 与 G70 编程实例

工件如图 6-13 所示，试采用粗、精车循环指令编写其数控车加工程序。

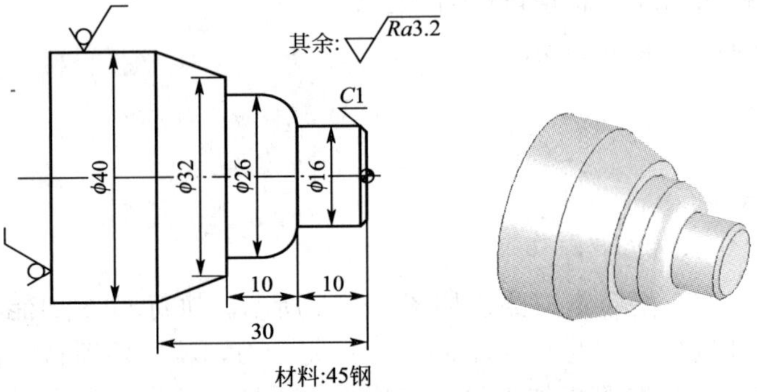

(a) 零件图　　(b) 实体图

图 6-13　粗、精车复合循环实例

程序见表 6-6。

表 6-6　复合循环加工程序实例

程　序	说　明
O0205;	程序号
N10　M03　T0101　S600;	以 600r/min 启动主轴正传，选择 1 号车刀及刀补
N20　G00 X100.0 Z100.0;	快速移动刀具接近工件
N30　G00 X42.0 Z2.0;	快速移动到循环起点
N40　G71 U1.0 R0.3;	粗车被吃刀量为 1mm，退刀量 0.3mm
N50　G71 P60 Q140 U0.5 W0.0 F150;	精车余量：X0.5mm
N60　G00 X14.0 S1000;	精加工轮廓起点
N70　G01 Z0.0 F80;	移动到工件端面

（续）

程　　序	说　　明
N80　　X16.0 Z−1.0；	倒角
N90　　Z−10.0；	精车 ϕ16mm 外圆
N100　G03 X26.0 Z−15.0 R5.0；	精车 R5mm 圆弧
N110　G01 Z−20.0；	精车 ϕ26mm 外圆
N120　　X32.0；	精车端面
N130　　X40.0 Z−30.0；	精车锥面
N140　G01 X42.0；	退刀
N150　G00 X100.0 Z100.0；	退刀
N160　T0202；	换 2 号刀
N170　G00 X42.0 Z2.0；	快速移动到精加工起点
N180　G70 P60 Q140；	精加工指令
N190　G00 X100.0 Z100.0；	退刀
N200　M05；	
N210　M30；	主程序结束并返回程序开始

任务实施

一、确定零件的加工工艺

1. 工艺分析

分析图样要求，选择先粗后精的加工原则，确定加工路线。

(1) 此零件为回转类工件，外形结构简单，无几何公差要求，但精度要求较高。

(2) 该零件精度外圆主要有：零件左端 $\phi24_{-0.03}^{\ 0}$ mm、$\phi36_{-0.03}^{\ 0}$ mm 外圆和 $\phi48_{-0.03}^{\ 0}$ mm 大外圆；零件右端 $\phi28_{-0.03}^{\ 0}$ mm、$\phi10_{-0.03}^{\ 0}$ mm 外圆。

2. 工艺处理

(1) 选取工件端面中心为工件坐标系(编程)原点。

(2) 由于工件较小，另外为了加工路径清晰，加工起点与换刀点可以设为同一点。

(3) 加工路线如下。

① 采用三爪自定心卡盘装夹零件毛坯，粗、精车端面，粗、精车左端 $\phi24_{-0.03}^{\ 0}$ mm、$\phi36_{-0.03}^{\ 0}$ mm 外圆和 $\phi48_{-0.03}^{\ 0}$ mm 大外圆至尺寸，零件装夹示意图如图 6－14 所示。

② 反头装夹，粗、精车零件右端 $\phi28_{-0.03}^{\ 0}$ mm、$\phi10_{-0.03}^{\ 0}$ mm 外圆及 R10mm、R9mm 圆弧(先通过复合循环指令，用外圆粗加工车刀加工工件外形轮廓，并保留 0.5mm 精加工余量；再用外圆精加工车刀将外形轮廓加工到尺寸)，零件装夹示意图如图 6－15 所示。

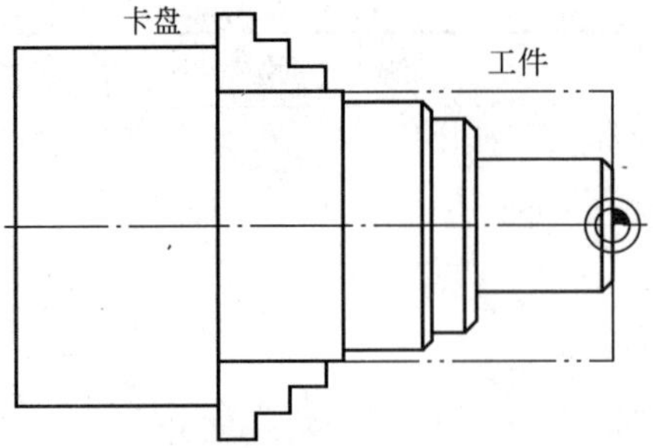

图 6-14　零件装夹示意图

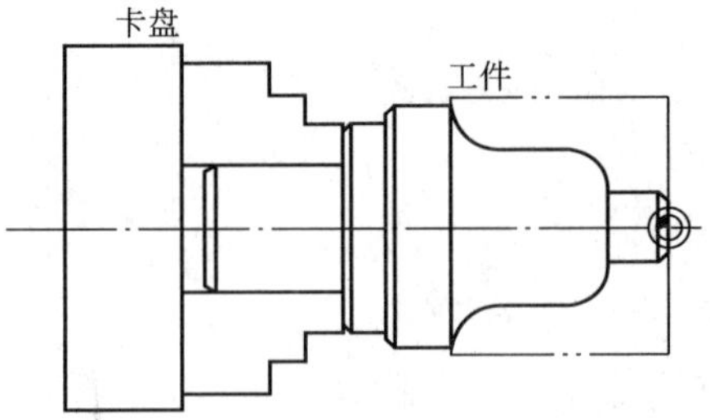

图 6-15　零件装夹示意图

二、 填写工艺卡片

1. 确定加工工艺

填写数控加工工艺卡，见表 6-7。

表 6-7　数控加工工艺卡

工序	名称	工艺要求		工作者	备注
1	下料	ϕ50mm×78mm			
2	数控车	工步	工步内容	刀具号	
		1	粗、精车端面	T01	
		2	自左向右粗车各外圆	T02	
		3	自左向右精车各外轮廓	T02	
		4	零件反头，粗、精车端面	T01	
		5	粗车各外圆和圆弧	T02	
		6	精车外圆及 R9mm、R10mm 两圆弧	T02	
3	检验	7			

2. 切削用量及刀具选择

切削用量及刀具选择见表 6-8。

表 6-8　切削用量及刀具选择

刀具号	刀具规格名称	数量	加工内容	主轴转速 /(r/min)	进给速度 /(mm/r)	备注
T01	45°外圆偏刀	1	车端面	500	0.2	
T02	90°外圆偏刀	1	车工件外轮廓	800	0.3/0.1	

三、编制加工程序

零件左端阶台加工程序见表 6－9。零件右端圆弧加工程序见表 6－10。

表 6－9　零件左端阶台加工程序

程　　序	说　　明
O0001；	工件左端加工程序
N10　M03　T0101 S500；	以 500r/min 启动主轴正转，选择 1 号刀及 1 号刀补
N20　G00　X65.0　Z2.0；	快速移到起刀点，Z 轴 2mm
N30　G94　X0.0 Z0.0　F0.1；	端面循环车削端面
N40　G00　X100.0　Z100.0；	退刀
N50　T0202　S600；	换 2 号刀加工外圆
N60　G00 X52.0 Z2.0；	定位至循环起点
N70　G71 U1.0 R0.3；	粗车背吃刀量为 1mm，退刀量 0.3mm
N80　G71 P90 Q190 U0.5 W0 F0.3；	精车余量：X0.5mm
N90　G42　G00 X22.0；	快速移动到 X 轴起点
N100　G01 Z0.0 F0.1；	进刀至 Z 轴起点
N110　X24.0 Z－1.0；	倒角
N120　Z－20.0；	精车 ϕ24mm 外圆
N130　X34.0；	精车端面
N140　X36.0 Z－21.0；	倒角
N150　Z－25.0；	精车 ϕ36mm 外圆
N160　X46.0；	精车端面
N170　X48.0 Z－26.0；	倒角
N180　Z－40.0；	精车 ϕ48mm 外圆
N190　X52.0；	退刀
N200　G00 X100.0 Z100.0；	退刀
N210　M05；	主轴停
N220　M00；	程序暂停
N230　M03　T0202 S800；	以 800r/min 启动主轴正转，选择 2 号刀及 2 号刀补
N240　G00　X50.0　Z2.0；	快速移到起刀点，Z 轴 2mm
N250　G70　P90　Q190；	精车循环指令
N260　G00　X100.0；	退刀
N270　G40　Z100.0；	退刀并取消圆弧半径右补偿
N280　M30；	程序结束并返回程序开始

表 6-10 零件右端圆弧加工程序

程　　序	说　　明
O0002;	工件左端加工程序
N10 M03 T0101 S500;	以 500r/min 启动主轴正转，选择 1 号刀及 1 号刀补
N20 G00 X65.0 Z2.0;	快速移到起刀点，Z 轴 2mm
N30 G94 X0.0 Z0.0 F0.1;	端面循环车削端面
N40 G00 X100.0 Z100.0;	退刀
N50 T0202 S600;	换 2 号刀加工外圆
N60 G00 X52.0 Z2.0;	定位至循环起点
N70 G71 U1.0 R0.3;	粗车背吃刀量为 1mm，退刀量 0.3mm
N80 G71 P90 Q160 U0.5 W0.0 F0.3;	精车余量：X0.5mm
N90 G42 G00 X8.0;	快速移动到 X 轴起点
N100 G01 Z0.0 F0.1;	进至 Z 轴起点
N110 X10.0 Z−1.0;	倒角
N120 Z−10.0;	精车 ϕ10mm 外圆
N130 G03 X28.0 Z−19.0 R9.0 F0.1;	精车 R9mm 圆弧
N140 G01 Z−30.0;	精车 ϕ28mm 外圆
N150 G02 X48.0 Z−40.0 R10.0;	精车 R10mm 圆弧
N160 G01 X52.0;	退刀
N200 G00 X100.0 Z100.0;	退刀
N210 M05;	主轴停
N220 M00;	程序暂停
N230 M03 T0202 S800;	以 800r/min 启动主轴正转，选择 2 号刀及 2 号刀补
N240 G00 X50.0 Z2.0;	快速移到起刀点，Z 轴 2mm
N250 G70 P90 Q160;	精车循环指令
N260 G00 X100.0;	退刀
N270 G40 Z100.0;	退刀并取消圆弧半径右补偿
N280 M30;	程序结束并返回程序开始

四、任务评价

任务评价见表 6-11。

表 6-11 任务评分标准

工件编号				总得分		
项目与权重	序号	技术要求	配分	评分标准	检测记录	得分
工件加工(50%)	1	$\phi24_{-0.03}^{0}$mm	6	超 0.01mm 扣 2 分		
	2	$\phi36_{-0.03}^{0}$mm	6	超 0.01mm 扣 2 分		
	3	$\phi48_{-0.03}^{0}$mm	6	超 0.01mm 扣 2 分		

（续）

工件编号				总得分		
项目与权重	序号	技术要求	配分	评分标准	检测记录	得分
工件加工(50%)	4	$\phi 28_{-0.03}^{0}$ mm	6	超0.01mm扣2分		
	5	(30±0.10)mm	6	超0.03mm扣2分		
	6	R10mm、R9mm	3×2	每错1处扣3分		
	7	一般尺寸	3	每错1处扣1分		
	8	C1倒角	3	每错1处扣1分		
	9	Ra1.6μm	8	每降1级扣2分		
程序与加工工艺(30%)	10	程序格式规范	10	每错1处扣2分		
	11	程序正确、完整	10	每错1处扣2分		
	12	切削用量参数设定正确	5	不合理每处扣3分		
	13	换刀点与循环起点正确	5	不正确全扣		
机床操作(10%)	14	机床参数设定正确	5	不正确全扣		
	15	机床操作不出错	5	每错1次扣3分		
文明生产(10%)	16	安全操作	5	不合格全扣		
	17	机床维护与保养				
	18	工作场所整理	5	不合格全扣		

练　习　题

1. 用复合循环指令加工如图6-16所示的工件，毛坯采用尺寸为ϕ50mm×50mm的铝棒，试编写其数控车加工程序并进行加工。

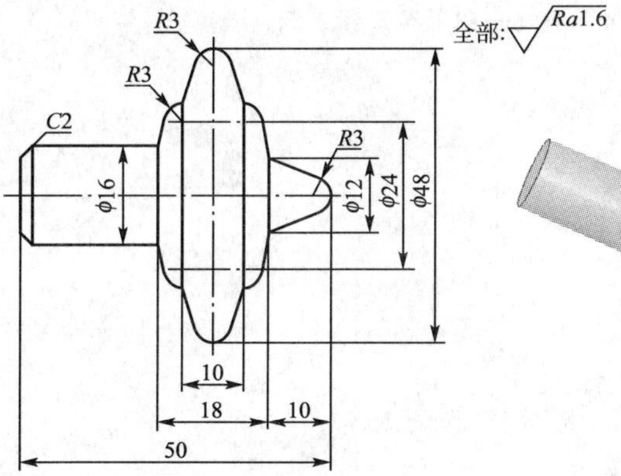

(a) 零件图

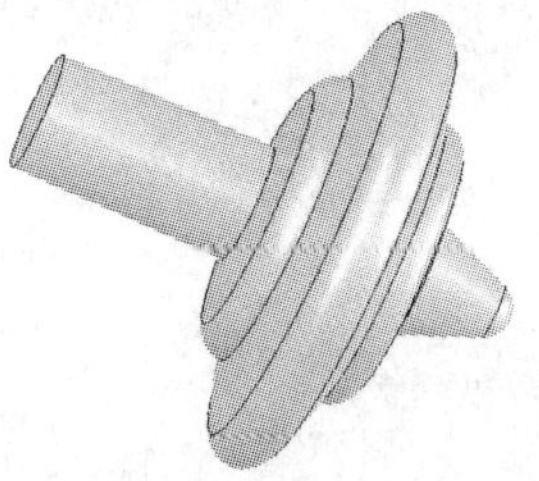

(b) 实体图

图6-16　练习题1图

2. 如图 6－17 所示的工件，毛坯采用尺寸为 ϕ38mm×82mm 的 45 钢，试编写其数控车加工程序并进行加工。

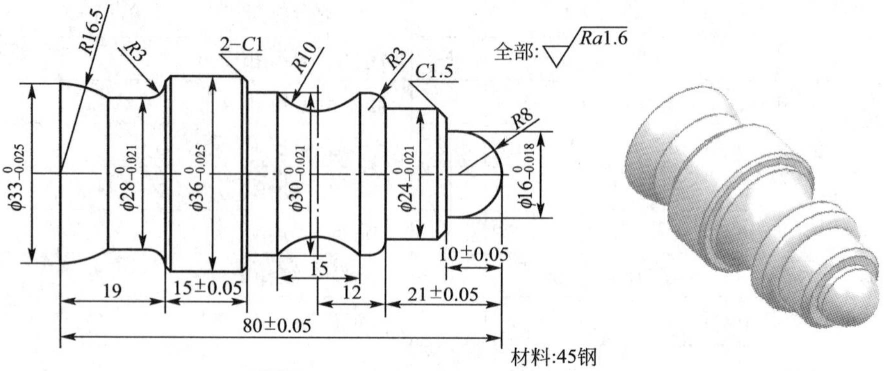

(a) 零件图　　(b) 实体图

图 6－17　练习题 2 图

3. 加工如图 6－18 所示的工件(材料为 45 钢)，其毛坯为锻件，工件 X 向残留余量(半径量)不大于 5mm，Z 向残留余量不大于 2mm，试采用 G73 指令编写其数控车加工程序。

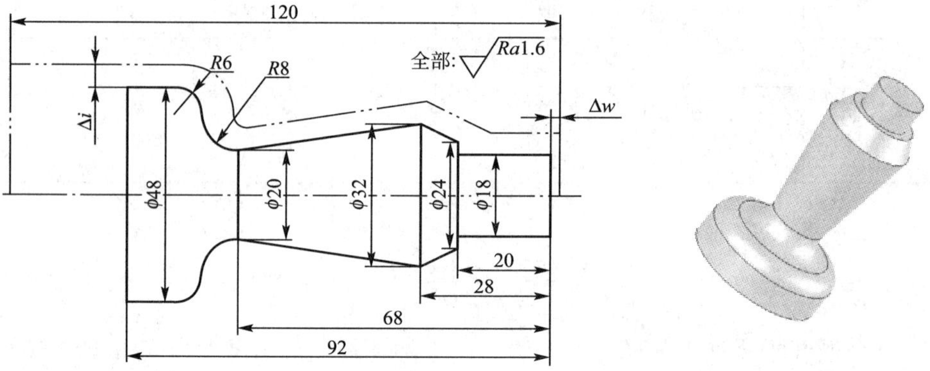

(a) 零件图　　(b) 实体图

图 6－18　练习题 3 图

模块七

矩形槽编程与加工

在数控车削加工中，经常会遇到各种带有槽的零件，如螺纹退刀槽、外圆沟槽、外圆端面沟槽和圆弧沟槽等，如图7-1所示为典型槽类零件。本模块中将分几部分介绍各种槽加工的特点、工艺的确定、指令的应用、程序的编制、加工质量的分析等内容，以及子程序指令及其应用。

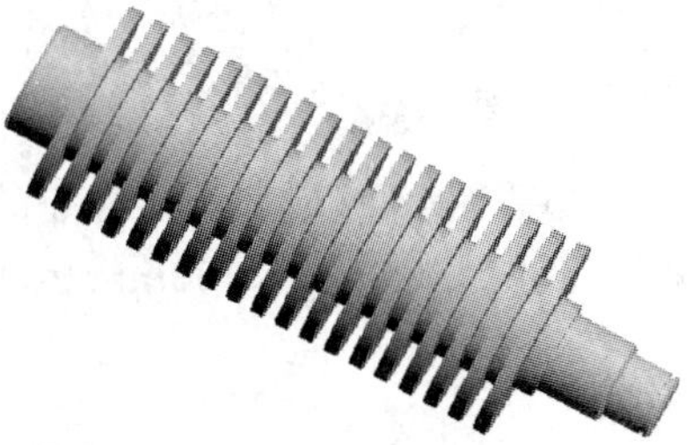

图7-1　槽类零件

任务一　单槽零件加工

教学目标

◇ 掌握矩形槽加工工艺分析
◇ 掌握槽加工的常用编程指令
◇ 掌握手工编辑的有关计算

能力目标

◇ 熟练对矩形槽进行加工工艺分析
◇ 熟练完成零件上沟槽的编程与加工
◇ 掌握槽加工误差产生的原因及预防措施

任务描述

如图 7-2 所示带外圆锥面的零件图，编制该零件的加工程序并进行练习加工。毛坯采用尺寸为 ϕ45mm×150mm 的棒料(可延用上模块练习用料)，材料为 45 钢。

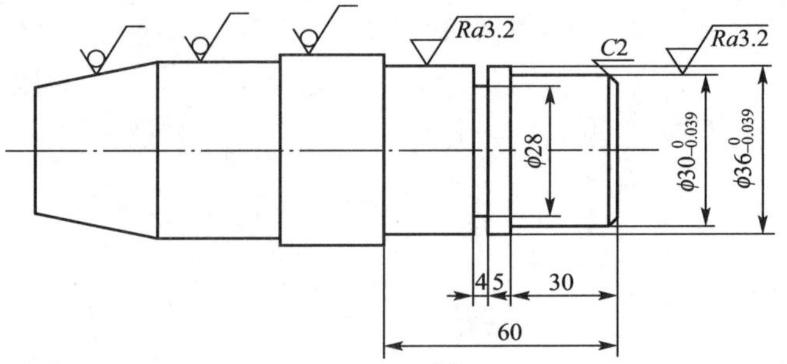

图 7-2　零件图

任务分析

该零件除了包括端面、外圆，还包括外圆沟槽，外形较简单，采用基本编程指令即可完成零件的编程。但是，在编程和加工过程中，还要注意槽加工时各坐标点的确定，否则将会产生槽位置的加工误差。安排槽加工工艺时，要服从于整个零件加工的需要，同时还要考虑到槽加工的特点。槽的种类很多，大体可以分为单槽、多槽、宽槽、深槽及异型槽，通过本任务的练习，要求掌握各种槽的编程与加工。

相关知识

一、 槽的加工方法

在工件上车各种形状的槽子叫车沟槽。外圆和平面上的沟槽叫外沟槽，内孔的沟槽叫内沟槽，如图 7-3 所示。

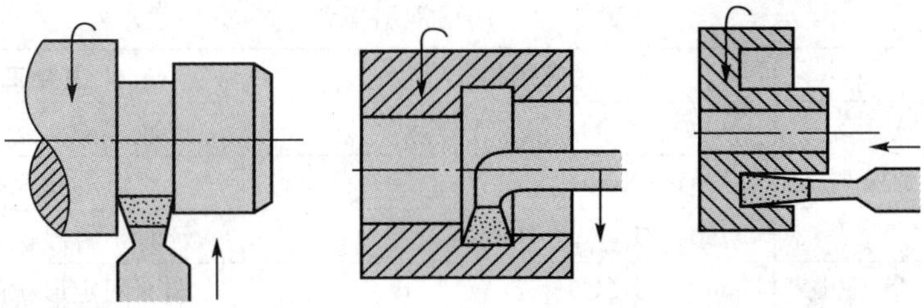

图 7－3　常见切槽的方法

(1) 对于宽度及深度都不大的槽的加工，可采用与槽等宽的刀具直接切入一次成型的方法加工，如图 7－4 所示。刀具切入到槽底后使刀具短暂停留，以修整槽底圆度，退出过程中可采用工进速度。

(2) 对于宽度值不大，但深度值较大的深槽零件，为了避免切槽过程中由于排屑不畅，使刀具前部压力过大出现扎刀和折断刀具的现象，应采用分次进刀的方式，刀具在切入工件一定深度后，停止进刀并回退一段距离，达到断屑和排屑的目的，如图 7－5 所示，同时注意尽量选择强度较高的刀具。

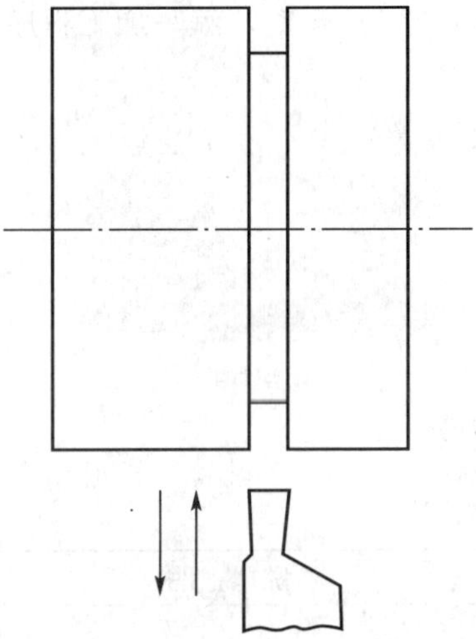

图 7－4　简单槽类零件加工方式

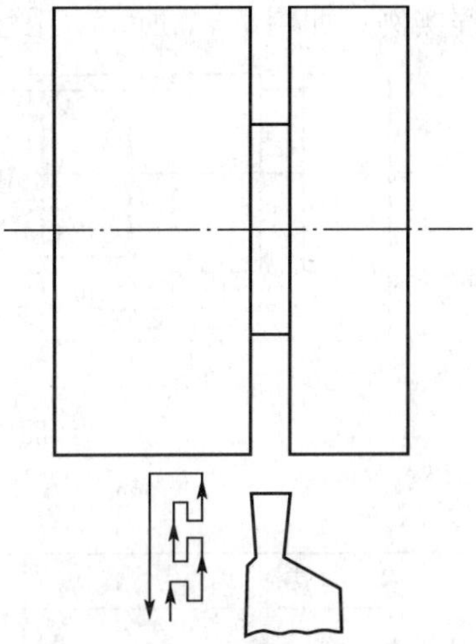

图 7－5　深槽零件加工方式

(3) 对于宽度及深度都比较大的槽，通常在切削槽时采用排刀的方式进行粗切，然后用精切槽刀沿槽的一侧切至槽底，精加工槽底至槽的另一侧，再沿侧面退出，如图 7－6 所示。

(4) 对于异型槽的加工，大多采用先切直槽然后修整轮廓的方法进行。

二、 常用槽加工指令

常用槽加工编程指令见表 7－1。

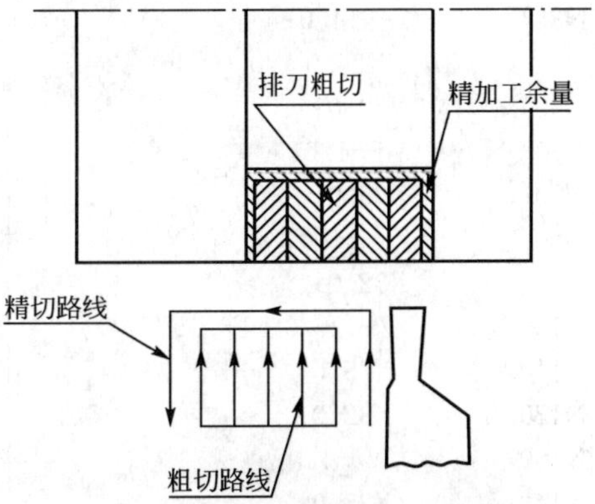

图 7－6　宽槽切削方式示意图

表 7 - 1　编程常用指令

指令名称	应用格式	主要工艺用途
快速点定位(G00)	G00　X(U)__ Z(W)__;	快速移动
直线插补指令(G01)	G01　X(U)__ Z(W)__ F __;	点对点的直线移动
延时指令(G04)	G04　P __;　G04　X __;	延时，暂停
端面切削循环指令(G94)	G94　X(U)__ Z(W)__ F __;	端面固定形状的简化编程
多重复合循环指令(G75)	G75 R(e); G75 X(U)__ Z(W)__ P(Δi) Q(Δk) R(Δd) F(f);	深槽零件循环切槽编程
子程序(M98)(M99)	M98 P __ L __;	复杂零件简化编程

1. 直线插补指令(G01)

在数控机床上加工槽，无论是外沟槽、内沟槽还是端面槽，都可以采用 G00、G01 指令来直接实现。

(1) 指令书写格式：

G01　X(U)______Z(W)______F ________;

(2) 编程实例。如图 7 - 7 所示，毛坯 ϕ30mm 材料为 45 钢，编写加工程序见表 7 - 2。

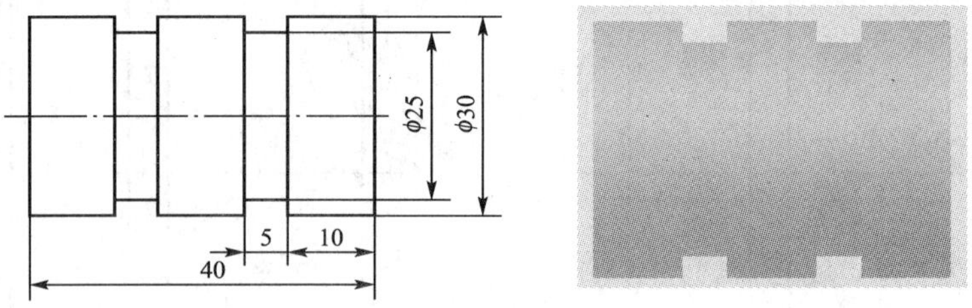

(a) 零件图　　(b) 实体图

图 7 - 7　等距槽

表 7 - 2　程序内容

程　　序	说　　明
O0001;	程序名
N10　M03　S300　T0202;	主轴以 300r/min 正转，2 号刀补，2 号刀
N20　G00　X32.0　Z2.0;	刀具快速接近工件
N30　Z−14.0;	Z 方向进刀
N40　G01　X25.0 W0.0　F0.1;	车削第一个槽
N50　X32.0;	X 向退刀
N60　W−1.0;	Z 向进刀
N70　X25.0;	X 向进刀
N80　Z−14.0;	精车第一刀车削的表面
N90　X32.0;	X 向退刀
N100　Z−29.0　F0.1;	Z 向进刀
N110　X25.0;	车削第二个槽
N120　X32.0;	X 向退刀
N130　W−1.0;	Z 向进刀
N140　X25.0;	X 向进刀

（续）

程　　序	说　　明
N150　　　　Z—29.0；	精车第一刀车削的表面
N160　　　　X32.0；	X 向退刀
N170　　G00　Z5.0；	返回定刀点
N180　　　　X100.0　Z100.0；	刀具快速远离工件
N190　　M30；	程序结束并返回程序开始

2. 延时指令(G04)

(1) 指令书写格式：

G04　P_____；或 G04　X____；

其中，P：暂停时间，单位为 ms(0.001s)；

X：暂停时间，单位为 s。

(2) 编程实例。用 G04 指令可以切削出圆整的槽底直径，以及台阶尖角需保留的部位，如图 7-8 所示。

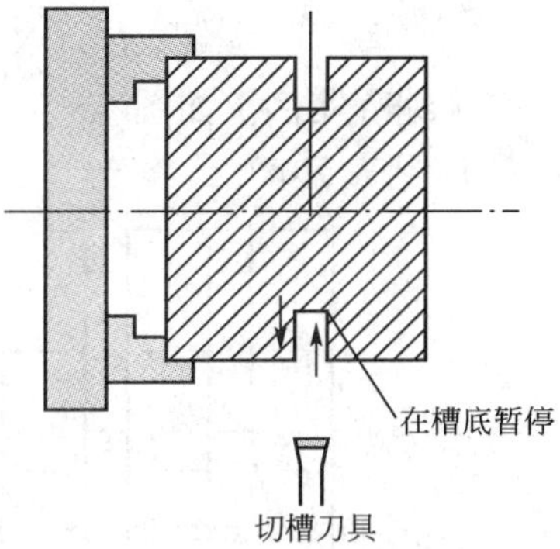

图 7-8　暂停指令 G04 的运用

加工程序如下：

```
G00 X50.0 Z- 4.0 T0101;        (定位)
G01 X32.0  F0.1;               (切至槽底)
G04 X1;                        (延时修整槽底)
G01 X50.0  F0.1;               (退刀)
……
```

注意：

(1) G04 在前一程序段的进给速度降到零之后才开始暂停动作。

(2) 在执行含 G04 指令的程序段时，先执行暂停功能，仅在其中被规定的程序段中有效。

(3) G04 可指令刀具做短暂停留，以获得圆整的表面。该指令用于切槽，还可用于拐角的轨迹控制，在一些要求保留台阶尖角较严的场合常用 G04 来保证加工质量。

二、窄槽零件的加工

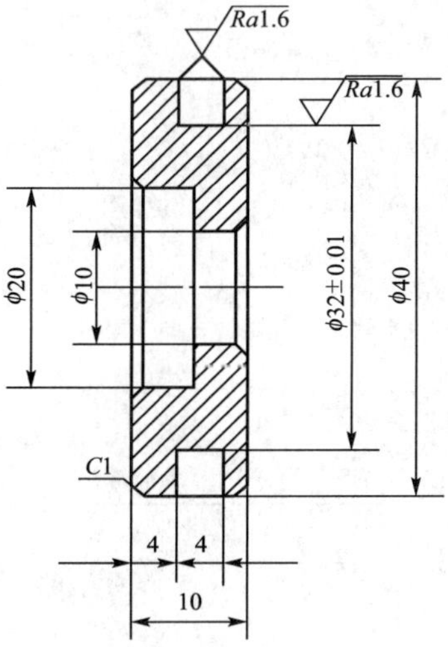

图 7-9　活塞零件图

如图 7-9 所示为活塞零件图，需加工其密封槽。分析得知密封槽一般要求有较高的表面质量，同时也要求槽底有较高的尺寸精度和圆度。因此，我们选用与槽等宽的 4mm 切槽刀，采取直接切入槽底后暂停修整槽底圆度，然后慢速退刀修正侧面的方式进行加工。零件加工内孔外圆一次装夹完成。

坐标系原点在工件端面中心，切槽刀右刀尖为刀位点对刀。编程如下：

```
……
G00 X50.0 Z- 4.0 T0101;        (定位)
G01 X32.0 F0.1;                (切至槽底)
G04 X1;                        (延时修整槽底)
G01 X50.0 F0.1;                (退刀)
……
```

四、宽槽零件加工

由上面程序可以看出，类似这样的单槽的加工和编程还是比较简单的。较窄的简单沟槽加工可以采取与槽宽等宽的切槽刀直接切入槽底即可；而宽槽有一定的深度，这样的槽用宽刃刀直接切出是不现实的。我们选用窄一点的切槽刀，应用数控系统中的端面循环指令 G94 和多重复合循环切削指令 G75 来进行加工。

1. 端面循环指令(G94)

在指令使用时，当设定 Z 值不移动或设定 W 值为零时，就可用来进行切槽加工。

(1) 指令书写格式：

G94 X(U)______Z(W)______F ______；

(2) 编程实例。如图 7－10 所示，毛坯为 ϕ30mm 的棒料，采用 G94 编写加工程序，加工程序见表 7－3。

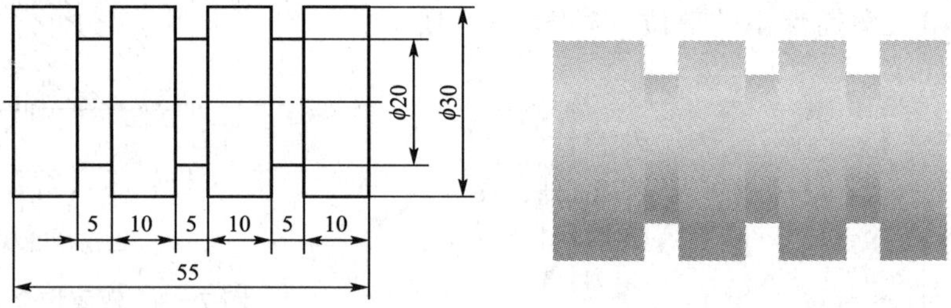

(a) 零件图　　(b) 实体图

图 7－10　等距槽

表 7－3　程序内容

程　　序	说　　明
O0002；	程序号
N10 M03 S200 T0303；	主轴正转
N20 G00 X32.0 Z2.0；	移动刀具至定刀点
N30 G00 Z－14.0；	定刀点
N40 G94 X20.0 W0.0 F0.1；	加工槽
N50　　W－1.0；	扩槽
N60 G00 Z－24.0；	移动刀具至定刀点
N70 G94 X20.0 W0.0 F0.1；	加工槽
N80　　W－1.0；	扩槽
N90 G00 Z－34.0；	移动刀具至定刀点
N100 G94 X20.0 W0.1 F0.1；	加工槽
N110　　W－1.0；	扩槽
N120 G00 Z100.0；	快速退刀
N130 M30；	程序结束并返回程序开始

2. 多重复合循环指令(G75)

(1) 指令书写格式：

G75 R (e)；

G75 X(U)__ Z(W)__ P (Δi)Q (Δk)R (Δd)F (f)；

如图 7-11 所示为 G75 指令运动轨迹。

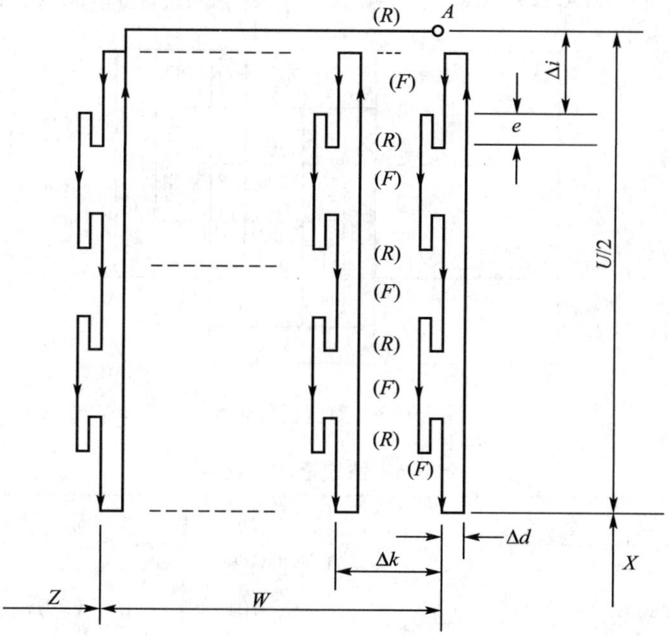

图 7-11　G75 循环指令切削轨迹图

其中，e：回退量，该值为模态值，可由参数 5319 号指定，由程序指令修改；

X：最大背吃刀量点的 X 轴坐标；

U：最大背吃刀量点的 X 轴增量坐标；

Z：最大背吃刀量点的 Z 轴坐标；

W：最大背吃刀量点的 Z 轴增量坐标；

Δi：X 方向的进给量(不带符号)；

Δk：Z 方向的位移量(不带符号)；

Δd：刀具在切削底部的退刀量，Δd 的符号总是正的；

F：进给速度。

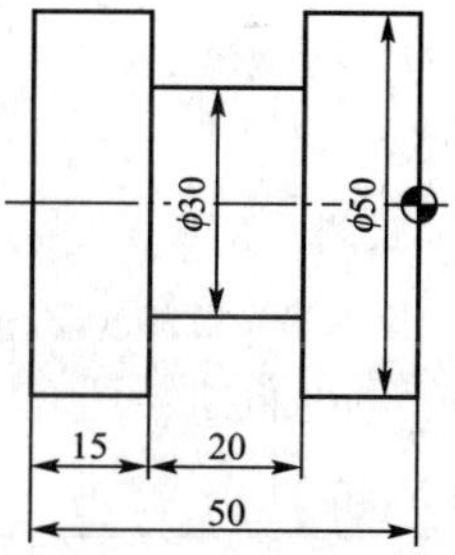

图 7-12　加工宽槽

(2) 编程实例。如图 7-12 所示，使用 G75 指令进行切槽加工，加工程序见表 7-4。

表 7-4　宽槽加工程序

程　序	说　明
O0001；	
N10　T0202　S400　M03；	T0202 为 4mm 的切断刀，主轴正转
N20　G00　X52.0　Z−19.0；	快速接近工件
N30　G75　R0.3；	回退量 0.3mm
N40　G75　X30.0　Z−35.0 P5000 Q3900 F0.1；	循环切槽
N50　G00　X100.0　Z100.0；	退刀
N60　M05；	主轴停
N70　M30；	程序结束并返回程序开始

五、程序编制

根据图 7－13 所示的离合器零件图，编制其滑块槽的加工程序，加工程序见表 7－5。

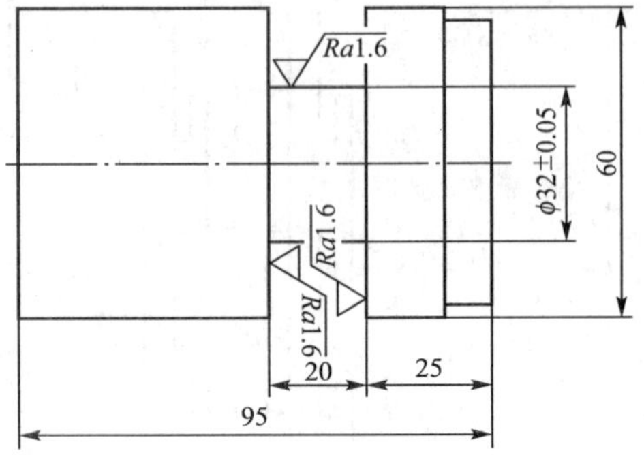

图 7－13　离合器零件图

表 7－5　滑块槽加工程序

程　　序	说　　明
O0001；	程序号
N10 T0101 S500 M03；	T0101 为 4mm 的切断刀，主轴正转
N20 G00 X70.0　Z－25.2 M08；	切槽定刀，冷却液开
N30 G75 R2.0；	回退量 2.0mm
N40 G75 X32.2 Z－40.8 P5.0 Q3.9 F0.1；	循环切削
N50 G01 X70.0 Z－25.0 F0.3；	
N60　　X32.0　F0.1；	右侧面精加工
N70　　Z－41.0；	槽底精加工
N80　　X70.0；	左侧面精加工
N90 G00 X100.0 Z100.0 M09；	
N100 M05；	
N110 M30；	程序结束并返回程序开始

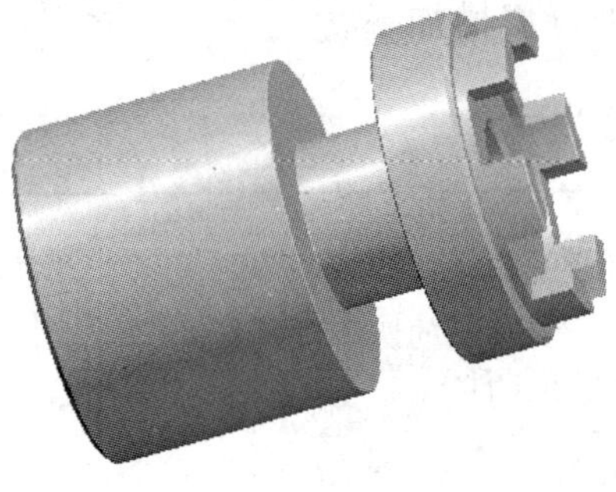

图 7－14　离合器实体图

应用指令在切槽过程中，刀具定位于槽的一侧开始切削，切入过程有回退断屑动作，且至槽底后退至切入起始点，然后位移一个刀具宽度，再次开始切槽。完成整个槽宽度的切削后，对槽的两个侧面和槽底进行精加工。完成加工后的零件实体如图 7－14 所示。

注意：

(1) 零件加工中，槽的定位是非常重要的，编程时要引起重视。

(2) 切槽刀通常有三个刀位点，编程时可根据基准标注情况进行选择。

(3) 切宽槽时应注意计算刀宽与槽宽的关系。

(4) G75 用于切槽就等于用数个 G94 指令组成循环加工，$Q\Delta k$ 不能大于刀宽。

知识链接

零件上单槽的形式很多(图 7－15)，均可借鉴上述的加工方法进行编程。

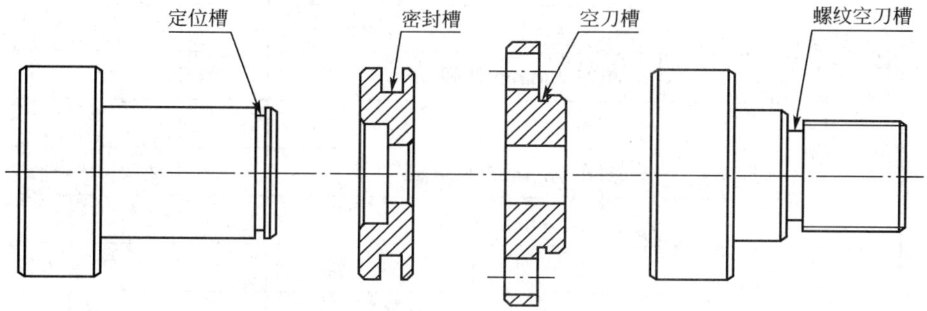

图 7－15　单槽零件示意图

任务实施

一、 工艺分析

本课题是一个带有沟槽的阶梯轴类零件，根据阶梯轴的加工及沟槽加工的关键技术，对零件图形进行分析，确定加工工艺、程序编制、车刀的安装和车床的操作过程。

1. 分析零件的外形和结构

该零件为一阶梯轴，外形轮廓简单，但尺寸精度要求较高，而且该零件第二个外圆处有一个沟槽，因此需仔细确定加工工艺路线及切槽的坐标点。

2. 加工工艺分析

(1) 编程原点的确定：在工件右端面与轴线的交点处。

(2) 制定加工路线：车端面→粗车直径 ϕ36mm、ϕ30mm 外圆→精车倒角→精车直径 ϕ30mm 外圆至尺寸→精车直径 ϕ36mm 外圆至尺寸→车 4mm 沟槽。

3. 工件的定位与装夹

工件的定位与装夹：采用三爪自定心卡盘，装夹示意图如图 7－16 所示。

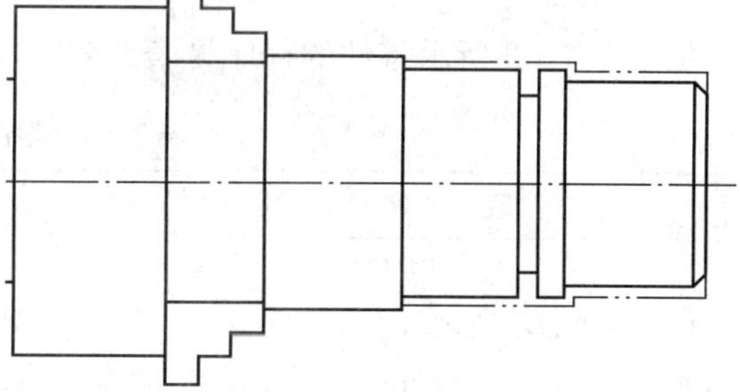

图 7－16　装夹示意图

二、 填写工艺卡片

1. 确定加工工艺

填写数控加工工艺卡，见表 7－6。

表 7-6　数控加工工艺卡

工序	名称	工艺要求		工作者	备注
1	下料	ϕ45mm×150mm			
2	数控车	工步	工步内容	刀具号	
		1	车端面	T01	
		2	粗车 ϕ36mm 外圆	T02	
		3	粗车 ϕ30mm 外圆	T02	
		4	倒角	T02	
		5	精车 ϕ30mm 外圆	T02	
		6	精车 ϕ36mm 外圆	T02	
		7	车 4mm 外沟槽	T03	
3	检验				

2. 切削用量及刀具选择

切削用量及刀具选择见表 7-7。

表 7-7　切削用量及刀具选择

刀具号	刀具规格名称	数量	加工内容	主轴转速 /(r/min)	进给速度 /(mm/r)	备注
T01	90°外圆粗车刀	1	车端面	500	0.2	
T02	90°外圆精车刀	1	车工件外轮廓	800	0.1	
T03	车槽刀刀宽 4mm	1	车外沟槽	400	0.1	

三、 编写加工程序

加工图 7-2 所示零件的程序见表 7-8。

表 7-8　零件加工程序

程　序	说　明
O0001;	
N10　M03 S500 T0101;	主轴正转，转速为 500r/min，选 1 号刀及 1 号刀补
N20　G00 X50.0 Z2.0;	车端面定刀
N30　G94 X0.0 Z0.0 F0.2;	端面循环车削
N40　G00 X45.0 Z2.0;	粗车定刀
N50　G90 X37.0 Z−60.0 F0.2;	粗车循环
N60　X31.0 Z−30.0;	
N70　G00 X100.0 Z100.0;	快速退刀

（续）

程　序	说　明
N80　T0202 S800；	换 2 号刀及 2 号刀补，准备精车
N90　G00 X50.0 Z5.0；	快速定刀
N100　G00 X26.0；	
N110　G01 Z0.0 F0.1；	精车起刀点
N120　X30.0 Z—2.0；	倒角
N130　Z—30.0；	精加工 ϕ30mm 外圆
N140　X36.0；	退刀
N150　Z—60.0；	精加工 ϕ36mm 外圆
N160　X45.0；	退刀
N170　G00 X100.0 Z100.0；	快速退刀
N180　T0303 S400；	换 3 号刀及 3 号刀补，准备车槽
N190　G00 X50.0 Z5.0；	快速定刀
N200　X40.0 Z—39.0；	
N210　G75 R2.0；	车槽循环
N220　G75 X28.0 W0.0 P3.0 F0.1；	
N230　G00 X100.0 Z100.0；	快速退刀
N240　M05；	主轴停
N250　M30；	程序停止并返回程序开始

四、常见槽加工的问题

数控车床槽加工中经常遇到的加工和质量问题有多种，问题现象及其产生的原因和可以采取的消除和预防的措施见表 7－9。

表 7－9　槽加工质量分析

问题现象	产生原因	预防和消除
槽的一侧或两个侧面出现小台阶 	1. 刀具数据不准确 2. 程序错误	1. 调整或重新设定刀具数据 2. 检查修改加工程序
槽底出现倾斜 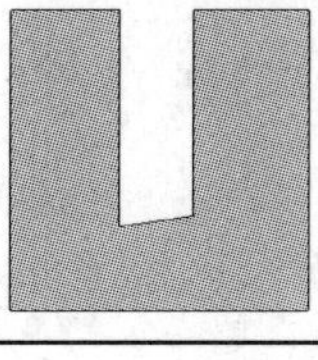	刀具安装不正确	正确安装刀具

（续）

问题现象	产生原因	预防和消除
槽的侧面呈现凹凸面 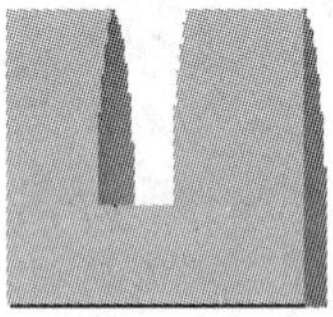	1. 刀具刃磨角度不对称 2. 刀具安装角度不对称 3. 刀具两刀尖磨损不对称	1. 更换刀片 2. 重新刃磨刀具 3. 正确安装刀具
槽的两个侧面倾斜 	刀具磨损	重新刃磨刀具或更换刀片
槽底出现振动现象，留有振纹	1. 工件装夹不正确 2. 刀具安装不正确 3. 切削参数不正确 4. 程序延时时间太长	1. 检查工件安装，增加安装刚性 2. 调整刀具安装位置 3. 提高或降低切削速度 4. 缩短程序延时时间
切槽过程中出现扎刀现象，造成刀具断裂	1. 进给量过大 2. 切屑阻塞	1. 降低进给速度 2. 采用断、退屑方式切入
切槽开始及过程中出现较强的振动，表现为工件刀具出现谐振现象，严重者机床也会一同产生谐振，切削不能继续	1. 工件装夹不正确 2. 刀具安装不正确 3. 进给速度过低	1. 检查工件安装，增加安装刚性 2. 调整刀具安装位置 3. 提高进给速度

任务二　多槽零件加工

教学目标

◇ 掌握多槽零件加工工艺分析

◇ 掌握子程序编程指令的应用

◇ 掌握手工编辑的有关计算

能力目标

◇ 熟练对零件上各种槽进行加工工艺分析

◇ 熟练使用子程序对零件上沟槽的编程与加工

任务描述

如图 7－17 所示为带外圆锥面的零件图，编制该零件的加工程序并进行练习加工。毛坯采用 ϕ45mm×150mm 棒料(可延用上一模块练习用料)，材料为 45 钢。

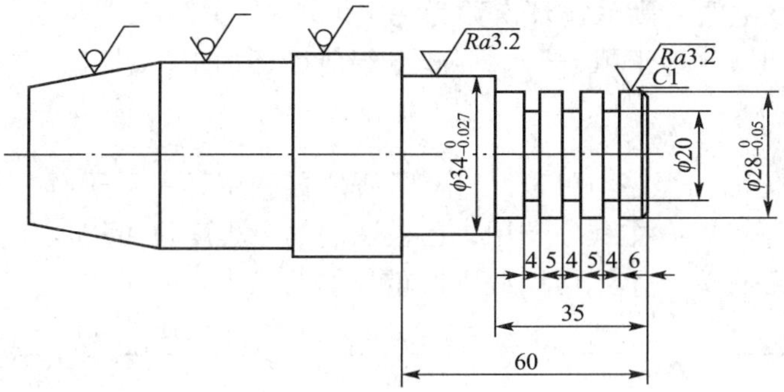

图 7－17　零件图

任务分析

该零件加工部位包括端面、外圆和 3 个尺寸要求相同的外圆沟槽。在编程和加工过程中，一定要注意槽加工时各定刀点的尺寸，否则将会产生槽位置的加工误差。

相关知识

当零件上出现尺寸和形状相同的部位时，在编制其加工程序时大量的程序段会出现内容重复现象，增加了编程的工作量。为此我们采用子程序调用指令来编制该零件的加工程序，以减少编程工作量，缩短加工程序的长度。

一、子程序加工

机床的加工程序可以分为主程序和子程序两种。主程序是一个完整的零件加工程序，或是零件加工程序的主体部分。它与被加工零件或加工要求一一对应，不同的零件或不同的加工要求都有唯一的主程序。

在编制加工程序中，有时会遇到一组程序段在一个程序中多次出现，或者在几个程序中都要使用它。这个典型的加工程序可以编制为固定程序，并单独加以命名，这组程序段就称为子程序。

子程序一般都不可以作为独立的加工程序使用，它只能通过主程序进行调用，实现加工中的局部动作。子程序执行结束后，能自动返回到调用它的主程序中。

二、子程序调用指令(M98、M99)

1. 指令书写格式

M98	P	×××× 循环次数	×××× 子程序号

2. 指令说明

(1) 子程序号同主程序，不同的是子程序用 M99 结束。

(2) 子程序执行完请求的次数以后返回到主程序 M98 的下一句继续执行。子程序结束没有 M99 时将不能返回主程序。

(3) 省略循环次数时，默认循环次数为一次。

(4) G75 用于切槽就等于用数个 G94 指令组成循环加工，Q3900 不能大于刀宽。

3. 子程序的嵌套

为了进一步简化加工程序，可以允许其子程序再调用另一个子程序，这一功能称为子程序的嵌套。子程序可以有主程序调用，已被调用的子程序也可以调用其他的子程序。从主程序调用的子程序称为一重，可以调用四重，如图 7－18 所示。

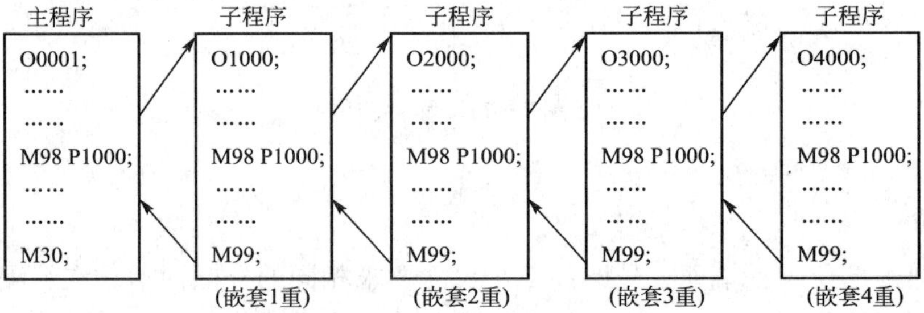

图 7－18 子程序调用的嵌套

三、 程序编制

根据图 7－19 所示，编制切纸辊 18mm×4mm 槽的加工程序，加工程序见表 7－10。

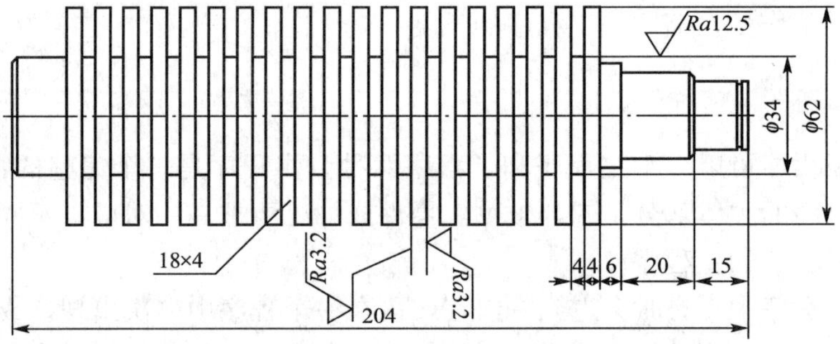

图 7－19 切纸辊槽加工工序图

表 7－10 切纸辊槽加工程序

程　序	说　明
O0001；	程序号
N10 T0101 S500 M03；	1 号外切槽刀 4mm 左刀尖对刀 1 号刀具补偿，启动主轴
N20 G00 X65.0 Z－41.0 M08；	点位
N30 M98 P18 1000；	调用切槽子程序(O1000)18 次
N40 G00 X150.0 Z0.0 M09；	回参考点

（续）

程　序	说　明
N50 M05；	
N60 M02；	程序结束
O1000；	子程序号
N10 G01 W－8.0 F0.3；	
N20 M98 P4 2000；	一重嵌套调用子程序（O2000）4 次
N30 G01 X65.0 F0.1；	切至槽底后退刀
N40 M99；	子程序结束
O2000；	子程序号
N10 U－10.0 F0.1；	
N20 U3.0 F0.3；	切入时回退断屑
N30 M99；	子程序结束

切槽完成后的零件如图 7－1 所示。

注意：

（1）编程时应注意子程序与主程序之间的衔接问题。

（2）应用子程序指令的加工程序在试切削阶段应特别注意机床的安全问题。

（3）子程序多是增量方式编制，应注意程序是否闭合、积累及误差对零件加工精度的影响。

（4）使用 G90/G91 绝对/增量坐标转换的数控系统，要注意确定编程方式（绝对/增量）。

任务实施

一、工艺分析

本课题是加工一个带有多个沟槽的阶梯轴零件，根据阶梯轴的加工及沟槽加工的关键技术，对零件图形进行分析，确定加工工艺、程序编制、车刀的安装和车床的操作过程。

1. 分析零件的外形和结构

该零件为一阶梯轴，外形轮廓简单，在第一个外圆处有 3 个形状尺寸相同的沟槽，因此需仔细确定加工工艺路线及切槽的定刀点。

2. 加工工艺分析

（1）编程原点的确定：在工件右端面与轴线的交点处。

（2）制定加工路线：车端面→粗车直径 ϕ34mm、ϕ28mm 外圆→精车倒角→精车直径 ϕ28mm 外圆至尺寸→精车直径 ϕ34mm 外圆至尺寸→车 3 处 4mm 宽沟槽。

3. 工件的定位与装夹

工件的定位与装夹：采用三爪自定心卡盘，装夹示意图如图 7－20 所示。

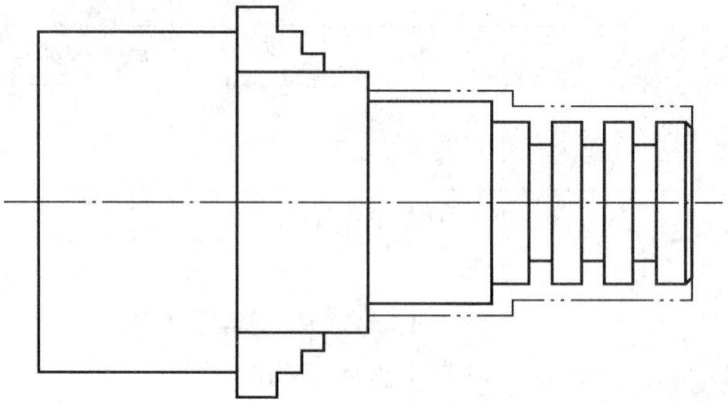

图 7-20　装夹示意图

二、填写工艺卡片

1. 确定加工工艺

填写数控加工工艺卡，见表 7-11。

表 7-11　数控加工工艺卡

工序	名称	工艺要求		工作者	备注
1	下料	ϕ45mm×150mm			
2	数控车	工步	工步内容	刀具号	
		1	车端面	T01	
		2	粗车 ϕ28mm 外圆	T02	
		3	粗车 ϕ34mm 外圆	T02	
		4	倒角	T02	
		5	精车 ϕ28mm 外圆	T02	
		6	精车 ϕ34mm 外圆	T02	
		7	车 3 处 4mm 宽外沟槽	T03	
3	检验				

2. 切削用量及刀具选择

切削用量及刀具选择见表 7-12。

表 7-12　切削用量及刀具选择

刀具号	刀具规格名称	数量	加工内容	主轴转速/(r/min)	进给速度/(mm/r)	备注
T01	90°外圆粗车刀	1	车端面	500	0.2	
T02	90°外圆精车刀	1	车工件外轮廓	800	0.1	
T03	车槽刀刀宽 4mm	1	车外沟槽	400	0.1	

三、编写加工程序

加工图 7－17 所示零件的程序见表 7－13。

表 7－13　零件加工程序

程序	说明
O0001；	
N10　M03 S500 T0101；	主轴正转，转速 500r/min，选 1 号刀及 1 号刀补
N20　G00 X50.0 Z2.0 M08；	快速定刀
N30　G00 X35.0 Z2.0；	车端面定刀
N40　G94 X0.0 Z0.0 F 0.2；	端面循环车削
N50　G00 X40.0 Z2.0；	粗车定刀
N60　G90 X35.0 Z—60.0F0.2；	粗车循环
N70　X29.0 Z—35.0；	
N80　G00X100.0 Z100.0；	快速退刀
N90　T0202 S800；	换 2 号刀及 2 号刀补，准备精车
N100　G00X50.0 Z5.0；	快速定刀
N110　G00 X26.0；	
N120　G01 Z0.0 F 0.1；	精车起刀点
N130　X28.0 Z—2.0；	倒角
N140　Z—35.0；	精加工 ϕ30mm 外圆
N150　X34.0；	退刀
N160　Z—60.0；	精加工 ϕ36mm 外圆
N170　X45.0；	退刀
N180　G00X100.0 Z100.0；	快速退刀
N190　T0303 S400；	换 3 号刀及 3 号刀补，准备车槽
N200　G00X50.0 Z5.0；	快速定刀
N210　X30.0 Z—10.0；	
N220　M98 P3 1000；	车槽
N230　G00 X100.0 Z100.0 M09；	快速退刀
N240　M05；	主轴停
N250　M30；	程序停止并返回程序开始
N10　O1000；	子程序号
N20　G94 X20.0 W0.0 F0.1；	切槽循环
N30　GO1W—5.0；	轴向移动 5mm
N40　M99；	子程序结束并返回主程序

练　习　题

1. 说明 G04 指令的含义与功能。
2. 子程序应用的主要功能是什么?
3. 常见槽加工缺陷有哪些?
4. 车削如图 7－21 所示的等距槽，并编程。
5. 对如图 7－22 所示的零件进行切槽加工，试用子程序编程。

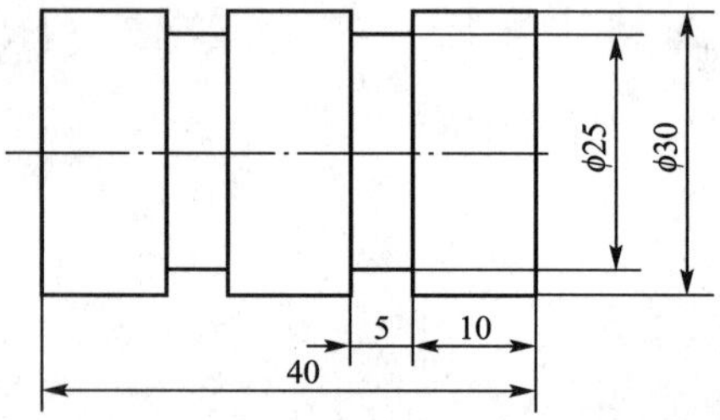

图 7－21　练习题 4 图

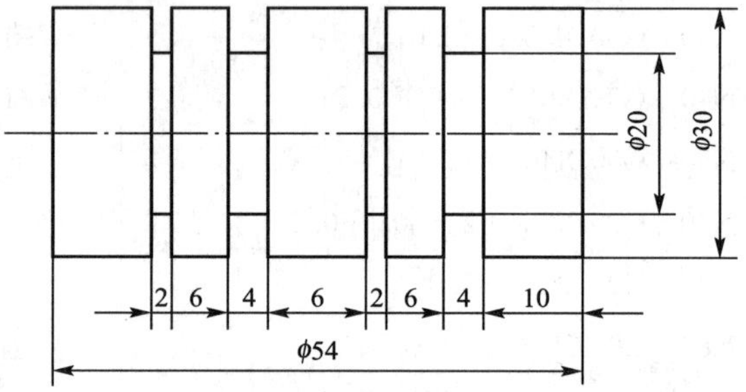

图 7－22　练习题 5 图

模块八

内孔编程与加工

同锥面和圆弧加工一样，孔加工也是车削加工中最常见的加工之一。工件中往往有各种各样的孔，使用数控车削加工，进行钻、铰、镗、扩等可以加工出不同精度的工件，加工简单，加工精度比普通车床的精度高。如图 8－1 所示是其中较典型的零件。

图 8－1　孔类典型零件

本章主要从通孔、盲孔、深孔、锥孔等几部分来分别介绍孔加工的特点、工艺的确定、指令的应用、程序的编制、加工质量的分析等。深孔加工中使用的加工循环指令如 G74 指令等是本章需要重点掌握的内容。

教学目标

◇ 掌握零件内孔的加工工艺分析
◇ 掌握内孔加工的编程方法
◇ 掌握内孔刀具的合理选择和应用

能力目标

◇ 熟练对各种内孔进行加工工艺分析
◇ 熟练对内孔车刀进行选择、安装和应用
◇ 熟练选用编程指令对内孔进行编程和加工
◇ 掌握内孔加工误差产生的原因及预防措施

任务描述

如图 8－2 所示带外圆锥面的零件图，编制该零件的加工程序并进行练习加工。毛坯采用尺寸为 ϕ45mm×150mm 的棒料(可延用上一模块练习用料)，材料为 45 钢。

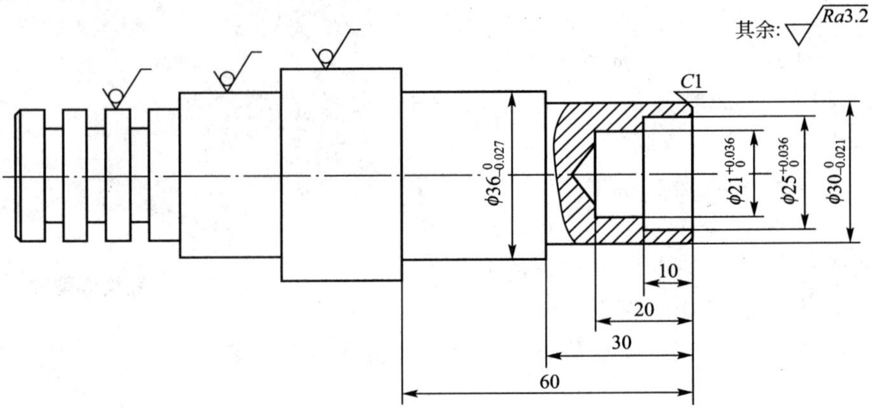

图 8－2　零件图

任务分析

该零件加工部位包括端面、外圆和内孔。在编程指令的使用上采用前边模块介绍的基本指令和循环指令均可完成该零件的加工，在此我们不多赘述。在加工路径的设定中，一定要注意换刀点的设定，以及孔加工时镗孔刀的路线，防止加工过程中刀具与工件产生碰撞。

相关知识

一、 孔加工工艺路线

孔加工中，刀具(严格说是刀位点)相对于工件的运动轨迹和方向，即刀具从对刀点开始运动起，直至结束加工程序所经过的路径，包括切削加工的路径及刀具引入、返回等非切削空行程，是编程时首先必须考虑的，在保证刀具能顺利完成零件加工后，才考虑保证被加工零件的尺寸精度和表面质量等方面。

二、 常用车床孔加工方法

1. 钻孔(图 8 - 3)

钻孔常用工具为钻头，它主要用于在实心材料上加工孔(有时也用于扩孔)。根据钻头构造及用途不同，又可分为麻花钻、扁钻、中心钻及深孔钻等。

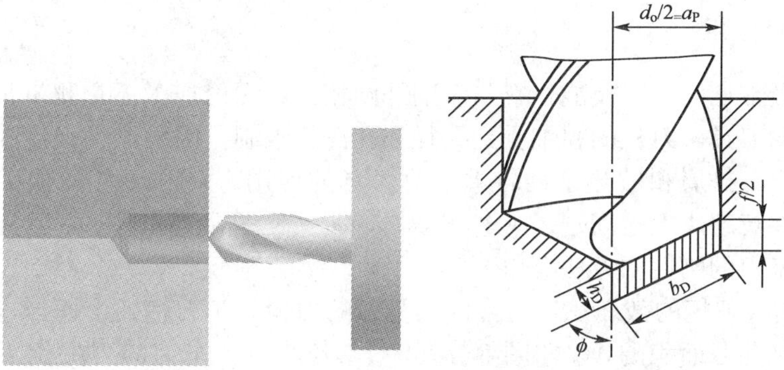

图 8 - 3　钻孔

注意：

(1) 钻头引入端面，不可用力太大，防止钻头因受力过大折断或钻偏孔。

(2) 当孔较深时，切屑不易排出，要经常退钻排屑，同时也可冷却钻头。

(3) 钻削钢件材料，要加注充分的冷却液，防止钻头过热退火。

(4) 钻直径大于 30mm 的孔时，应先用小直径钻头钻底孔(减小横刃阻力)，再分 2～3 次钻出。

(5) 孔在即将钻穿时，因横刃瞬间不参加切削，阻力瞬间减小，易产生轴向窜力，损坏钻头切削刃，因此要减小进刀量。

2. 车孔(图 8 - 4)

车孔能修正钻孔、扩孔等上一工序所造成的孔轴线歪曲、偏斜等缺陷，故特别适用于要求孔距很准的孔系加工。车床上常加工的内孔形式有：通孔[图 8 - 5(a)]、盲孔 [图 8 - 5(b)] 及台阶孔[图 8 - 5(c)]。

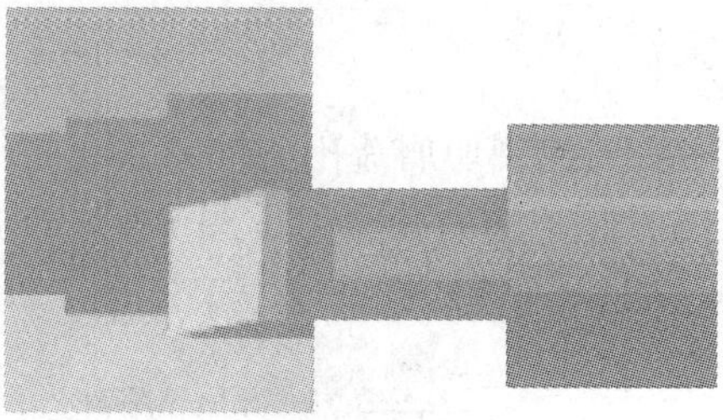

图 8 - 4　车孔

(a) 通孔　(b) 盲孔　(c) 台阶孔

图 8 - 5　内孔形式

注意：

(1) 加工前应根据零件形状选择相应的刀具。车阶台孔时，应选用不通孔镗刀，即主偏角大于90°。

(2) 在车孔之前，应了解镗孔刀的长度和直径是否能满足加工的需要。

(3) 孔加工时，镗刀和镗刀杆要有足够的刚度。

(4) 镗刀在镗刀杆上既夹持牢固，又装卸方便，便于调整。

(5) 镗孔时要有可靠的断屑和排屑措施。

三、 车孔的关键技术

车内孔是最常见的车工技能，它与车削外圆相比，无论加工还是测量都困难得多，特别是加工内孔的刀具，刀杆的粗细受到孔径和孔深的限制，因而刚性强度较弱，且在车削过程中空间狭窄，排屑和散热条件较差，对刀具的使用寿命和工件的加工质量都十分不利，所以必须注意解决上述问题。

增加内孔车刀的刚性的方法有以下几点。

(1) 尽量增大刀柄的截面积。通常内孔车刀的刀尖位于刀柄的上面，这样刀柄的截面积较小，还不到孔截面积的1/4 [图8-6(b)]，若使内孔车刀的刀尖位于刀柄的中心线上，那么刀柄在孔中的截面积可大大地增加 [图8—6(a)]。

(2) 尽可能缩短刀柄的伸出长度，以增加车刀刀柄刚性，减小切削过程中的振动，如图8-6(c)所示。此外还可将刀柄上下两个平面做成互相平行，这样就能很方便地根据孔深调节刀柄伸出的长度。

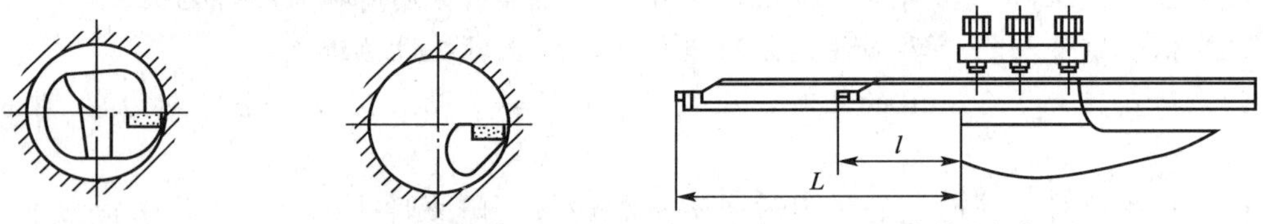

(a) 刀尖位于刀杆中心　(b) 刀尖位于刀杆上面　(c) 刀杆伸出长度

图8-6　可调节刀柄长度的内孔车刀

(3) 控制切屑流出方向。加工通孔时要求切屑流向待加工表面(前排屑)，为此，采用正的刃倾角的内孔车刀 [图8-7(a)]；加工盲孔时，应采用负的刃倾角，使切屑从孔口排出 [图8-7(b)]。

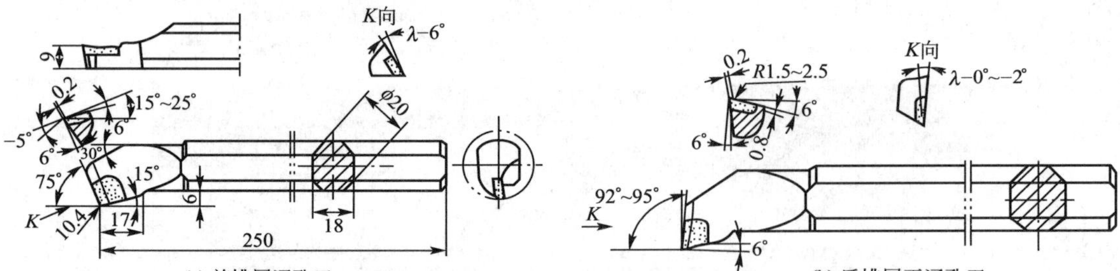

(a) 前排屑通孔刀　(b) 后排屑不通孔刀

图8-7　典型车孔刀

（4）正确安装刀具。内孔车刀安装的正确与否，直接影响到车削情况及孔的精度，所以在安装时一定要注意以下两点：

① 刀尖应与工件中心等高或稍高。如果装得低于中心，由于切削抗力的作用，容易将刀柄压低而产生扎刀现象，并造成孔径扩大。刀柄伸出刀架不宜过长，一般比被加工孔长 5～6mm。

② 刀柄基本平行于工件轴线，否则在车削到一定深度时刀柄后半部容易碰到工件孔口。

四、孔加工编程指令

常用编程指令见表 8-1。

表 8-1　常用编程指令

指令名称	应用格式	主要工艺用途
快速点定位(G00)	G00　X(U)____ Z(W)____	快速移动
直线插补(G01)	G01　X(U)____ Z(W)____ F____	点对点的直线移动
外圆(内孔)单一形状固定循环(G90)	G90　X(U)____ Z(W)____ F____	外圆固定形状的简化编程
外圆(内孔)粗车复合循环(G71)	G71 U (Δd) R (e) G71 P (ns) Q (nf) U (Δu) W (Δw) F＿ S＿ T＿	复杂外圆粗车简化编程
精加工循环(G70)	G70　P ns　Q nf	复合循环中精加工循环
深孔钻削循环(G74)	G74　R(e)＿ G74　X(U)＿ Z(W)＿ P (Δi)Q (Δk)R (Δd)F (f)	深孔循环加工

1. 直线插补指令(G01)

在数控机床上加工孔，无论采用钻孔还是车孔，都可以采用 G01 指令来直接实现。

（1）指令书写格式：

G01　X(U)______Z(W)______F

（2）编程实例。如图 8-8 所示的台阶孔，毛坯尺寸为 ϕ125mm×75mm×65mm，使用 G01 指令编制孔精加工程序，加工程序见表 8-2。

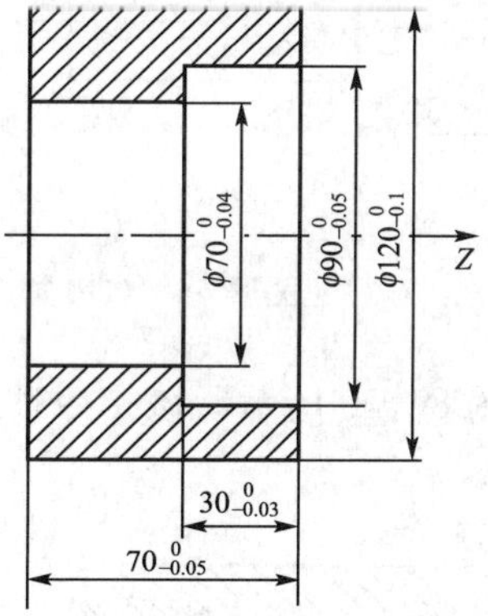

(a) 零件图

(b) 实体图

图 8-8　台阶孔零件

表 8-2　孔精加工程序

程　序	说　明
O0001;	
N10　M03　T0101 S500;	主轴以 500r/min 正转，选择 1 号刀及 1 号刀补
N20　G00　X60.0　Z10.0;	快速定刀，Z 轴距离 10mm
N30　X90.0　Z5.0;	精车起点
N40　G01　Z-30.0　F0.1;	加工 ϕ90mm 内孔
N50　X70.0;	加工 30mm 长度

(续)

程　　序	说　　明
N60　　Z－75.0；	加工 φ70mm 内孔
N70　　X68.0；	退刀
N80　　Z10.0；	退刀
N90　G00　X150.0　Z100.0；	快速退刀
N100　M30；	程序结束并返回程序开始

2. 外圆(内孔)单一形状固定循环(G90)

1) 加工直孔

使用单一形状固定循环指令 G90 加工内孔，如何判断进刀轨迹是否正确，主要看循环起点的定刀点位置(加工内孔时定刀点直径小于零件的最小内孔直径)。

(1) 指令书写格式：

```
G90　X(U)______Z(W)______F______
```

循环轨迹如图 8－9 所示。

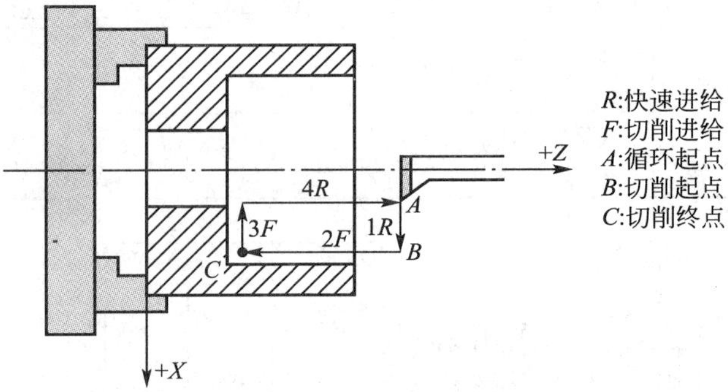

图 8－9　G90 加工内孔轨迹

(2) 编程实例。如图 8－10 所示，该指令适用于被切除的毛坯为轴向长、径向短的内孔形状，程序见表 8－3。

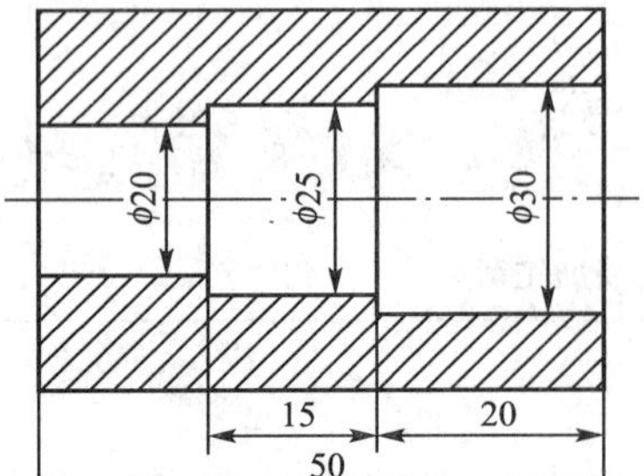

(a) 零件图

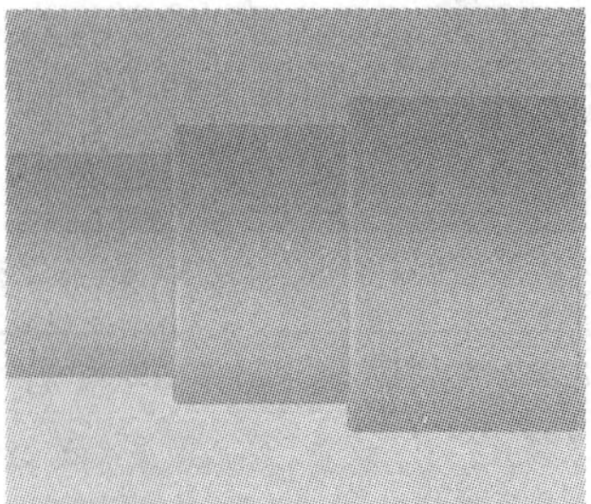

(b) 实体图

图 8－10　G90 加工阶台孔

表 8-3　孔加工程序

程　　序	说　　明
O0001；	
N10　M03　T0101 S500；	以 500r/min 启动主轴正转，选择 1 号刀及 1 号刀补
N20　G00　X15.0　Z10.0；	快速定刀，Z 轴距离 10mm
N30　　X19.0　Z5.0；	
N40　G90　X25.0　Z−35.0 F0.1；	加工 ϕ25mm 内孔
N50　　X30.0　Z−20.0；	加工 ϕ30mm 内孔
N60　G00　X100.0　Z100.0；	退刀
N70　M30；	程序结束并返回程序开始

2）加工锥孔

该指令适合棒料毛坯带有锥度的内孔零件的切削，粗车后为精车留有一定的精车余量。

（1）指令书写格式：

G90　X(U)____Z(W)______R______F______；

循环轨迹如图 8-11 所示。

（2）编程实例。采用该指令加工如图 8-12 所示零件，加工程序见表 8-4。

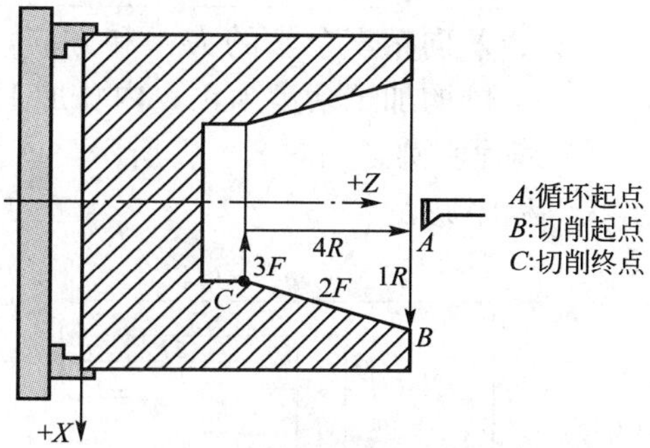

图 8-11　G90 加工锥孔轨迹

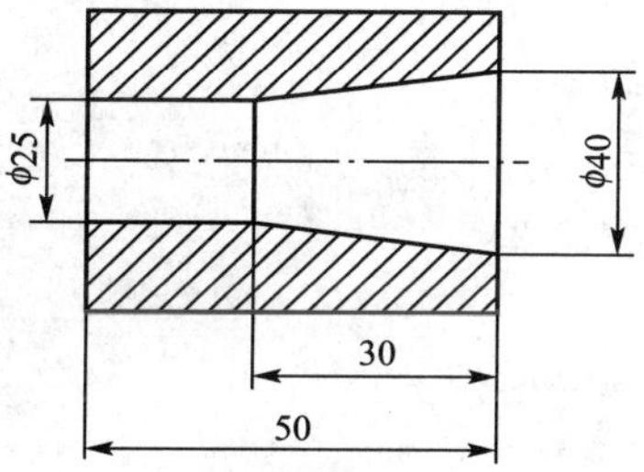

(a) 零件图

(b) 实体图

图 8-12　G90 加工锥孔

表 8-4　孔加工程序

程　　序	说　　明
O0001；	
N10　M03　T0101 S500；	主轴以 500r/min 正转，选择 1 号刀及 1 号刀补
N20　G00　X15.0　Z10.0；	快速定刀，Z 轴距离 10mm
N30　　X20.0　Z5.0；	循环起点
N40　G90　X30.0　Z−30.0　I7.5　F0.1；	循环加工
N50　　X35.0；	

（续）

程　　序	说　　明
N60　　　X40.0；	
N70　G00　Z10.0；	退刀
N80　G00　X100.0　Z100.0；	快速退刀
N90　M30；	程序结束并返回程序开始

3. 内、外圆粗车复合固定循环(G71)

(1) 指令书写格式：

G71 U (Δd) R (e)；

G71 P (ns) Q (nf) U (Δu) W (Δw) F __ S __ T __；

其中，Δu：X 向精车余量的大小和方向，用直径量指定。该加工余量具有方向性，即外圆的加工余量为正，内孔加工余量为负。

(2) 编程实例。如图 8－13 所示，该指令适用于被切除的毛坯为轴向长、径向小的内孔形状，程序见表 8－5。

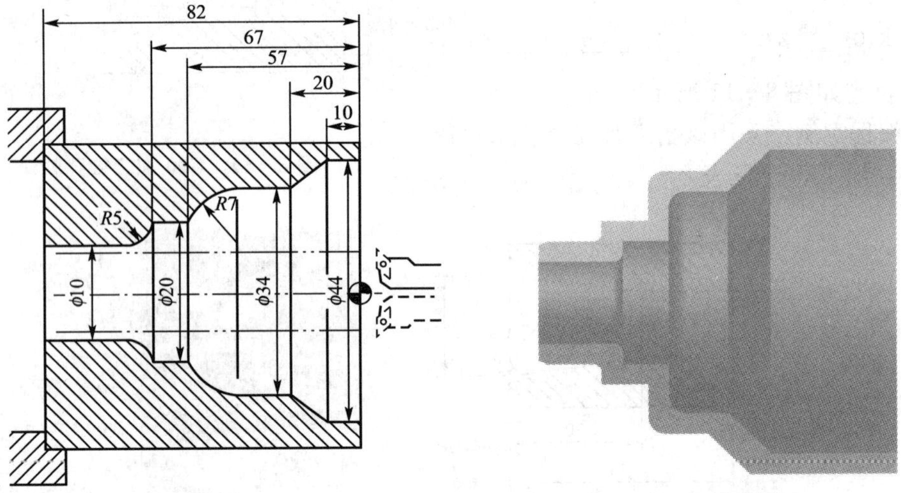

(a) 零件图　　　(b) 实体图

图 8－13　G90 加工阶台孔

表 8－5　孔加工程序

程　　序	说　　明
O0003；	
N10　M03 T0101 S600；	主轴正转，选 1 号刀及 1 号刀补
N20　G00 X45.0 Z10.0；	快速定刀
N30　X6.0 Z5.0；	快速移到循环起刀点
N40　G71 U1.0 R0.2；	粗车复合循环
N50　G71 P60 Q150 U－0.5 F0.3；	

（续）

程　　序	说　　明
N60　G00 X44.0；	精加工轮廓起始行
N70　G01 Z1.0 F0.1；	
N80　Z－10.0；	精加工 ϕ45mm 内孔
N90　X34.0 Z－20.0；	精加工锥面
N100　Z－40.0；	精加工 ϕ34mm 内孔
N110　G03 X20.0 Z－57.0 R7.0；	精加工 R7mm 圆弧
N120　Z－67.0；	精加工 ϕ20mm 内孔
N130　G02 X10.0 W－5.0 R5.0；	精加工 R5mm 圆弧
N140　Z－83.0；	精加工 ϕ10mm 内孔
N150　X8.0；	退刀
N160　G70 P60 Q150；	精加工循环指令
N170　G00 X100.0 Z100.0；	快速退刀
N180　M30；	程序结束并返回程序开始

4. 深孔钻削循环(G74)

当遇到深孔加工时，如果采用一次钻削将会降低刀具的寿命，降低工件的加工精度，因此采用深孔钻削循环。

(1) 指令书写格式：

```
G74  R(e)    ;
G74  X(U)____Z(W)____P (Δi)Q (Δk)R (Δd)F (t);
```

其中，e：回退量，该值为模态值，可由程序指令修改设定；

X：最大背吃刀量点的 X 轴坐标，通常不指定；

Z：最大背吃刀量点的 Z 轴坐标；

Δi：X 方向的进给量(不带符号)，通常不指定；

Δk：每次加工深度(不带符号)；

Δd：刀具在切削底部的退刀量，通常不指定；

F：进给速度。

(2) 编程实例。加工如图 8－14 所示的深孔，用深孔钻削循环加工格式编程，其中，e＝1mm，Δk＝20mm，F＝0.1mm，程序见表 8－6。

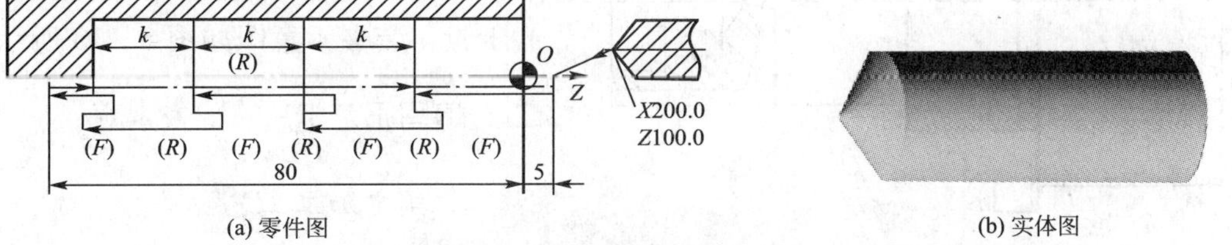

(a) 零件图　　(b) 实体图

图 8－14　深孔钻削循环加工

表 8-6　加工程序

程　　序	说　　明
O0001；	
N10 M03 S100 T0202；	主轴正转，选 2 号刀及 2 号刀补
N20 G00　X200.0　Z100.0　M08；	快速定刀
N30 G00　X0.0　Z1.0；	快速移到循环起刀点
N40 G74　R1.0；	回退量 1mm
N50 G74　Z—80.0　Q20000　F0.1；	钻孔，深 80mm 每次钻 20mm，进给速度 0.1mm/r
N60 G00　X200.0　Z100.0　M09；	快速退刀
N70 M30；	程序结束并返回程序开始

注意：

(1) 循环指令定刀点的位置不要错了，否则会引起外圆和内孔的加工方向的误差。

(2) 在复合切削循环中，不能调用子程序。

(3) G71 指令中，注意精加工余量 U 值为负值，反之就会出现尺寸误差。

任务实施

一、 工艺分析

本课题是一个带有内孔的轴类零件，根据内孔加工的关键技术，对零件图形进行分析，确定加工工艺、程序编制、车刀的安装和车床的操作过程。

1. 分析零件的外形和结构

该零件为一阶梯轴，外形轮廓简单，但尺寸精度要求较高，而且该零件第二个外圆处有一个沟槽，因此需仔细确定加工工艺路线及切槽的坐标点。

2. 加工工艺分析

(1) 编程原点的确定：在工件右端面与轴线的交点处。

(2) 制定加工路线：车端面→钻 ϕ19mm 底孔→粗车直径 ϕ36mm、ϕ30mm 外圆→精车倒角→精车直径 ϕ30mm 外圆至尺寸→精车直径 ϕ36mm 外圆至尺寸→粗、精车 ϕ21mm、ϕ25mm 内孔。

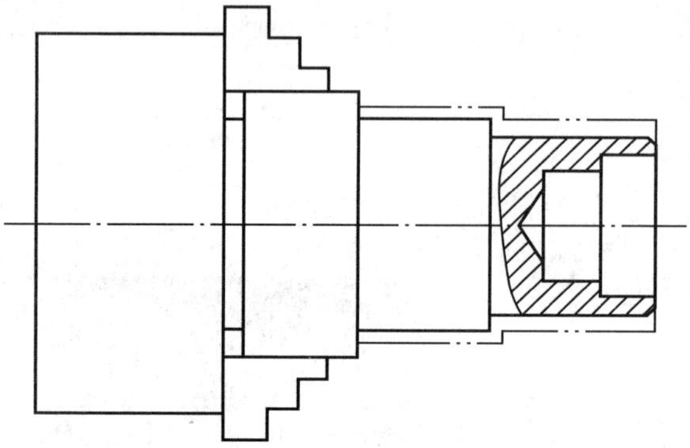

图 8-15　装夹示意图

3. 工件的定位与装夹

工件的定位与装夹：采用三爪自定心卡盘，装夹示意图如图 8-15 所示。

二、 填写工艺卡片

1. 确定加工工艺

填写数控加工工艺卡，见表 8-7。

表 8-7　数控加工工艺卡

工序	名称	工艺要求		工作者	备注
1	下料	ϕ45mm×150mm			
2	数控车	工步	工步内容	刀具号	
		1	车端面	T01	
		2	钻孔	钻头	
		3	粗车 ϕ36mm 外圆	T02	
		4	粗车 ϕ30mm 外圆	T02	
		5	倒角	T02	
		6	精车 ϕ30mm 外圆	T02	
		7	精车 ϕ36mm 外圆	T02	
		8	粗车 ϕ21mm、ϕ25mm 内孔	T03	
		9	精车 ϕ21mm、ϕ25mm 内孔	T03	
3	检验				

2. 切削用量及刀具选择

切削用量及刀具选择见表 8-8。

表 8-8　切削用量及刀具选择

刀具号	刀具规格名称	数量	加工内容	主轴转速 /(r/min)	进给速度 /(mm/r)	备注
T01	90°外圆粗车刀	1	车端面	500	0.2	
T02	90°外圆精车刀	1	车工件外轮廓	800	0.1	
T03	内孔车刀	1	车内孔	500	0.15/0.1	

三、编写加工程序

加工图 8-2 所示零件的程序见表 8-9。

表 8-9　零件加工程序

程　　序	说　　明
O0001;	
N10　M03 S500 T0101;	主轴正转，转速 500r/min，选 1 号刀及 1 号刀补
N20　G00 X50.0 Z2.0;	车端面定刀
N30　G94 X0.0 Z0.0 F0.2;	端面循环车削
N40　G00 X45.0 Z2.0;	粗车定刀
N50　G90 X37.0 Z−60.0F0.2;	粗车循环

（续）

程　　序	说　　明
N60　X31.0 Z－30.0；	
N70　G00 X100.0 Z100.0；	快速退刀
N80　T0202 S800；	换 2 号刀及 2 号刀补，准备精车
N90　G00 X50.0 Z5.0；	快速定刀
N100　G00 X26.0；	
N110　G01 Z0.0 F0.1；	精车起刀点
N120　X30.0 Z－2.0；	倒角
N130　Z－30.0；	精加工 ϕ30mm 外圆
N140　X36.0；	退刀
N150　Z－60.0；	精加工 ϕ36mm 外圆
N160　X45.0；	退刀
N170　G00 X100.0 Z100.0；	快速退刀
N180　T0303 S500；	换 3 号刀及 3 号刀补，准备车槽
N190　G00 X15.0 Z10.0；	快速定刀
N200　X18.0 Z5.0；	
N210　G71 U1.0 R0.5；	车孔循环
N220　G71 P230 Q270 U－0.5 F0.15；	精加工余量 0.5mm
N230　G00 X25.0；	精加工定刀点
N240　G01 Z－10.0 F0.1；	精加工 ϕ25mm 内孔
N250　X21.0；	退刀
N260　Z－20.0；	精加工 ϕ21mm 内孔
N270　X19.0；	退刀
N280　G70 P230 Q270；	精加工循环指令
N230　G00 X100.0 Z100.0；	快速退刀
N240　M05；	主轴停
N250　M30；	程序停止并返回程序开始

四、 常见内孔加工的问题

数控车床孔加工中经常遇到的加工和质量问题有多种，问题现象、产生原因、可以采取的预防和消除措施见表 8－10。

表 8－10　孔加工质量分析

问题现象	产生原因	预防和消除
孔径尺寸超差 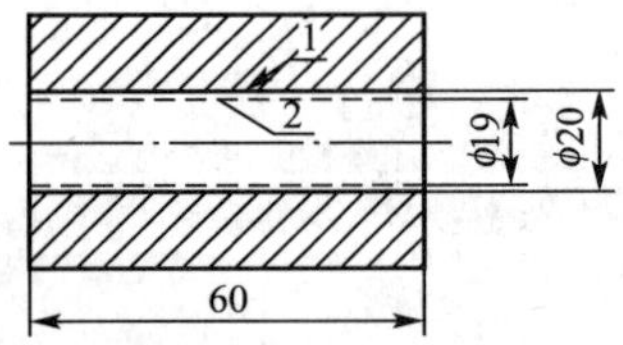 	1. 刀具数据不准确 2. 切削用量选择不当产生让刀 3. 程序错误 4. 工件尺寸计算错误	1. 调整或重新设定刀具数据 2. 合理选择切削用量 3. 检查、修改加工程序 4. 正确计算工件尺寸

（续）

问题现象	产生原因	预防和消除
内孔形状精度达不到要求 	1. 主轴本身间隙过大 2. 程序错误 3. 装夹时把工件夹扁 4. 车刀磨损	1. 调整主轴间隙 2. 检查、修改加工程序 3. 正确装夹工件 4. 修磨车刀
内孔端面相互位置精度达不到要求 	1. 中拖板导轨与主轴中心线不垂直 2. 主轴径向窜动 3. 刀具磨损，切削力增大 4. 加工程序错误	1. 调整机床 2. 调整主轴 3. 修磨、更换刀具 4. 修改程序
内孔时表面粗糙度达不到要求 	1. 车刀磨损 2. 切削速度选用不当 3. 切削液选用不当 4. 产生积削瘤 5. 刀具中心过高 6. 被切屑划伤	1. 修磨车刀 2. 合理选择切削用量 3. 合理选择切削液 4. 选择合适切削范围 5. 正确装夹车刀 6. 合理排屑

练　习　题

1. 深孔钻削循环功能 G74 格式中各参数的含义是什么？
2. 通孔车刀和盲孔车刀各适用于哪些范围？
3. 如图 8－16 所示，编写零件内孔加工程序。
4. 如图 8－17 所示，编写零件内孔加工程序。

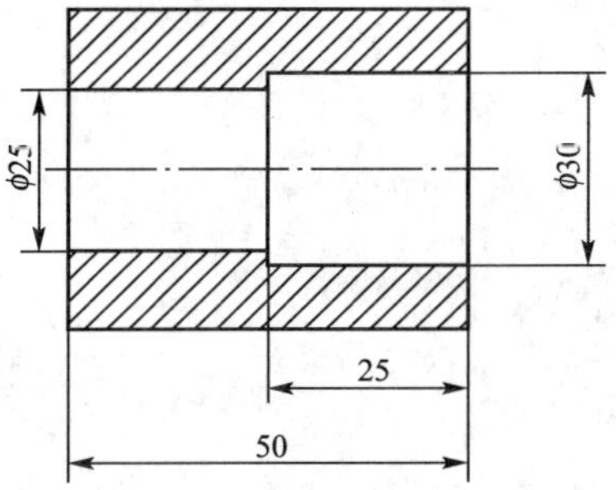

图 8－16　练习题 3 图

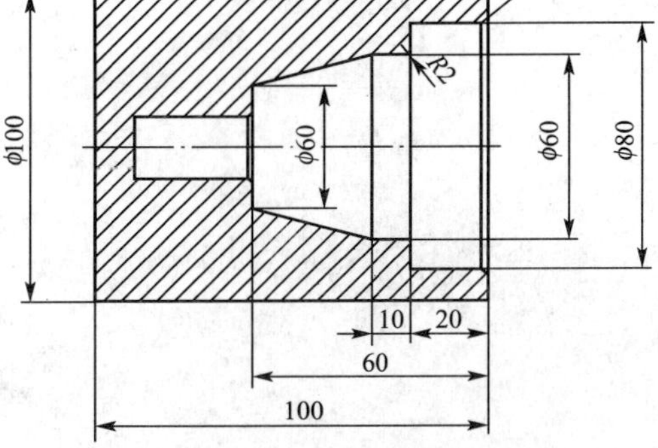

图 8－17　练习题 4 图

模块九

螺纹编程与加工

在各种机械产品中，带有螺纹的零件应用广泛。同样，在数控车削加工中，也会经常遇到各种带有螺纹的零件，车削螺纹是常用的方法，也是数控加工的基本技能之一，因此是必须要掌握的课题，螺纹类的典型零件如图 9-1 所示。本章主要介绍螺纹加工的特点、工艺的确定、指令的应用、程序的编制、加工质量的分析等。

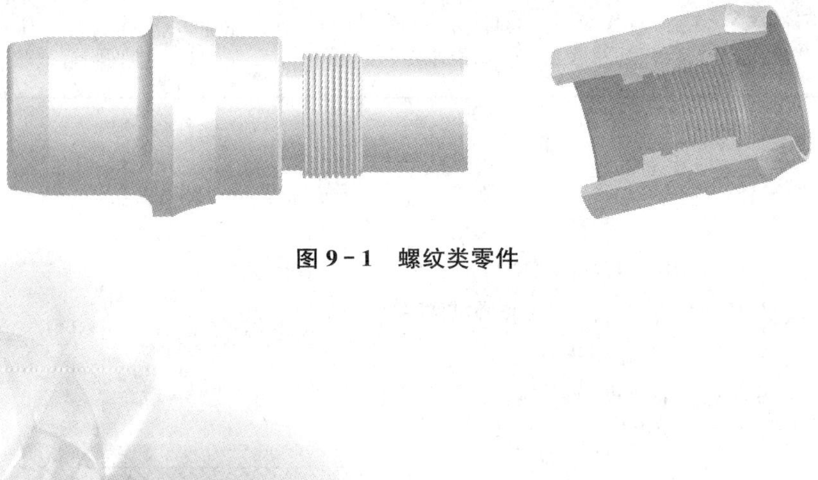

图 9-1　螺纹类零件

任务一　普通三角形螺纹加工

教学目标

◇ 掌握螺纹加工工艺特点和相关知识
◇ 掌握螺纹加工的常用编程指令
◇ 掌握螺纹加工常见加工误差分析

能力目标

◇ 熟练掌握各种三角螺纹加工工艺分析
◇ 熟练使用编程指令对螺纹进行编程与加工
◇ 熟练对加工误差进行分析和解决

任务描述

如图 9-2 所示带外螺纹的轴类零件图，编制该零件的加工程序并进行练习加工。毛坯采用尺寸为 ϕ45mm×150mm 的棒料(可延用上一模块练习用料)，材料为 45 钢。

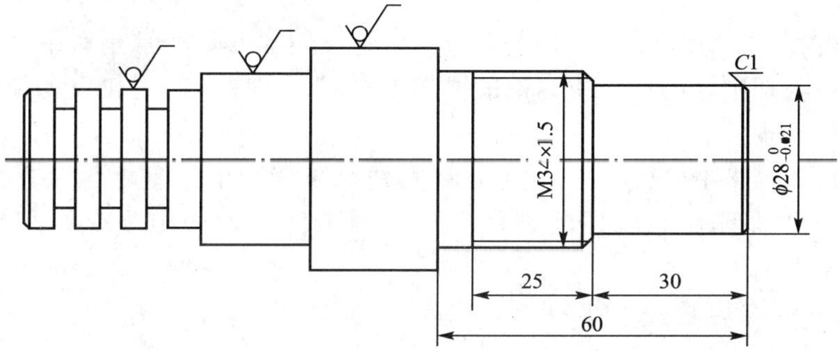

图 9-2　零件图

任务分析

该零件加工部位主要包括端面、倒角、外圆和螺纹。在加工路径的设定中，一定要注意换刀点的设定，以及螺纹车刀的加工路线，防止加工过程中刀具与工件产生碰撞。前面模块已经介绍了外圆、端面和倒角的加工指令，本任务将主要介绍螺纹加工指令的应用。

相关知识

一、 螺纹加工工艺分析

螺纹是数控车床常见的加工任务。按其规格及用途不同，分为公制螺纹(牙形角 60°)、英制螺纹(牙形角 55°)和管螺纹(牙型角 55°)，如图 9-3 所示。螺纹种类按牙型分为三角、梯形、矩形等，如图 9-4 所示，按螺纹在零件中的部分分为圆柱螺纹、锥面螺纹、端面螺纹等。螺纹实际上是由刀具的直线运动和主轴按预先输入的比例转速同时运动而形成的。切削螺纹使用的是成型刀具，螺距和尺寸精度受机床精度影响，牙型精度由刀具精度保证。

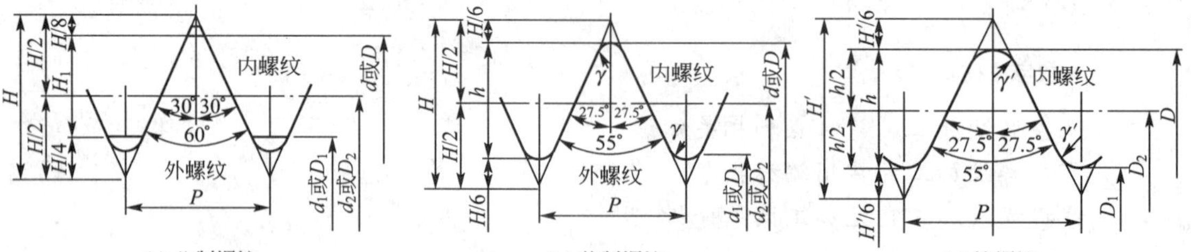

(a) 公制螺纹　　(b) 英制螺纹　　(c) 管螺纹

图 9-3　常用螺纹的分类

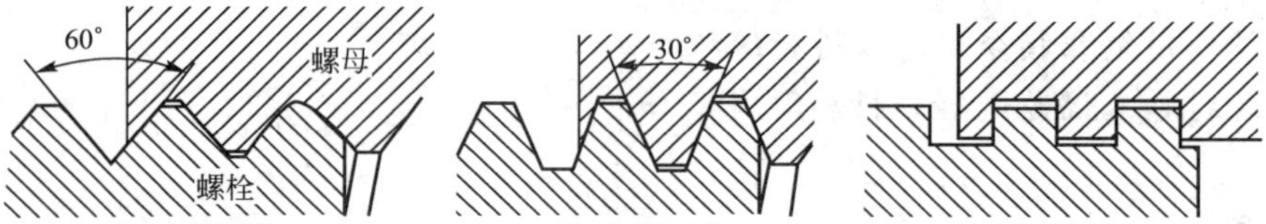

(a) 三角螺纹　　(b) 梯形螺纹　　(c) 矩形螺纹

图 9-4　常用螺纹牙形的分类

1. 螺纹零件的装夹

螺纹切削过程中，无论采用何种进刀方式，螺纹切削刀具经常是有两个或者两个以上的切削刃同时参与切削，与前面所讨论的槽加工相似，同样会产生较大的径向切削力，容易使工件产生松动现象。

因此，在螺纹类零件的装夹方式上，还是建议采用软卡爪且增大夹持面或者一顶一夹的装夹方式，以保证在螺纹切削过程中不会因工件松动而出现螺纹乱牙工件报废的现象。

2. 刀具选择与进刀方式

通常螺纹刀具切削部分的材料分为硬质合金和高速钢两类。刀具分整体式、焊接式和机械夹固式 3 种类型。

数控车床上车削普通三角螺纹一般选用精密级机夹可转位不重磨螺纹车刀，这种螺纹刀具在使用时要根据螺纹的螺距选择刀片的型号，每种规格的刀片只能加工一个固定的螺距。图 9-5 为数控螺纹车刀及加工零件的实物图片。

对于其他牙型的螺纹刀具，可根据需要到刀具生产厂家订货或者自行刃磨，刀具材料和几何角度应满足粗、精加工，工件材料，切削环境等方面的要求。工件材料加工性能一般、牙型截面尺寸较大的螺纹粗加工，可采用硬质合金刀具；工件加工性能良好、螺纹精加工、断续切削等条件下可采用高速钢刀具。刀具的几何形状与角度要考虑牙型和螺旋升角的影响。

螺纹加工的进刀方式主要有直进、斜进和分层切削 3 种，如图 9-6 所示。其刀具选用的主要依据是：在切削过程中避免因螺纹牙型截面尺寸较大，导致螺纹背吃刀量比较大的情况下多个刀刃同时参加切削而出现扎刀现象。在数控加工中进刀方式的选择还要靠螺纹加工指令实现，详细内容在螺纹加工指令中介绍。

(a) 外螺纹车刀及零件

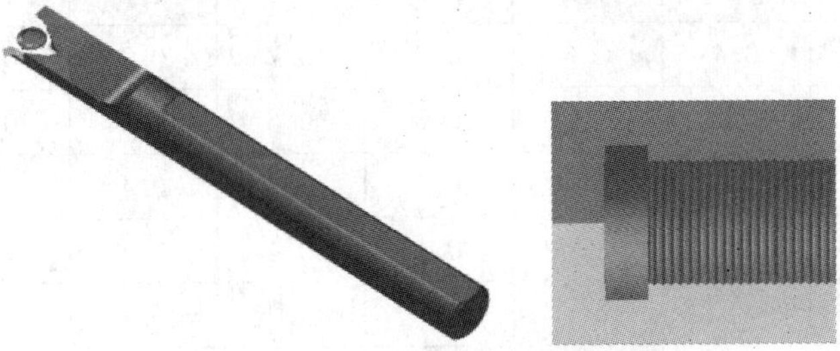

(b) 内螺纹车刀及零件

图 9-5　数控螺纹车刀

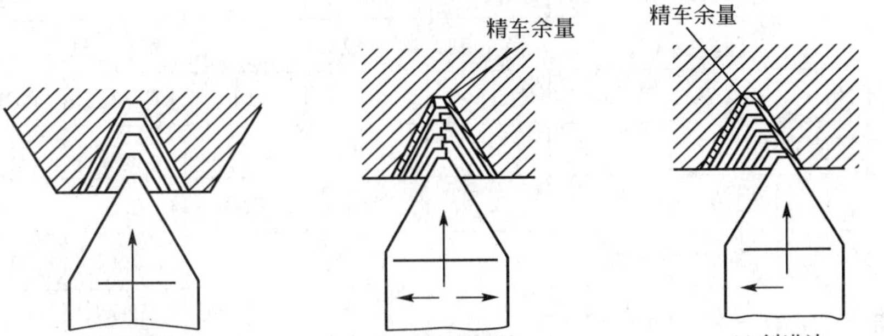

(a) 直进法　(b) 左右借刀法　(c) 斜进法

图 9-6　螺纹进刀方式

3. 切削用量的选择

1）背吃刀量的选择

在螺纹加工中，背吃刀量 a_P 等于螺纹车刀切入工件表面的深度，如果其他刀刃同时参与切削，应为各刀刃切入深度之和。由此可以看出随着螺纹车刀的每次切入，背吃刀量在逐步增加。受螺纹牙型截面大小和深度的影响，螺纹切削的背吃刀量可能是非常大的。而这一点不是操作者和编程人员能够轻易改变的。要使螺纹加工切削用量的选择搭配比较合理，必须合理地选择切削速度和进给量。

螺纹切削的进给量相当于加工中的每次背吃刀量。螺纹车削每次背吃刀量的确定要根据工件材料、工件刚性、刀具材料和刀具强度等诸多原因综合考虑，依靠经验，通过试车来确定，目前没有科学确定的数值。每次背吃刀量过小会增加走刀次数，影响切削效率，同时加剧刀具磨损；过大又容易出现扎刀、崩尖及螺纹掉牙现象。为避免上述现象发生，螺纹加工的每次背吃刀量一般都是选择递减型的，即随着螺纹深度步步加深，刀刃工件接触面越来越大，要相应地减小进给量。在螺纹切削复合循环指令当中，同样也是经常地采用递减的方式。下面给出了吃刀深度和进给次数的参考值，常用螺纹切削的进给次数与背吃刀量见表 9-1。

表 9-1 常用螺纹切削的进给次数与背吃刀量(mm)

公制螺纹								
螺距/mm		1	1.5	2	2.5	3	3.5	4
牙深(半径值)/mm		0.694	0.974	1.299	1.624	1.949	2.273	2.598
切削次数及背吃刀量(直径值)	1次	0.7	0.8	0.9	1	1.2	1.5	1.5
	2次	0.4	0.6	0.6	0.7	0.7	0.7	0.8
	3次	0.2	0.4	0.6	0.6	0.6	0.6	0.6
	4次		0.16	0.4	0.4	0.4	0.6	0.6
	5次			0.1	0.4	0.4	0.4	0.4
	6次				0.15	0.4	0.4	0.4
	7次					0.2	0.2	0.4
	8次						0.15	0.3
	9次							0.2
英制螺纹								
牙/in		24	18	16	14	12	10	8
牙深(半径值)/in		0.698	0.904	1.062	1.162	1.35	1.63	2.033
切削次数及背吃刀量(直径值)	1次	0.8	0.8	0.8	0.8	0.9	1	1.2
	2次	0.4	0.6	0.6	0.6	0.6	0.7	0.7
	3次	0.16	0.3	0.5	0.5	0.6	0.6	0.6
	4次		0.11	0.14	0.3	0.4	0.4	0.5
	5次				0.13	0.21	0.4	0.5
	6次						0.16	0.4
	7次							0.17

2) 转速选择

在螺纹车削过程中，主轴速度的选择受到下面几个因素的影响。

(1) 螺纹加工程序段中指令的螺距值相当于以进给量 f(mm/r)表示的进给速度 F，如果主轴转速选择得过高，其换算后的进给速度(mm/min)必定大大超过正常值。

(2) 刀具在位移过程的始、终，都受到伺服驱动系统升、降频率和数控装置插补运算速度的约束，由于升、降频特性满足不了加工需要等原因，可能引起进给运动产生“超前”和“滞后”，从而导致部分螺距不符合要求。

(3) 螺纹车削必须通过主轴的同步功能实现，需要有主轴脉冲发生器(编码器)。若启动主轴速度选择过高，通过编码器发出的定位脉冲将可能因“过冲”而导致工件螺纹产生乱牙现象。

根据上述现象，螺纹加工时主轴转速的确定应遵循以下原则。

(1) 在保证生产效率和正常切削的情况下，宜选择较低的主轴转速。

(2) 当螺纹加工程序段中的升速进刀段($L1$)和降速退刀段($L2$)的长度值较大时，可选择适当高一些的主轴转速。

(3) 当编码器所规定的允许工作转速超过机床所规定主轴的最大转速时，可选择较高一些的主轴转速。

(4) 车床的主轴转速将受到螺纹的螺距(或导程)大小、驱动电动机的升降频特性，以及螺纹插补运算速度等多种因素影响，故对于不同的数控系统，推荐不同的主轴转速选择范围。大多数经济型数控车床推荐车螺纹时的主轴转速 n(r/min)为

$$n \leqslant (1200/P)K$$

其中，P——被加工螺纹螺距(mm)；

k——保险系数，一般取为 0.8。

注意：

在数控车床上进行加工时，尤其是精车时，要妥当考虑刀具的引入、切出路线，尽量使刀具沿轮廓的切线方向引入、切出，以免因切削力突然变化而造成弹性变形，致使光滑连接轮廓上产生表面划伤、形状突变或滞留刀痕等疵病。车螺纹时，必须设置升速段 $L1$ 和降速段 $L2$，这样可避免因车刀升降速而影响螺距的稳定，如图 9－7 所示。

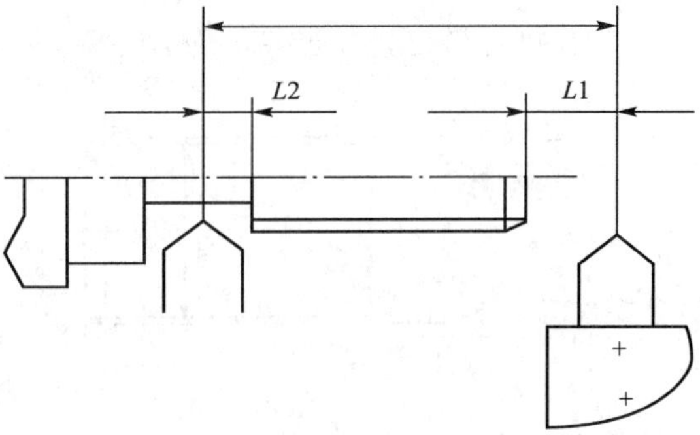

图 9－7　升降速对螺距的影响

二、常用螺纹加工指令

FANUC 0i 系统有关螺纹切削的指令见表 9－2。

表 9－2　螺纹切削指令表

指令名称	应用格式	主要工艺用途
等螺距螺纹切削(G32)	G32IP _ F _ ；	直螺纹、锥螺纹
变螺距螺纹切削(G34)	G34IP _ F _ K _ ；	变螺距直螺纹、锥螺纹
多头螺纹切削(G33)	G33IP _ F _ Q _ ；	多头螺纹、螺旋线
螺纹切削固定循环(G92)	G92IP _ R _ F _ (L)；	直螺纹、锥螺纹简化编程
螺纹切削复合循环(G76)	G76P (m)(r)(a) Q(Δd_{min}) R(d) G76X(U) _ Z(W) _ R (i) P (K) Q (Δd) F (L)；	梯形、大螺距三角等螺纹

1. 等螺距螺纹切削指令(G32)

(1) 指令书写格式：

G32　X(U)__Z(W)__F _；

其中，X、Z：绝对值编程时，螺纹切削终点的工件坐标值；

U、W：增量值编程时，螺纹切削终点相对于起点的增量坐标值；

F：轴向导程。

(2) 应用范围：用G32指令，可以切削等导程的圆柱螺纹、圆锥螺纹和端面螺纹(如涡形螺纹)，如图9-8所示。

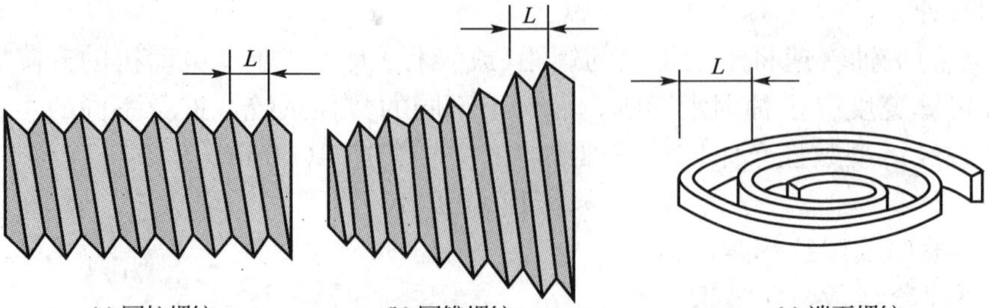

(a) 圆柱螺纹　(b) 圆锥螺纹　(c) 端面螺纹

图9-8　G32螺纹加工指令适用范围

(3) 直螺纹G32加工编程。如图9-9所示，按图编写零件的螺纹部分的程序。

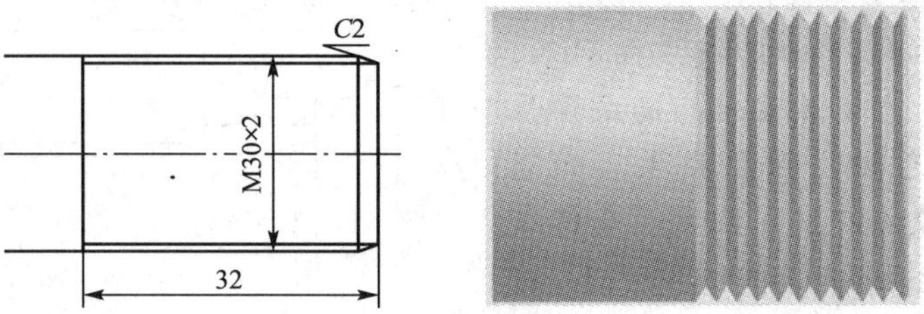

(a) 零件图　(b) 实体图

图9-9　外螺纹

加工图9-9所示零件程序见表9-3。

表9-3　零件加工程序

程　　序	说　　明
……	
N50　G00　X32.0　Z4.0；	快速定位
N60　G01　X29.0　F0.1；	直线进刀
N70　G32　X29.0　Z—32.0　F2.0；	车螺纹直径为29mm，长为32mm
N80　G00　X32.0；	直线退刀
N90　G00　Z4.0；	快速退 Z 轴
N100　G01　X28.0　F0.1；	直线进刀
N110　G32　X28.0　Z—32.0 F2.0；	车螺纹直径为28mm，长为32mm
N120　G00　X32.0；	直线退刀
N130　G00　Z4.0；	Z 轴快速退刀
N140　G01　X27.40　F0.1；	直线进刀
N150　G32　X27.40　Z—32.0　F2.0；	车螺纹
N160　G01　X32.0　F0.1；	直线退刀
N170　G00　Z100.0；	Z 轴快速退刀
N180　　X100.0；	X 轴快退刀
N190　M30；	程序结束并返回程序开始

注意：

（1）一般螺纹切削时，从粗车到精车，按同样的导程进行多次车削。当安装在主轴上的位置编码器检测出一转信号后，开始螺纹切削，因此即使多次切削，工件圆周上的切削始点保持不变。但是从粗车到精车，主轴的转速必须是一定的。当主轴速度变化时，螺纹切削会出现乱牙现象。

（2）圆锥螺纹切削如图 9-10 所示，当其锥角在 45°以下时，螺纹导程以 Z 向的值指定；当其锥角在 45°以上时，螺纹导程以 X 向的值指定。即：若 $a \leqslant 45°$，导程为 LZ；若 $a \geqslant 45°$，导程为 LX。

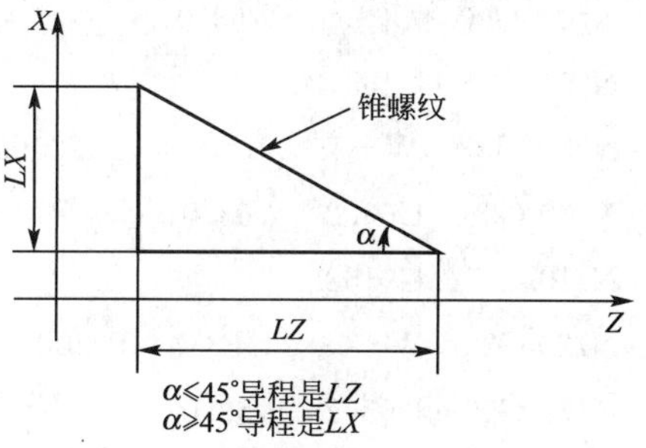

图 9-10　圆锥螺纹 *LZ/LX* 的说明

（3）锥螺纹设计上多数没有退刀槽，在螺纹车削的程序编制中，降速退刀段 $L2$ 应考虑选取较大的数值。

（4）R 数值的计算应当注意包括 $L1$、$L2$ 在内，且计算准确。

2. 多线螺纹切削指令(G33)

在各类机械零件中，为零部件的拆卸方便或改变传动零件的传动比，多线螺纹成为了比较常见的螺纹形式之一。除了 G32 螺纹切削指令外，数控系统还配置了直接用于多线螺纹切削的指令 G33。

（1）指令书写格式：

G33　X __（U）　Z __（W）　F __　P __；

其中，X、Z：绝对值编程时，螺纹切削终点的工件坐标值；

U、W：增量值编程时，螺纹切削终点相对于起点的增量坐标值；

F：轴向导程。

P：螺纹头数和起始角，为非模态值，每次使用必须指定。

（2）编程实例。如图 9-11 所示为多头螺纹切削指令应用示意图，刀具从循环起点开始按矩形循环。

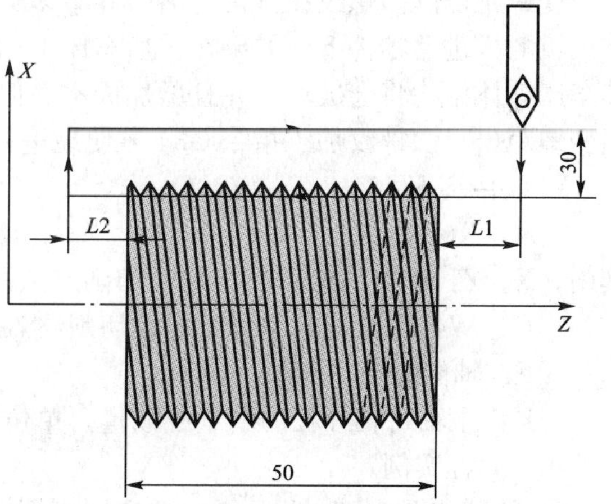

图 9-11　多头螺纹切削指令应用示意图

图 9-11 中，设该零件导程为 9mm，线数为 3 线，$L1$＝8mm、$L2$＝5mm，切削深度为 1.6mm。采用 G33 多线螺纹指令编程，只编写最后精加工一刀程序，程序见表 9-4。

表 9-4　多头螺纹加工程序

程　序	说　明
……	
N50　G00　U－63.2；	
N60　G33　W－63.0　F3.0　P0；	螺纹第一头

（续）

程　　序	说　　明
N70　G00　U63.2　W63.0；	
N80　　　U−63.2；	
N90　G33　W−63.0　F3.0　P120000；	螺纹第二头
N100 G00　U63.2　W63.0；	
N110　　　U−63.2；	
N120 G33　W−63.0　F3.0　P240000；	螺纹第三头
N130 G00　U63.2　W63.0；	
……	

注意：

（1）多头螺纹的导程一般较大，为避免伺服系统的滞后效应对螺距精度的影响，螺纹的升降速段应取较大的值。

（2）选取较低的主轴转速，防止主轴编码器出现过冲现象。

（3）注意选择适合螺纹螺旋升角的刀具，避免刀具后角与工件发生干涉。

3. 变螺距螺纹切削指令(G34)

变螺距(导程)螺纹在日常生活中并不多见，但是在专用设备上却经常见到，如在墙体挤出机的推进器零件上。如果在普通车床上加工变导程螺纹，必须对车床进行改装，因此其车床整体结构将会破坏，并且增加成本。但是，在数控车床上加工就方便多了，可以利用变螺距(导程)螺纹加工指令 G34 方便地进行加工。

（1）指令书写格式：

G34　X(U)__　Z(W)__ F__ K__；

其中，X、Z：绝对值编程时，螺纹切削终点的工件坐标值；

U、W：增量值编程时，螺纹切削终点相对于起点的增量坐标值；

F：轴向螺距(导程)；

K：主轴每转导程的增量或减量，单位为 mm/r；

（2）编程实例。

① 编制如图 9－12 所示零件的变螺矩螺纹加工程序。

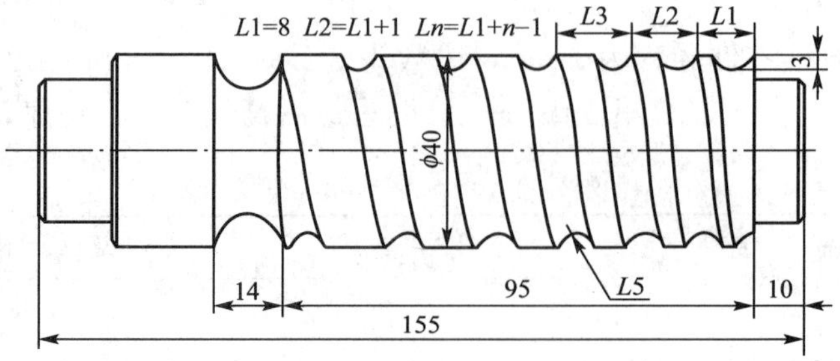

图 9－12　变螺距螺杆零件图

应用 G34 指令编制加工程序，见表 9－5。加工后的零件如图 9－13 所示。

表 9-5　变螺矩螺纹加工程序

程　　序	说　　明
O0001；	
N10　T0101 S100 M03；	调用1号球头车刀(R=5)及1号刀具补偿
N20　G00 X60.0 Z3.0 M08；	快速接近螺纹车削起始点
N30　G01 X36.0 F0.3；	
N40　G34 Z−114.0 F6.0 K1.0；	第一刀
N50　G00 X60.0；	
N60　Z3.0；	
N70　X34.0；	
N80　G34 Z−114.0 F6.0 K1.0；	第二刀
N90　G00 X100.0 Z100.0　M09；	快速退刀
N100　M05；	主轴停
N110　M30；	程序结束并返回程序开始

注意：

(1) G34为单指令段切削，需用其他指令返回起始点，进行下一次的切削。

(2) 螺距增减并不使螺旋槽的宽度增减，须在该指令的应用上注意。

(3) G34指令可用于切削圆锥变螺矩螺纹，利用轴向分头法还可用于加工多头变螺矩螺纹。

图 9-13　变螺矩螺纹实体图

② 编制如图9-14所示的零件左端螺纹的加工程序，程序见表9-6。加工后的零件如图9-15所示。

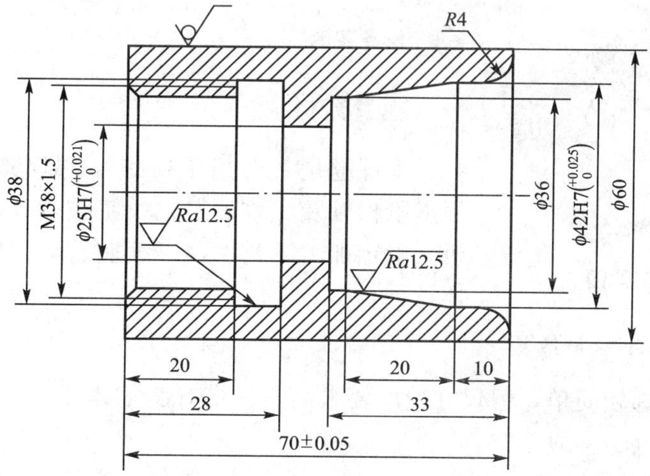

图 9-14　轴套零件图

表 9-6 零件左端螺纹加工程序(G33)

程　　序	说　　明
N10 T0101 S100 M04;	1 号 60°内螺纹刀($L=3$)1 号刀具，启动主轴
N20 G00 X28.0 Z8.0;	快速接近工件
N30 G01 X34.0 F300;	
N40 G33 Z−26.0 F6.0 P0;	螺纹车削第一头第一刀
N50 G01 X28.0 F300;	
N60 G00 Z8.0;	
N70 G01 X34.0 F300;	
N80 G33 Z−26.0 F6.0 P180000;	第二头第一刀
N90 G01 X28.0 F300;	
N100 G00 Z8.0;	
N110 G01 X32.6 F300;	
N120 G33 Z−26.0 F6.0 P0;	第一头第二刀
N130 G01 X28.0 F300;	
N140 G00 Z8.0;	
N150 G01 X32.6 F300;	
N160 G33 Z−26.0 F6.0 P180000;	第二头第二刀
N170 G01 X28.0 F300;	
N180 G00 Z8.0;	
N190 G00 X100.0 Z100.0 T0100;	快速返回换刀点，取消 1 号刀具补偿
N200 M05;	主轴停
N210 M02;	程序结束

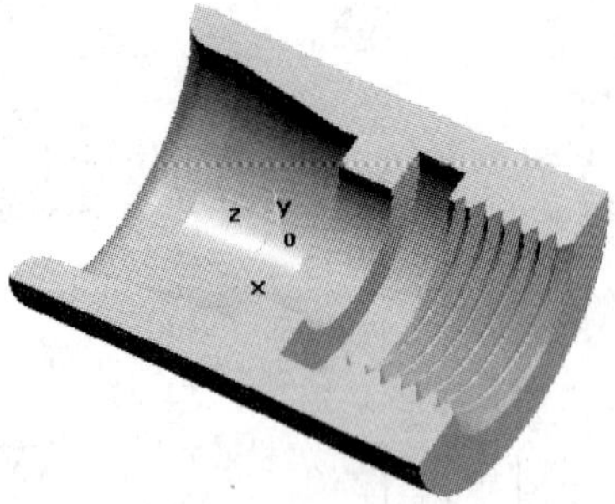

图 9-15 实体图

任务实施

一、工艺分析

本课题是一个简单带螺纹的阶梯轴类零件的加工，根据阶梯轴及螺纹加工的关键技术，对零件图形进行分析，确定加工工艺、程序编制、车刀的安装和车床的操作过程。

1. 分析零件的外形和结构

该零件外形轮廓较简单，但尺寸精度要求高，且带有三角螺纹。

2. 加工工艺分析

(1) 编程原点的确定：在工件右端面与轴线的交点处。

(2) 制定加工路线：加工端面→粗车直径 ϕ28mm 外圆及螺纹外圆→精车倒角→精车

直径 ϕ28mm 外圆至尺寸→精车倒角→精车 M34×1.5 螺纹外圆→切削 M34mm×1.5mm 螺纹至尺寸。

3. 工件的定位与装夹

工件的定位与装夹：采用三爪自定心卡盘，装夹示意图如图 9－16 所示。

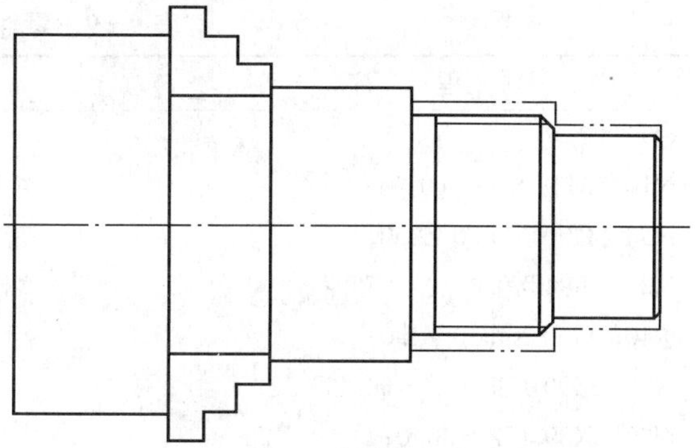

图 9－16　装夹示意图

二、填写工艺卡片

1. 确定加工工艺

填写数控加工工艺卡，见表 9－7。

表 9－7　数控加工工艺卡

工序	名称	工艺要求		工作者	备注
1	下料	ϕ45mm×150mm			
2	数控车	工步	工步内容	刀具号	
		1	车端面	T01	
		2	粗车 M34×1.5 螺纹外圆	T01	
		3	粗车 ϕ28mm 外圆	T01	
		4	倒角	T02	
		5	精车 ϕ28mm 外圆	T02	
		6	倒角	T02	
		7	精车 M34mm×1.5mm 螺纹外圆	T02	
		8	车削 M34mm×1.5mm 螺纹	T03	
3	检验				

2. 切削用量及刀具选择

切削用量及刀具选择见表 9－8。

表 9－8　切削用量及刀具选择

刀具号	刀具规格名称	数量	加工内容	主轴转速 /(r/min)	进给速度 /(mm/r)	备注
T01	90°外圆粗车刀	1	车端面、外圆	500	0.2	
T02	90°外圆精车刀	1	精车工件外轮廓	800	0.1	
T03	三角螺纹车刀	1	车螺纹	500	1.5	

三、编写加工程序

加工如图 9－2 所示零件的程序见表 9－9。

表 9-9　零件加工程序

程　　序	说　　明
O0001；	
N10　M03 S500 T0101；	主轴正转，转速 500r/min，选 1 号刀及 1 号刀补
N20　G00 X35.0 Z2.0；	车端面定刀
N30　G94 X0.0 Z0.0 F0.2；	端面循环车削
N40　G00 X45.0 Z2.0；	粗车定刀
N50　G90 X35.0 Z－60.0F0.2；	粗车循环
N60　X39.0 Z－30.0；	
N70　G00 X100.0 Z100.0；	快速退刀
N80　T0202 S800；	换 2 号刀及 2 号刀补，准备精车
N90　G00 X50.0 Z5.0；	快速定刀
N100　G00 X26.0；	
N110　G01 Z0.0 F0.1；	精车起刀点
N120　X28.0 Z－1.0；	倒角
N130　Z－30.0；	精加工 ϕ30mm 外圆
N140　X31.0；	退刀
N150　X33.8 W－1.5；	
N160　Z－60.0；	精加工 ϕ36mm 外圆
N170　X45.0；	退刀
N180　G00 X100.0 Z100.0；	快速退刀
N190　T0303 S500；	换 3 号刀及 3 号刀补，准备车螺纹
N200　G00 X35.0 Z－25.0；	快速定刀
N210　X33.0；	进刀
N220　G32 Z－55.0　F1.5；	螺纹车削
N230　G00　X35.0；	X 轴退刀
N240　Z－25.0；	快速退 Z 轴
N250　X32.5；	第二次进刀
N260　G32　Z－55.0 F1.5；	螺纹车削
N270　G00　X35.0；	X 轴退刀
N280　Z－25.0；	快速退 Z 轴
N290　X32.05；	第三次进刀
N300　G32　Z－55.0　F1.5；	车螺纹
N310　G00　X35.0　；	X 轴退刀
N320　G00 X100.0 Z100.0；	快速退刀
N330　M30；	程序停止并返回程序开始

四、螺纹加工质量分析

螺纹加工中经常遇到的加工和质量问题有多种情况，问题现象、产生原因、可以采取的预防和消除措施见表 9-10。

表 9－10　螺纹加工质量分析

问题现象	产生原因	预防和消除
切削过程出现振动	1. 工件装夹不正确 2. 刀具安装不正确 3. 切削参数不正确	1. 检查工件安装，增加安装刚性 2. 调整刀具安装位置 3. 提高或降低切削速度
螺纹牙顶呈刀口状 	1. 刀具角度选择错误 2. 螺纹外径尺寸过大 3. 螺纹切削过深	1. 选择正确的刀具 2. 检查并选择合适的工件外径尺寸 3. 减小螺纹背吃刀量
螺纹牙型过平 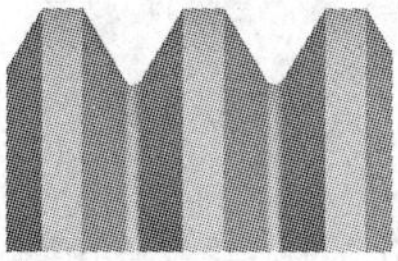	1. 刀具中心错误 2. 螺纹背吃刀量不够 3. 刀具牙型角度过小 4. 螺纹外径尺寸过小	1. 选择合适的刀具 2. 调整刀具中心的高度 3. 计算并增加背吃刀量 4. 检查并选择合适的工件外径尺寸
螺纹牙型底部圆弧过大 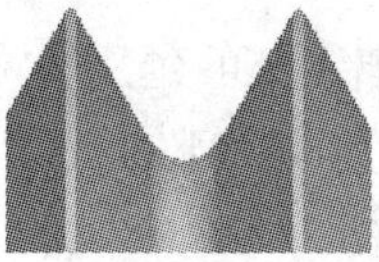	1. 刀具选择错误 2. 刀具磨损严重	1. 选择正确的刀具 2. 重新刃磨或更换刀片
螺纹牙型底部过宽 	1. 刀具选择错误 2. 刀具磨损严重 3. 螺纹有乱牙现象	1. 选择正确的刀具 2. 重新刃磨或更换刀片 3. 检查加工程序中有无导致乱牙的原因 4. 检查主轴脉冲编码器是否松动、损坏 5. 检查 Z 轴丝杠是否有窜动现象
螺纹牙型半角不正确 	刀具安装角度不正确	调整刀具安装角度
螺纹表面质量差	1. 切削速度过低 2. 刀具中心点过高 3. 切削控制较差 4. 刀尖产生积屑瘤 5. 切削液选用不合理	1. 调高主轴转速 2. 调整刀具中心高度 3. 选择合理的进刀方式及背吃刀量 4. 选择合适的切削液并充分喷注
螺距误差	1. 伺服系统滞后效应 2. 加工程序不正确	1. 增加螺纹切削升降速段的长度 2. 检查修改加工程序

任务二　螺纹循环切削

教学目标

◇ 掌握复合循环编程指令应用
◇ 掌握数控程序手工编辑

能力目标

◇ 熟练对复杂螺纹进行工艺分析
◇ 合理选用不同循环指令进行相应编程
◇ 熟练加工各种复杂螺纹零件

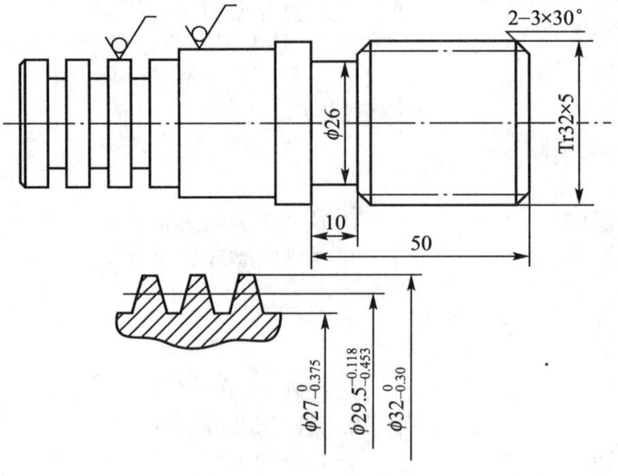

图 9－17　零件图

任务描述

如图 9－17 所示的带梯形螺纹的轴类零件图，编制该零件的加工程序并进行练习加工。毛坯采用尺寸为 ϕ45mm×150mm 棒料(可延用上一模块练习用料)，材料为 45 钢。

任务分析

该零件加工部位主要包括端面、倒角、外圆和螺纹。梯形螺纹对螺距、表面质量及螺纹中径精度要求均较高，而且梯形螺纹的截面尺寸较大，采用直进法切削很容易出现扎刀现象。在螺纹加工指令中采用斜进法和左右借刀法车削，是避免扎刀的有效手段。

相关知识

当零件的螺纹螺距较大时，加工余量就会随之增大，螺纹加工就需要多次重复同一路径循环加工，才能去除全部余量。这样会造成程序内存较大，为了简化编程，数控系统同样提供了不同形式的固定循环功能，以缩短程序的长度，减少程序所占内存，使程序得以简化。

为了简化编程，螺纹加工也可以用螺纹切削循环(G92)指令编程。

一、 螺纹切削固定循环(G92)

(1) 指令书写格式：

G92　X(U)____ Z(W)____ R____ F____；

其中，X、Z：绝对值编程时，螺纹切削终点的坐标值；

U、W：增量值编程时，螺纹切削终点相对于起点的增量坐标值；

R：螺纹起点与终点的半径差，直螺纹时 R 为 0，可省略；

F：轴向导程。

（2）直螺纹 G92 加工编程示意图如图 9－18 所示。

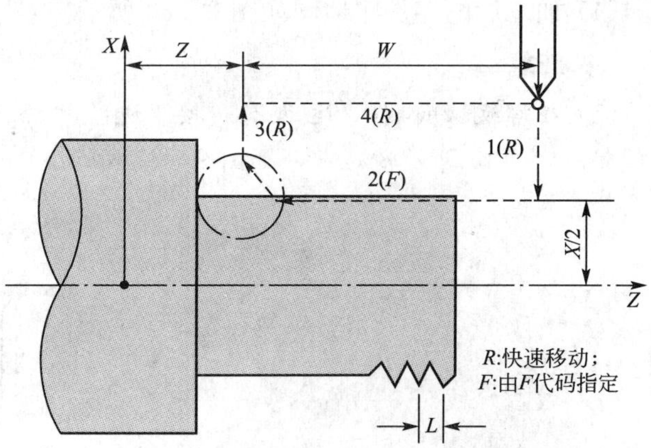

图 9－18　直螺纹 G92 编程

在增量编程中，U 和 W 地址后的数值的符号取决于轨迹 1 和 2 的方向。也就是说，如果轨迹 1 的方向沿 X 轴是负值，U 也是负值。螺纹范围、主轴速度限制等，都与 G32（螺纹切削）相同。螺纹倒角能在此螺纹切削中实现，从机床传来的信号启动倒角开始。倒角距离在 0.1～12.7L 之间指定，指定单位为 0.1L，由参数号 5130 决定。由于伺服系统的延迟，螺纹收尾的角度＜45°（在上面的表示中，螺距是 L）。

在单程序段工作方式中，1、2、3、4 的切削过程必须一次次地按下循环启动按钮。

（3）编程实例。如图 9－19 所示为定位螺栓零件图，编制的零件加工程序见表 9－11。

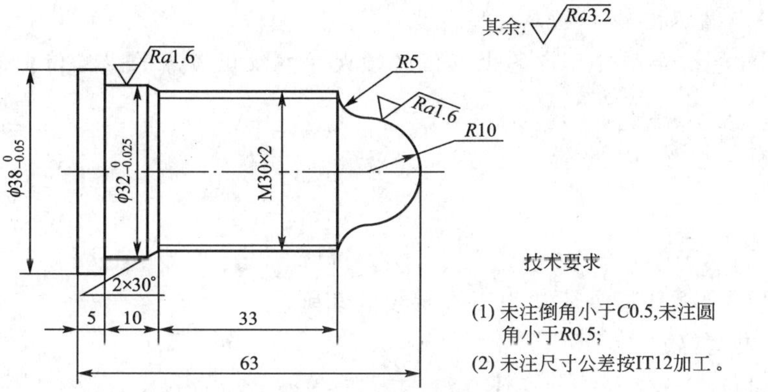

图 9－19　定位螺栓零件图

表 9－11　应用 G92 指令编制螺纹加工程序

程　　序	说　　明
O0001；	
N10　T0101 S500 M04；	调用 1 号 60°螺纹刀（L＝2）及 1 号刀具补偿启动主轴
N20　G00 X40.0 Z5.0；	快速接近工件
N30　G92 X29.0 Z－47.0 F2.0；	螺纹车削
N40　X28.2；	X 向快速退刀
N50　X27.6；	快速返回 Z 向起点
N60　X27.5；	第二次切入 0.8mm
N70　X27.4；	螺纹车削
N80　G00 X100.0 Z100.0 T0100；	快速返回换刀点，取消 1 号刀具补偿
N90　M05；	主轴停
N100　M30；	程序结束并返回程序开始

(4) 加工后的零件实体图如图 9－20 所示。

注意：

(1) 在螺纹切削期间(运动 2)，按下进给暂停按钮时，刀具立即按斜线回退，先回到 X 轴起点，再回到 Z 轴起点，如图 9－21 所示。

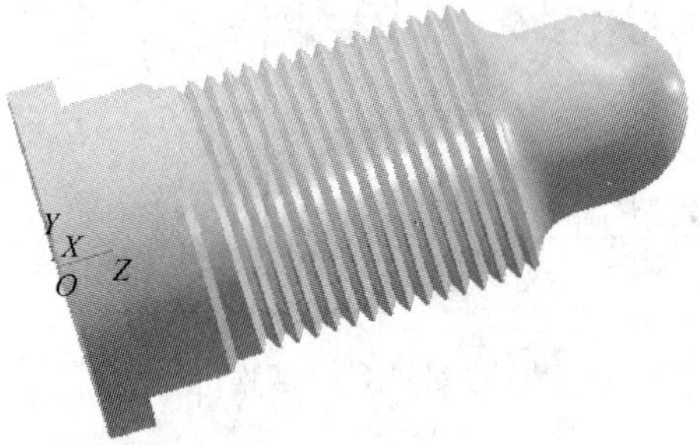

图 9－20 零件实体图

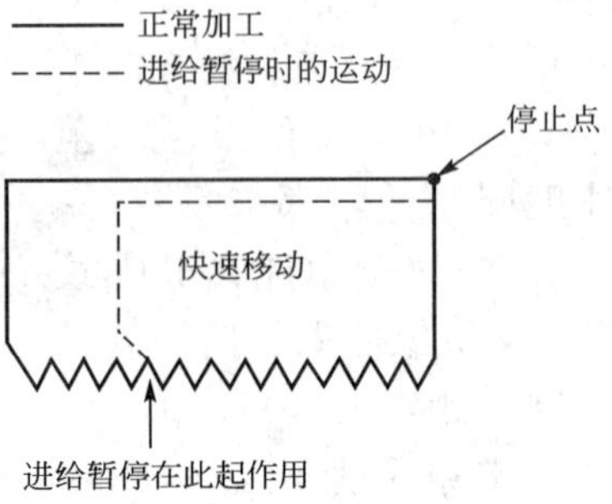

图 9－21 螺纹切削循环期间暂停退刀示意图

在回退期间，不能进行另外的进给暂停。倒角量与终点处的倒角量相同。

通过以上的认识，可以得出这样的结论：加工图 9－19 所示螺纹件较为实用、高效的是螺纹切削固定循环指令(G92)。

(2) G92 外螺纹车削起始点的坐标值必须大于螺纹退刀点的坐标值。例如：

```
G00 X40.0 Z5.0；(起始点)
G92 X30.0 Z- 30.0(退刀点)R- 5. 0 F2.0；
```

二、用 G92 加工锥螺纹

螺纹切削固定循环指令还常用于锥螺纹的切削。

(1) 指定书写格式：

G92　X(U)____Z(W)______R______F____；

其中，R：圆锥螺纹起点和终点的半径差，加工圆柱螺纹时为零，可省略。其余各项指定与直螺纹切削指令相同。

(2) 锥螺纹 G92 加工编程示意图如图 9－22 所示。

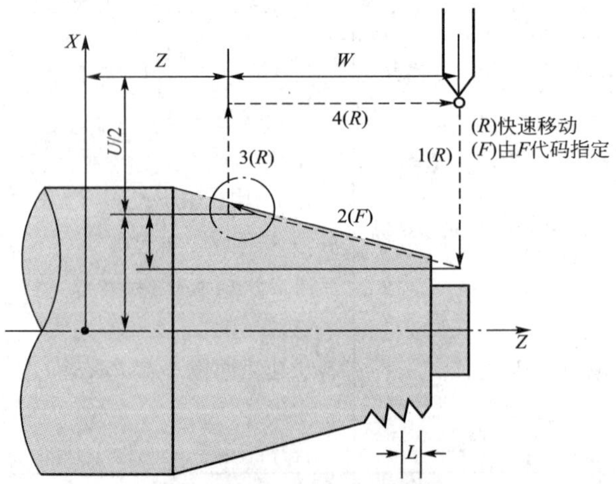

图 9－22 G92 加工锥螺纹

(3) 编程实例。加工如图 9－23 所示的定位螺栓零件，编制的零件加工程序见表 9－12。

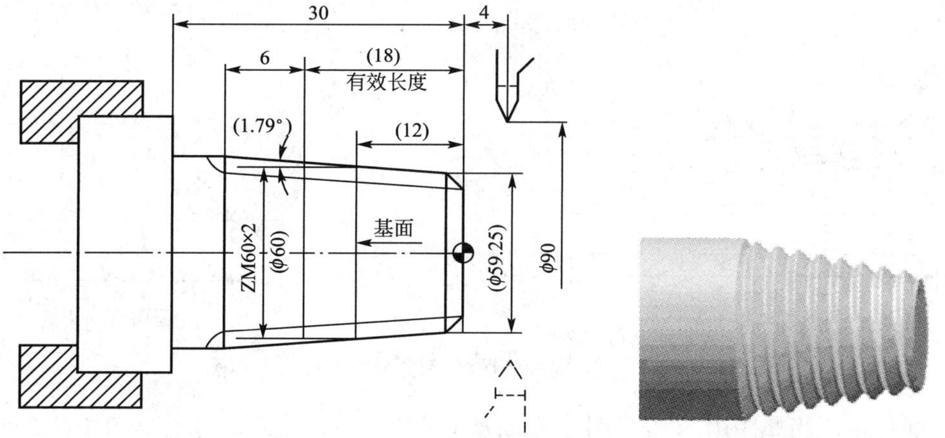

(a) 零件图　　(b) 实体图

图 9－23　螺栓零件图

表 9－12　应用 G92 指令编制锥螺纹加工程序

程　　序	说　　明
O0001;	
N10　T0101 S500 M04;	调用 1 号 60°螺纹刀($L=2$)及 1 号刀具补偿
N20　G00 X40.0 Z5.0;	快速接近工件
N30　G92 X29.0 Z－47.0F2.0;	螺纹车削
N40　X28.2;	X 向快速退刀
N50　X27.6;	快速返回 Z 向起点
N60　X27.5;	第二次切入 0.8mm
N70　X27.4;	螺纹车削
N80　G00 X100.0 Z100.0 T0100;	快速返回换刀点，取消 1 号刀具补偿
N90　M05;	主轴停
N100　M02;	程序结束

三、 多重复合螺纹切削指令(G76)

在螺纹加工指令中实现斜进法和分层切削法进刀，是避免扎刀现象的有效手段。多重复合螺纹切削指令(G76)中就可以很好地实现这一功能，现在我们讨论该指令的格式和应用，并利用多重复合螺纹切削指令(G76)实现图示梯形螺纹的加工程序编制。图 9－24 为该指令的循环路线和进刀方式示意图。

(1) 指令书写格式：

G76 P $\underline{(m)(r)(a)}$Q $\underline{(\Delta d_{min})}$ R $\underline{(d)}$;

G76 X(U)__ Z(W)__ R $\underline{(i)}$P $\underline{(K)}$Q $\underline{(\Delta d)}$F $\underline{(L)}$;

其中，m：精加工重复次数(1～99)，该值是模态的，可用 5142 号参数设定，由程序指令改变；

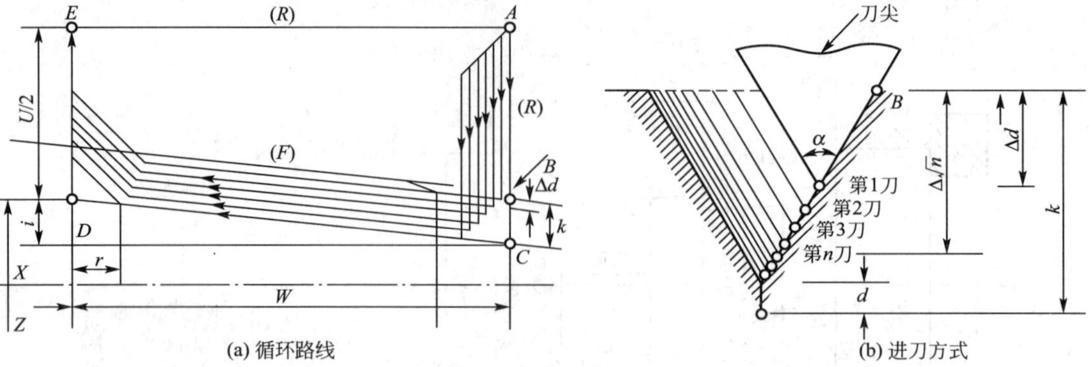

图 9-24　G76 指令的循环路线和进刀方式示意图

r：倒角量，当螺距由 L 表示时，可以从 0.01～9.9L 设定，单位为 0.01L(两位数从 00 到 99)，该值是模态的，可用 5130 号参数设定，由程序指令改变；

a：刀尖角度可以选择 80°、60°、55°、30°、29°和 0°这 6 种中的一种，由两位数规定，该值是模态的，可用 5143 号参数设定，用程序指令改变，m、r 和 a 用地址 P 同时指定，例如，

当 $m=2$，$r=1.2L$，$a=60$ 时，指定如下(L 是螺距)：

$$\mathrm{P}\,\underset{m}{\underline{02}}\;\underset{r}{\underline{12}}\;\underset{a}{\underline{60}}$$

Δd_{min}：最小背吃刀量(用半径值指定)，当一次循环运行的背吃刀量小于此值时，背吃刀量执行此值，该值是模态的，可用 5140 号参数设定，用程序指令改变；

d：精加工余量，该值是模态的，可用 5141 号参数设定，用程序指令改变；

i：螺纹半径差，如果 $i=0$，可以进行普通直螺纹切削；

K：螺纹高，这个值用半径值规定；

Δd：第一刀背吃刀量(半径值)；

L：螺距(同 G32)。

(2) 编程实例。根据图 9-25 所示零件图，编制其梯形螺纹加工程序。

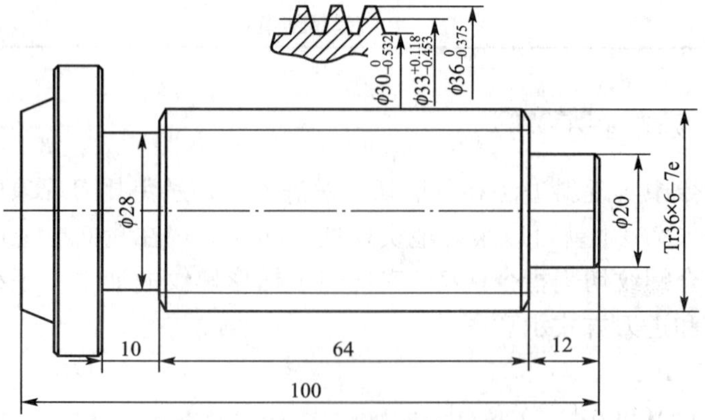

图 9-25　梯形螺纹零件图

用指令加工梯形螺纹的程序编制见表 9－13。精加工次数为 2，斜向退刀量取 10，实际退刀量为一个导程，刀尖角 30°，最小背吃刀量取 0.02mm，精加工余量 0.1mm，螺纹半径差为 0，牙型高度计算为 3.5mm，第一次的背吃刀量为 0.7mm，导程即螺距为 6mm，螺纹小径为 29.0mm，螺纹终点坐标(29.0，－81.0)。

表 9－13　梯形螺纹加工程序

程　　序	说　　明
O0001；	
N10　T0101 S100 M04；	调用 1 号 30°T 形螺纹刀(L＝6)及 1 号刀具补偿启动主轴
N20　G00 X60.0 Z12.0 M08；	快速接近螺纹车削起始点
N30　G76 P021030 Q20 R100；	多重复合螺纹循环
N40　G76 X29.0 Z—81.0 P3500 Q700 F6.0；	
N190　G00 X100.0 Z100.0　M09；	快速返回换刀点
N200　M05；	主轴停
N210　M02；	程序结束

(3) 加工后的零件实体图如图 9－26 所示。

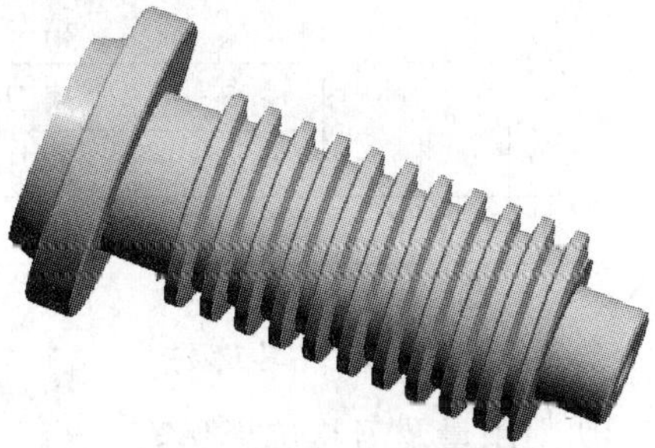

图 9－26　梯形螺纹实体图

注意：

(1) 斜进法进刀方式适用于中小螺距的三角形或梯形螺纹的加工，不适合加工截面尺寸过大的螺纹。

(2) 加工时要选择与螺纹界面形状相同、角度一致的螺纹刀具。

(3) 由于该指令较为复杂，不易记忆，应用时须参阅编程说明书，防止程序出错。简单螺纹的加工可采用其他螺纹循环指令。

任务实施

一、工艺分析

本课题针对带梯形螺纹的轴类零件的加工，根据轴类零件及螺纹加工的关键技术，对零件图形进行分析，确定加工工艺、程序编制、车刀的安装和车床的操作过程。

1. 分析零件的外形和结构

该零件外形轮廓简单，但螺纹加工精度和要求较高。

2. 加工工艺分析

(1) 编程原点的确定：在工件右端面与轴线的交点处。

(2) 制定加工路线：加工端面→粗车直径 Tr32mm×5mm 螺纹外圆→精车倒角→精车

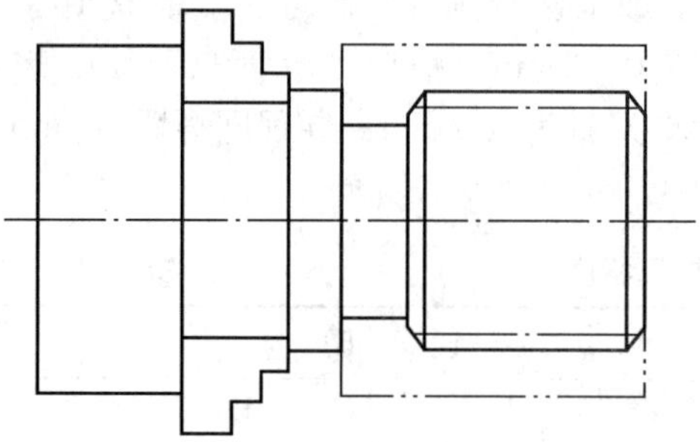

图 9-27 装夹示意图

Tr32mm 螺纹外圆至尺寸→切螺纹退刀槽→车削 Tr32mm×5mm 螺纹至尺寸。

3. 工件的定位与装夹

工件的定位与装夹：采用三爪自定心卡盘，装夹示意图如图 9-27 所示。

二、 填写工艺卡片

1. 确定加工工艺

填写数控加工工艺卡，见表 9-14。

表 9-14 数控加工工艺卡

工序	名称	工艺要求		工作者	备注
1	下料	ϕ45mm×150mm			
2	数控车	工步	工步内容	刀具号	
		1	车端面	T01	
		2	粗 Tr32mm×5mm 螺纹外圆	T01	
		3	倒角	T01	
		4	精车 Tr32mm×5mm 螺纹外圆	T01	
		5	换刀，车螺纹退刀槽	T02	
		6	换刀，车削 Tr32mm×5mm 螺纹	T03	
3	检验				

2. 切削用量及刀具选择

切削用量及刀具选择见表 9-15。

表 9-15 切削用量及刀具选择

刀具号	刀具规格名称	数量	加工内容	主轴转速 /(r/min)	进给速度 /(mm/r)	备注
T01	90°外圆粗、精车刀	1	车端面、外圆	600	0.2/0.1	
T02	切槽刀(刀宽 4mm)	1	车螺纹退刀槽	400	0.1	
T03	梯形螺纹车刀	1	车螺纹	100	5.0	

三、 编写加工程序

加工图 9-17 所示零件的程序见表 9-16。

表 9-16 零件加工程序

程　　序	说　　明
O0001；	
N10　M03 S500 T0101；	主轴正转，转速 500r/min，选 1 号刀及 1 号刀补
N20　G00 X35.0 Z2.0；	车端面定刀

（续）

程　　序	说　　明
N30　G94 X0.0 Z0.0 F0.2；	端面循环车削
N40　G00 X45.0 Z2.0；	粗车定刀
N50　G90 X33.0 Z—50.0 F0.2；	粗车循环
N60　　X31.80 Z—50.0；	
N70　G00 X100.0 Z100.0；	快速退刀
N80　T0202 S800；	换 2 号刀及 2 号刀补，准备车槽
N90　G00 X50.0 Z5.0；	快速定刀
N100　G00 X36.0 Z—44.0；	车槽起刀点
N110　G94 X26.0 W0.0 F0.1；	单一循环切槽
N120　　W—3.0；	
N130　　W—6.0；	
N140　G00 X100.0 Z100.0；	快速退刀
N150　T0303 S100；	换 3 号刀及 3 号刀补，准备车螺纹
N160　G00 X35.0 Z10.0；	快速定刀
N170　G76 P021030 Q20 R100； N180　G76　X26.0　Z — 45.0　P3000 Q500 F5.0；	多重复合螺纹循环
N190　G00 X100.0 Z100.0；	快速退刀
N200　M30；	程序停止并返回程序开始

练　习　题

1. 为什么车螺纹要设置升、降速段？
2. 常见的螺纹加工缺陷有哪些？
3. 试用固定螺纹循环编制图 9 - 28 中螺纹的加工程序。
4. 试用复合螺纹循环编制图 9 - 29 中螺纹的加工程序。

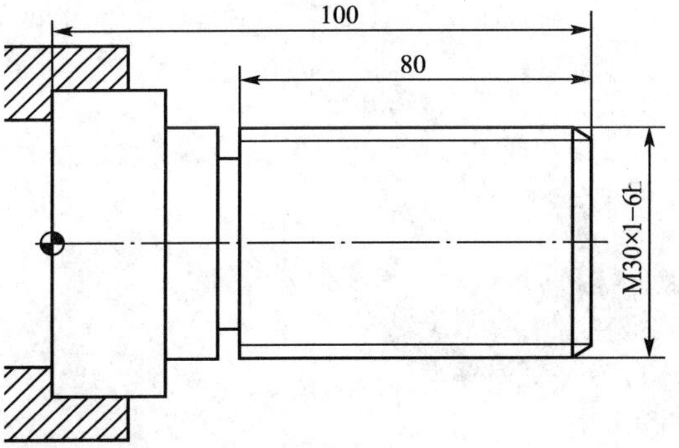

图 9 - 28　练习题 3 图

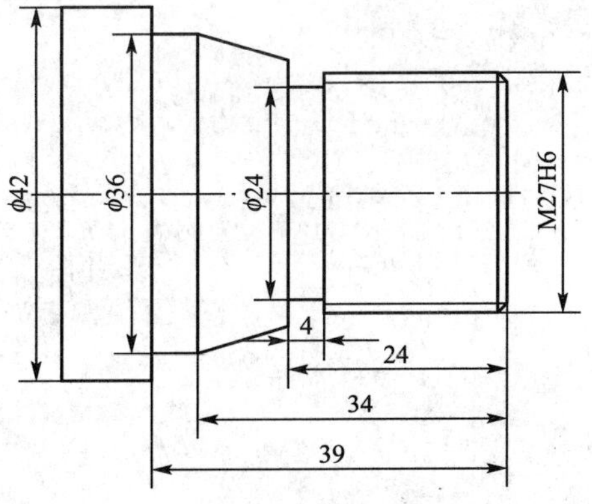

图 9 - 29　练习题 4 图

模块十

非圆曲线编程与加工

一般意义上所讲的数控指令代码功能都是固定的，它们由系统生产厂家开发，使用者按照指令格式编程。但遇到特殊结构的零件时，系统生产厂家提供的这些指令不能满足用户的要求。例如，一般数控系统只提供直线与圆弧插补功能，而加工椭圆、抛物线等形状的零件时无法满足用户的加工需要。如图 10－1 所示零件，该零件右端就是由椭圆曲面构成，要加工出合格的椭圆表面，就必须使用到用户宏程序功能。

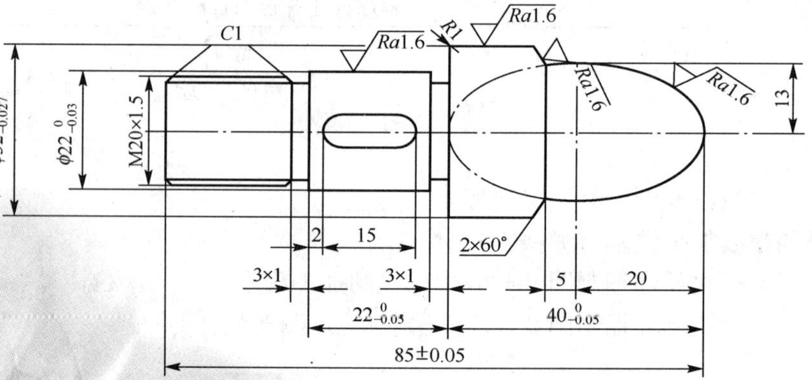

(a) 零件图

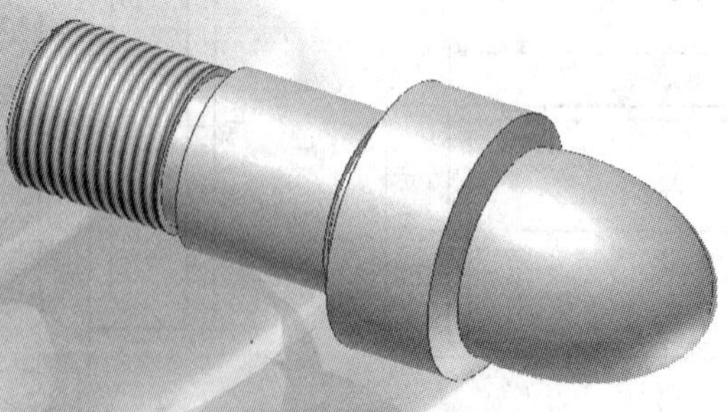

(b) 实体图

图 10－1　椭圆堵头

学习目标

◇ 掌握宏程序指令与变量、运算符的含义
◇ 掌握椭圆编程的特点与加工工艺分析
◇ 掌握宏程序调用方法
◇ 掌握常用宏语句的含义及编辑的方法

能力目标

◇ 合理使用宏程序指令完成椭圆加工
◇ 了解椭圆编程的特点并会进行加工工艺分析
◇ 熟练对抛物线等各种非圆曲线进行编程加工
◇ 正确进行误差分析并合理解决

任务描述

如图 10－2 所示的椭圆零件图，编制该零件的加工程序并进行练习加工。毛坯采用尺寸为 ϕ45mm×100mm 的棒料(可延用上一模块练习用料)，材料为 45 钢。

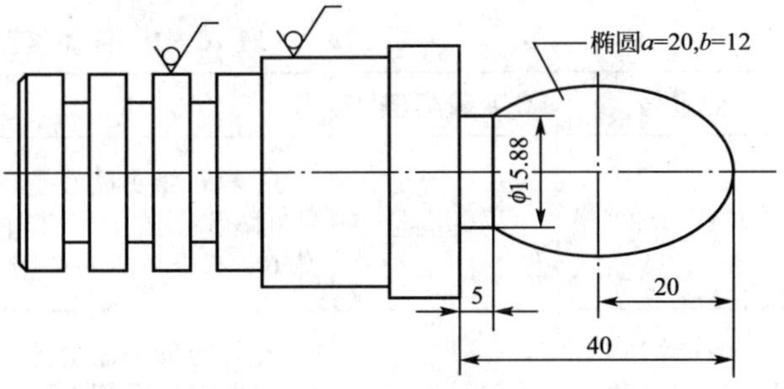

图 10－2　零件图

任务分析

如图 10－2 所示的椭圆零件，只加工右端椭圆部分，零件轮廓简单，如果用常规编程指令来编写加工程序，会导致编程难、计算烦琐、程序段多，如果采用宏程序来编写加工程序，就可以达到简化编程的效果。该零件宏程序可以直接编写在 G73 仿形循环指令中进行粗车，用 G70 指令完成精车即可。

相关知识

一、 宏程序概念

将一组命令所构成的功能，像子程序一样事先存入存储器中，用一个命令作为代表，执行时只需写出这个代表命令，就可以执行其功能。这一组命令称为用户宏主(本)体(或用户宏程序)，简称为用户宏(custom macro)指令，这个代表命令称为用户宏命令，也称为宏调用命令。用户宏程序功能有 A、B 两种类型，目前的数控系统一般采用 B 类宏程序，在编程加工中，它更方便、更实用，本模块主要介绍 B 类宏程序的基本使用方法。

使用时，操作者只需会使用用户宏命令即可，而不必记忆用户宏主(本)体。用户宏的最大特征有以下几个方面。

(1) 可以在用户宏主(本)体中使用变量。

(2) 可以进行变量之间的运算。

(3) 用户宏命令可以对变量进行赋值。

二、变量

用一个可赋值的代号代替具体的数值，这个代号就称为变量。使用用户宏时的主要方便之处在于可以用变量代替具体数值，因而在加工同一类的零件时，只需将实际的值赋予变量即可，而不需要对每一个零件都编一个程序。

1. 变量的表示

变量由变量符号“#”和变量号(阿拉伯数字)组成，如#1、#20等。变量也可由变量符号“#”和表达式组成，如#［#1+10］。

2. 变量的种类

按变量号码可将变量分为局部(local)变量、公共(common)变量、系统(system)变量，其用途和性质都是不同的，见表10-1。

表10-1　变量类型及功能

变量号	变量类型	功　　能
#1～#33	局部变量	所谓局部变量就是在用户宏中局部使用的变量。换句话说，在某一时刻调出的用户宏中所使用的局部变量#i和另一时刻调用的用户宏(也不论与前一个用户宏相同还是不同)中所使用的#i是不同的
#1～#149 #500～#531	公共变量	公共变量是在主程序及调用的子程序中通用的变量。例如，在某个用户宏中运算得到的公共变量的结果#i，可以用到别的用户宏中
#1000～	系统变量	系统变量是根据用途而被固定的变量，它的值决定系统的状态

3. 变量的引用

普通程序总是将一个具体的数值赋值给一个地址。例如：

```
G01 X100.0 F0.1;
```

用宏变量表示：

```
#1=100.0;
G01 X#1 F0.1;
```

二者执行的结果是相同的。

注意：

(1) 当在程序中定义变量时，小数点是可以省略的。例如，定义#1=100时，变量#1的值实际是100.0。

(2) 在程序中引用变量时，变量号必须放在地址符后边。例如：

```
#1=100.0;
G00 X#1;
```

执行的结果：

```
G00 X100.0
```

(3) 如需加入符号，要把符号放在“#”的前边。例如：

```
#1=100.0;
G00 X-#1;
```

执行的结果：

```
G00 X-100.0
```

(4) 当用表达式指定变量时，必须把表达式放入方括号内“[]”。例如：

```
G00 X[#1+10] Z30.0;
```

(5) 方括号“[]”也可用于改变运算的次序，同时允许嵌套使用，最多嵌套5层。例如：

```
#1=SIN[[[# 1+ 10]*# 2+#3]/#4];
```

三、运算符

FANUC 0i 系统运算符见表10-2。

表10-2　常用的运算符

定义	运算符	举例	定义	运算符	举例
等号	=	#i=#j	正切	TAN	#i=TAN [#j]
加法	+	#i=#j+#k	反正切	ATAN	#i=ATAN [#j]
减法	−	#i=#j−#k	平方根	SPART	#i=SPART [#j]
乘法	*	#i=#j*#k	绝对值	ABS	#i=ABS [#j]
除法	/	#i=#j/#k	舍入	ROUND	#i=ROUND [#j]
正弦	SIN	#i=SIN [#j]	上取整	FIX	#i=FIX [#j]
反正弦	ASIN	#i=ASIN [#j]	下取整	FUP	#i=FUP [#j]
余弦	COS	#i=COS [#j]	自然对数	LN	#i=LN [#j]
反余弦	ACOS	#i=ACOS [#j]	指数函数	EXP	#i=EXP [#j]
或运算	OR	#i=#j OR #k	十—二进制转换	BIN	#i=BIN [#j]
异或运算	XOR	#i=#j XOR #k	二—十进制转换	BCD	#i=BCD [#j]
与运算	AND	#i=#j AND #k			

四、语句

在程序中，如果有相同轨迹的指令，可通过语句改变程序的流向，让其反复循环运算执行，即可达到简化程序的目的。常用的控制指令有以下几种。

1. 无条件转移 (GOTO n)

例如：

```
N10  GOO X50.0 Z10.0;
N20  G01 X45.0 F0.2;
N30  G01 Z0.0;
N40  GOTO 20;
```

表示执行 N40 程序段时，程序无条件转移到 N20 程序段继续运行。

2. 条件语句(IF 语句)

```
IF[< 条件式> ]GOTO n(n= 顺序号)
```

＜条件式＞成立时，从顺序号为 *n* 的程序段以下执行；＜条件式＞不成立时，执行下一个程序段。

如果条件不满足

```
IF [#1 GT 50.0 ]GOTO 10;
GOO X50.0 Z10.0;
        ⋮
N10 G00 X100.0 Z100.0;
```

如果条件满足

该语句中的条件表达式必须包括运算符，这个运算符插在两个变量或一个变量和一个常量之间，并且要用方括号封闭，常用＜条件式＞运算符见表 10－3。

表 10－3　＜条件式＞运算符

符　　号	代　　号	示　　例
＝	EQ	＃1 EQ 10.0 ＃2 LE　100.0 ＃3 GE 30.0
≠	NE	
＞	GT	
＜	LT	
⩾	GE	
⩽	LE	

3. 循环语句(WHILE 语句)

```
WHILE[<条件式>]DO m (m=顺序号)
   ⋮
 END m
```

若＜条件式＞成立，则从“DO m”的程序段到“END m”的程序段重复执行；若＜条件式＞不成立，则从“END m”的下一个程序段执行。

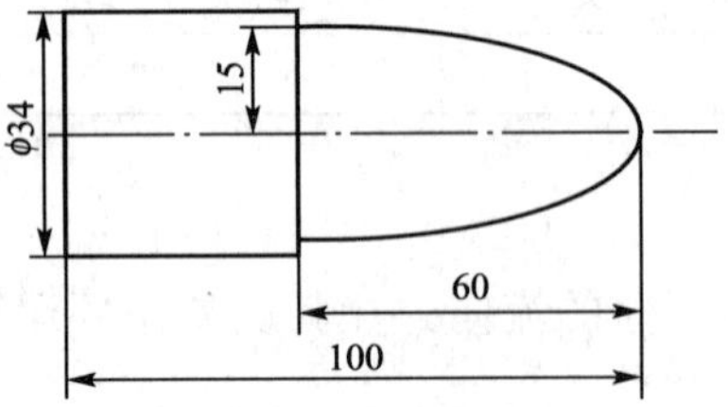

图 10－3　椭圆零件

五、编程实例

1. 椭圆零件加工

加工如图 10－3 所示的正弦曲线零件，程序见表 10－4。

表 10－4　椭圆零件精加工程序

程　　序	说　　明
O0001；	椭圆精加工程序
N10　M03 S1000 T0101；	主轴正转，选 1 号刀及 1 号刀补
N20　G00 X30.0 Z2.0；	快速定刀

（续）

程　　序	说　　明
N30　＃101＝60.0；	长半轴
N40　＃102＝15.0；	短半轴
N50　＃103＝60.0；	Z 轴起点至圆心尺寸
N60　IF［＃103 LT 0.0］GOTO 120；	判断 Z 轴是否走到终点，是则跳转至 N20 程序段
N70　＃104＝SQRT［＃101＊＃101－＃103＊＃103］；	椭圆方程
N80　＃105＝＃102＊＃104/＃101；	X 轴变量
N90　G01 X［2＊＃105］Z［＃103－60.0］F0.1；	椭圆插补
N100　＃103＝＃103－0.05；	Z 轴步距 0.05mm
N110　GOTO 60；	跳转至 N10 程序段
N120　G00 X100.0 Z2.0；	快速退刀
N130　M30；	程序结束并返回程序开始

加工后的零件实体图如图 10－4 所示。

2. 抛物线零件加工

加工如图 10－5 所示的抛物线零件，方程为 $Z=-\frac{1}{20}X^2$，抛物线的原点为工件坐标系统的原点，设刀尖在参考点上与工件系统原点的距离为 $X=400$mm，$Z=400$mm。采用线段逼近法编制程序，程序见表 10－5 和表 10－6。

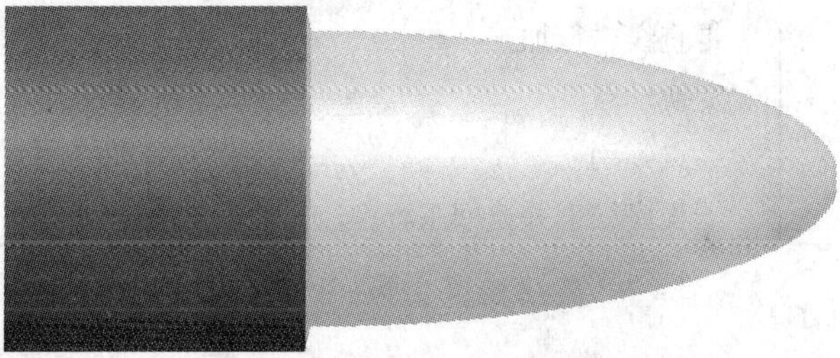

图 10－4　椭圆零件实体图

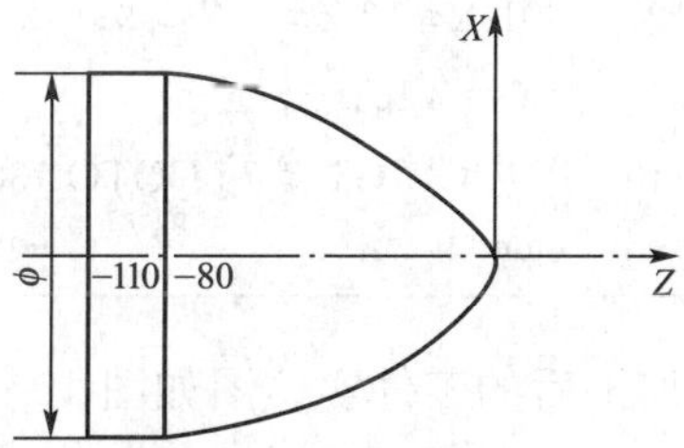

图 10－5　抛物线零件

1）实例分析

抛物线的原点为工件坐标系统的原点，设刀尖在参考点上与工件系统原点的距离为 $X=400$mm，$Z=400$mm，采用线段逼近法编制程序。

2）参考程序(表 10－5 和表 10－6)

表 10－5　抛物线零件加工主程序

程　　序	说　　明
O0001；	
N10　M03 T0101 S600；	主轴正转，选 1 号刀及 1 号刀补
N20　G00 X200.0 Z400.0；	快速定刀

(续)

程　　序	说　　明
N30　#50=400.0;	赋值加工余量
N40　M98 P0002;	调用子程序
N50　#50=#50-5.0;	吃刀深度5mm
N60　IF [#50 GE 1] GOTO 40;	精加工轮廓起始行
N70　#50=0;	终点判别
N80　M98 P0002;	调用子程序
N90　G00 X200.0 Z400.0;	快速退刀
N100　M30;	程序结束并返回程序开始

表 10-6　抛物线零件精加工子程序

程　　序	说　　明
O0002;	抛物线精加工程序
N110　G01 X0.0 F0.1;	精加工定刀
N120　#6=#8;	赋初始值
N130　#10=#6+#1;	加工步距(直径编程)
N140　#11=#10/#2;	求半径(方程中的 X)
N150　#15=#11*#11;	求半径的平方(方程中的 X^2)
N160　#20=#15/#3;	求 $X^2/20$
N170　#25=-#20;	求 $-X^2/20$
N180　#12=#11*#2;	求 $2X$(直径)
N190　G01 X#12 Z#25 F#9;	走直线进行加工
N200　#6=#10;	变换动点
N210　IF [#25 GT #7] GOTO 130;	终点判别
N220　M99;	子程序结束并返回主程序

加工后的零件实体图如图 10-6 所示。

3. 正弦曲线零件加工

加工如图 10-7 所示的正弦曲线零件，程序见表 10-7。

图 10-6　抛物线零件实体图

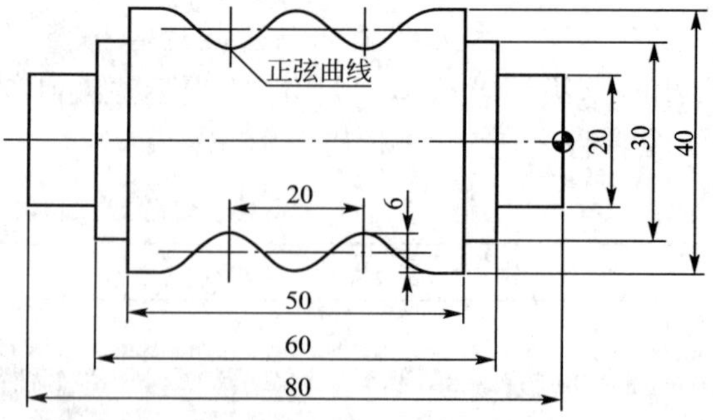

图 10-7　正弦曲线零件图

该零件是由两个周期的正弦曲线组成，总角度为 720°(－630°～90°)，将该曲线分成 1000 条线段，用直线段拟合该曲线，每段直线在 Z 轴方向的间距为 0.04mm，相对应正弦曲线的角度增加 720°/1000。根据公式，计算出曲线上每一线段终点的 X 坐标值，$X=34+6\sin\alpha$。

使用以下变量进行运算。

＃100：正弦曲线起始角；

＃101：正弦曲线终止角；

＃102：正弦曲线各点 X 轴坐标；

＃103：正弦曲线各点 Z 轴坐标。

表 10－7　正弦曲线零件加工程序

程　　序	说　　明
O0003；	
N10　M03 T0101 S600；	主轴正转，选 1 号刀及 1 号刀补
N20　G00 X45.0 Z10.0；	快速定刀
N30　X42.0 Z3.0；	快速移到循环起刀点
N40　G71 U1.0 R2.0；	外圆粗车复合循环
N50　G71 P60 Q120 U0.5 F0.3；	
N60　G00 X20.0；	精加工轮廓起始行
N70　G01 Z－10.0 F0.1；	精加工 ϕ20mm 外圆
N80　X30.0；	精加工端面
N90　Z－15.0；	精加工 ϕ30mm 外圆
N100　X40.0；	精加工端面
N110　Z－66.0；	精加工 ϕ40mm 外圆
N120　X43.0；	退刀
N130　G70 P60 Q120；	精加工循环指令
N140　G00 X43.0 Z5.0；	快速移到循环起刀点
N150　G73 U6.0 W0.0 R4；	X 轴粗加工余量为 6mm
N160　G73 P170 Q260 U0.5 F0.2；	X 轴精加工余量为 0.5mm
N170　G00 X42.0 Z－13.0；	精加工轮廓起始点
N180　＃100＝90.0；	起始角
N190　＃101＝－630.0；	终止角
N200　＃103＝－20.0；	Z 轴坐标初始值
N210　＃102＝34＋6 * SIN [＃100]；	X 轴坐标初始值
N220　G01 X＃102 Z＃103 F0.1；	曲线查补
N230　＃100＝＃100－0.72；	角度增量为－0.72°
N240　＃103＝＃103－0.04；	Z 轴坐标增量为－0.04
N250　IF [＃100GE＃101] GOTO 210；	循环跳转
N260　G00 X50.0；	退刀
N270　G70 P170 Q260；	精加工循环指令
N280　G00 X100.0 Z100.0；	快速退刀
N290　M30；	程序结束并返回程序开始

加工后的零件实体图如图 10－8 所示。

任务实施

一、 工艺分析

本课题主要针对带非圆曲线的零件的加工，根据非圆曲线零件加工的关键技术，对零件图形进行分析，确定加工工艺、程序编制、车刀的安装和车床的操作过程。

1. 分析零件的外形和结构

该零件外形轮廓简单，但椭圆表面属于非圆曲线，需采用宏程序编程加工。

2. 加工工艺分析

(1) 编程原点的确定：在工件右端面与轴线的交点处。

(2) 制定加工路线：加工端面→粗车椭圆表面至 ϕ26mm→宏程序循环车削椭圆及外圆尺寸 ϕ15.88mm 至尺寸。

3. 工件的定位与装夹

工件的定位与装夹：采用三爪自定心卡盘，装夹示意图如图 10－9 所示。

图 10－8　正弦曲线零件实体图

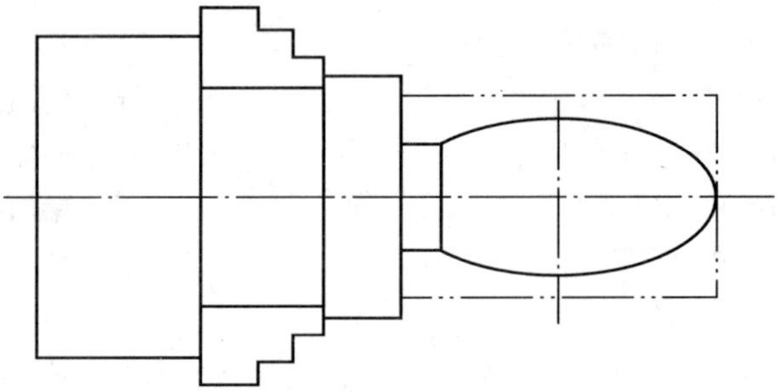

图 10－9　装夹示意图

二、 填写工艺卡片

1. 确定加工工艺

填写数控加工工艺卡，见表 10－8。

表 10－8　数控加工工艺卡

工序	名称	工艺要求		工作者	备注
1	下料	ϕ45mm×100mm			
2	数控车	工步	工步内容	刀具号	
		1	车端面	T01	
		2	粗椭圆外圆至 ϕ26mm	T02	
		3	循环车削椭圆及外圆至尺寸	T02	
3	检验				

2. 切削用量及刀具选择

切削用量及刀具选择见表 10-9。

表 10-9　切削用量及刀具选择

刀具号	刀具规格名称	数量	加工内容	主轴转速 /(r/min)	进给速度 /(mm/r)	备注
T01	90°外圆粗车刀	1	车端面、外圆	500	0.2	
T02	93°仿形车刀	1	车椭圆	800	0.1	

三、编写加工程序

加工图 10-2 所示零件的程序见表 10-10。

表 10-10　零件加工程序

程　序	说　明
O0001；	
N10　M03 S500 T0101；	主轴正转，选 1 号刀及 1 号刀补
N20　G00 X45.0 Z10.0；	快速定刀
N30　　X35.0 Z5.0；	循环起点
N40　G90 X29.0 Z—40.0 F0.2；	循环粗车椭圆及外圆
N50　　X26.0；	
N60　G00 X100.0 Z100.0；	快速退刀
N70　T0202 S800；	换 2 号刀及 2 号刀补
N80　G00 X45.0 Z5.0；	仿形循环起点
N90　G73 U13.0 W0.0 R6；	仿形循环指令
N100　G73 P80 Q220 U0.5 W0.0 F0.2；	
N110　G00 X30 Z2；	快速定刀
N120　#101=20.0；	长半轴
N130　#102=12.0；	短半轴
N140　#103=20.0；	Z 轴起点至圆心尺寸
N150　IF [#103 LT—15.0] GOTO 210；	判断 Z 轴是否走到终点，是则跳转至 N210 程序段
N160　#104=SQRT [#101 * #101— #103 * #103]；	椭圆方程
N170　#105=#102 * #104/#101；	X 轴变量
N180　G01 X [2 * #105] Z [#103—20.0] F0.1；	椭圆插补
N190　#103=#103—0.05；	Z 轴步距 0.05mm

（续）

程　　序	说　　明
N200　GOTO 150；	跳转至 N150 程序段
N210　G01 Z－40.0 F0.1；	车削 ϕ15.88mm 外圆
N220　　X35.0；	退刀
N230　G70 P80 Q220；	精车循环指令
N240　G00 X100.0 Z2.0；	快速退刀
N250　M30；	程序结束并返回程序开始

四、常见圆弧加工的问题

常见圆弧加工的问题、产生原因、预防和消除措施见表 10－11。

表 10－11　圆弧加工质量分析

问题现象	产生原因	预防和消除
尺寸超差	1. 刀具参数不正确 2. 刀具安装不正确 3. 测量不准确 4. 切削用量选择不当产生让刀	1. 正确编制程序 2. 正确安装刀具 3. 正确测量，合理选择量具 4. 合理选择切削用量
非圆曲线轮廓超差	1. 程序编制不正确 2. 宏程序编制时，间距值取得过大 3. 刀尖圆弧半径没有补偿 4. 工件尺寸计算错误	1. 正确编制程序 2. 减小步距值 3. 考虑刀尖圆弧半径补偿 4. 正确计算工件尺寸
表面粗糙度达不到要求	1. 宏程序编制时，间距值取得过大 2. 加工中产生振动和变形 3. 切削用量选择不当	1. 减小步距值 2. 增加安装刚度 3. 进给量不宜选择过大，合理选择精加工余量

练　习　题

1. 加工如图 10－10 所示的零件。

要求：(1) 编写出该零件的加工工艺。

(2) 编写出该零件的加工程序。

(3) 在数控机床上加工出来。

2. 加工如图 10－11 所示的零件。

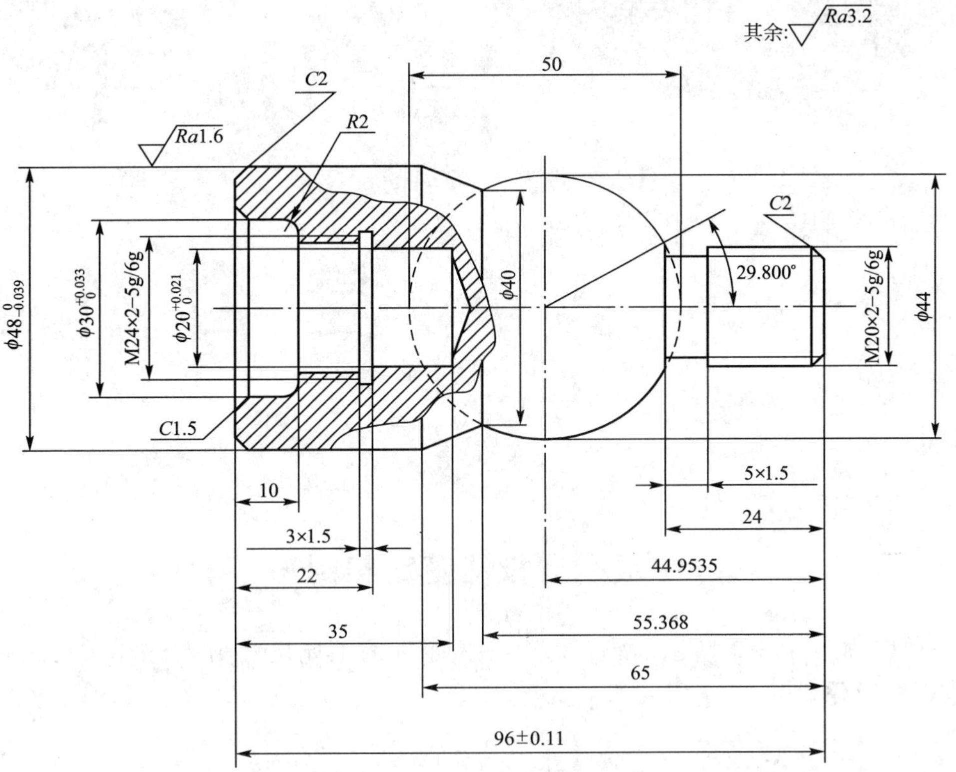

技术要求

(1) 孔口倒角:C2。

(2) 未注倒角:C0.5。

图 10-10　练习题 1 图

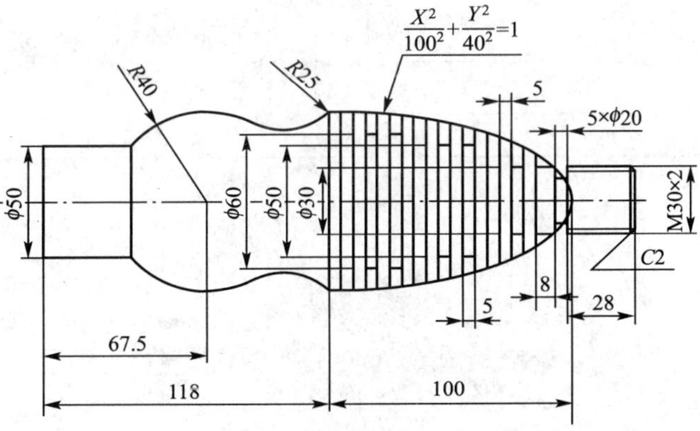

图 10-11　练习题 2 图

模块十一

复合作业

中级职业技能鉴定实例一

加工如图 11－1 所示的轴类零件，该零件的毛坯尺寸为 ϕ50mm×125mm，材料为 45 钢。

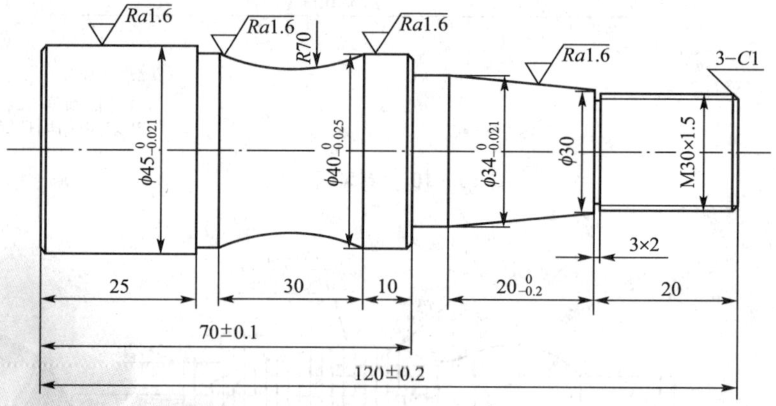

(a) 零件图

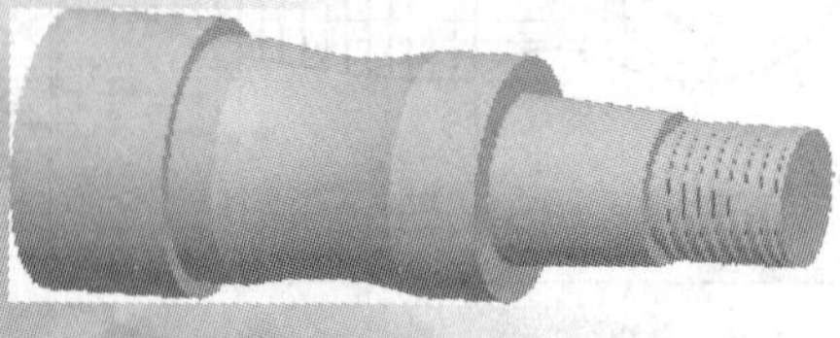

(b) 实体图

图 11－1　中级职业技能鉴定实例一

如图 11－1 所示，该零件轮廓包括外圆、沟槽、螺纹和圆弧，使用刀具有外圆粗车刀、外圆精车刀、外切槽刀和外螺纹车刀。各主要外圆表面的表面粗糙度 Ra 值均为 1.6μm，要求较高，因此，零件工艺安排分粗、精车，且零件加工表面不能一次装夹完成加工，需要调头安装。

一、工件的装夹方式及加工工艺路线的确定

(1) 选取工件右端面中心为工件坐标系(编程)原点。

(2) 加工路线如下。

① 采用三爪自定心卡盘装夹零件毛坯，车端面，粗、精车 $\phi45_{-0.021}^{\ 0}$mm 大外圆，零件装夹示意图如图 11－2 所示。

② 调头装夹，以工件左端面及 $\phi45$ 外圆为安装基准夹于车床卡盘上，因工件悬伸较长，因此采用一夹一顶安装。粗车右端零件 $\phi34_{-0.021}^{\ 0}$mm 与 $\phi40_{-0.025}^{\ 0}$mm 外圆、圆锥面和螺纹外圆，零件装夹示意图如图 11－3 所示。

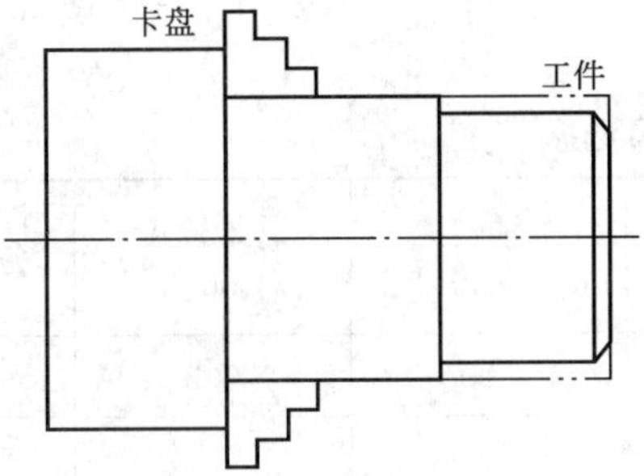

图 11－2　零件装夹示意图一

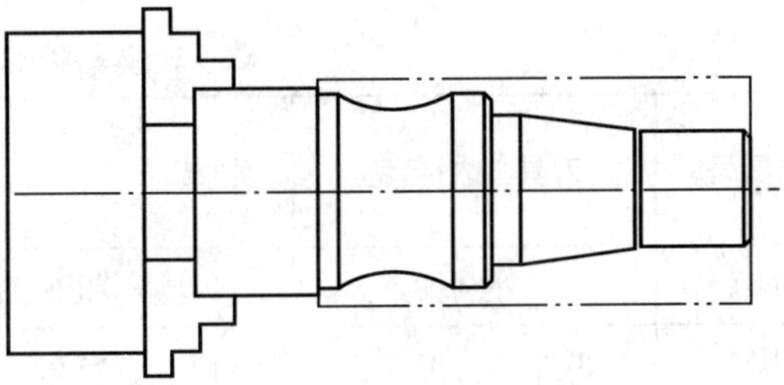

图 11－3　零件装夹示意图二

③ 精车右端零件 $\phi34_{-0.021}^{\ 0}$mm 与 $\phi40_{-0.025}^{\ 0}$mm 外圆、R70mm 凹圆弧、圆锥面和螺纹外圆，以及倒角 $C1$。

④ 车螺纹空刀槽。

⑤ 车 M30×1.5 螺纹。

二、填写相关工艺卡片

1. 确定加工工艺

填写数控加工工艺卡，见表 11－1。

表 11－1　数控加工工艺卡

<table>
<tr><th>工序</th><th>名称</th><th colspan="2">工艺要求</th><th>操作者</th><th>备注</th></tr>
<tr><td>1</td><td>下料</td><td colspan="2">ϕ50mm×125mm</td><td></td><td></td></tr>
<tr><td>2</td><td>车</td><td colspan="2">车端面控制总长并打中心孔</td><td></td><td></td></tr>
<tr><td rowspan="3">3</td><td rowspan="3">数控车</td><td>工步</td><td>工步内容</td><td>刀具号</td><td></td></tr>
<tr><td>1</td><td>粗车 ϕ45mm 外圆</td><td>T01</td><td></td></tr>
<tr><td>2</td><td>精车 ϕ45mm 外圆、倒角 $C1$</td><td>T02</td><td></td></tr>
</table>

(续)

工序	名称	工艺要求		操作者	备注
		工步	工步内容	刀具号	
3	数控车	3	调头一夹一顶		
		4	自右向左粗车外圆、圆弧和圆锥面	T01	
		5	自右向左精车外轮廓	T02	
		6	切空刀槽 3mm×2mm	T03	
		7	车螺纹 M30×1.5 至零件要求	T04	
4	检验	8			

2. 切削用量及刀具选择

切削用量及刀具选择见表 11-2。

表 11-2　切削用量及刀具选择

刀具号	刀具规格名称	数量	加工内容	主轴转速/(r/min)	进给速度/(mm/r)	备注
T01	90°外圆偏刀	1	粗车工件外轮廓	500	0.2	
T02	93°外圆仿形车刀	1	精车工件外轮廓	800	0.1	
T03	切槽刀	1	切空刀槽	400	0.15	
T04	60°外螺纹车刀	1	车 M30×1.5 螺纹	500	1.5	

三、编制加工程序

零件加工程序见表 11-3 和表 11-4。

1. 零件左端加工程序

表 11-3　零件左端加工程序

程　序	说　明
O0001;	
N10　M03　T0101　S500　M08;	主轴正转，转速为 500r/min，选 1 号刀及 1 号刀补
N20　G00　X60.0　Z5.0;	定刀车端面
N30　Z0;	
N40　G01　X0　F0.2;	车端面
N50　Z2.0;	退刀
N60　G00　X55.0　Z5.0;	粗车定刀
N70　G90　X47.0 Z-26.0　F0.2;	循环粗车

（续）

程　　序	说　　明
N80　　　X45.5；	
N90　G00　X150.0　Z5.0；	返回换刀点
N100　T0202　S800；	换 2 号刀转速为 800r/min
N110　G00　X50.0　Z5.0；	精车定刀
N120　G00　X43.0；	
N130　G01　Z0.0　F0.1；	
N140　　X45.0 Z-1；	倒角
N150　　Z-26.0；	精车 ϕ45mm 外圆
N160　　X50.0；	退刀
N170　G00　X150.0　Z5.0　M09；	返回换刀点
N180　M05；	主轴停
N190　M30；	程序结束并返回程序开始

2. 零件右端加工程序

表 11-4　零件右端加工程序

程　　序	说　　明
O0002；	
N10　M03　T0101　S500　M08；	主轴正转，转速为 500r/min，选 1 号刀及 1 号刀补
N20　G00　X55.0　Z5.0；	粗车定刀
N30　G90　X47.0 Z-95.0　F0.2；	循环粗车 ϕ40mm 外圆
N40　　X44.0；	
N50　　X40.5；	
N60　G00　X45.0　Z5.0；	
N70　G90　X37.0　Z-50.0　F0.2；	循环粗车 ϕ34mm 外圆
N80　　X34.5　Z-50.0；	
N90　　X31.0　Z-20.0；	粗车螺纹外圆
N100　G00　X150.0　Z5.0；	粗车结束返回换刀点
N110　T0202　S800；	换 2 号刀准备精车
N120　G00　X50.0　Z5.0；	精车定刀
N130　G00　X27.8；	倒角起点
N140　G01　Z0.0　F0.1；	
N150　　X29.8 Z-1.0；	倒角
N160　　Z-20.0；	精车螺纹外圆
N170　　X30.0；	退刀
N180　　X34.0 Z-40.0；	精车锥面
N190　　Z-50.0；	精车 ϕ34mm 外圆

（续）

程　　序	说　　明
N200　　　X38.0；	精车端面
N210　　　X40.0　W-1.0；	倒角
N220　　　Z-60.0；	精车 ϕ40mm 外圆
N230　G02　X40.0 W-30.0　R70.0；	精车 R70mm 凹圆弧
N240　G01　Z-95.0；	精车 ϕ40mm 外圆
N250　　　X50.0；	退刀
N260　G00　X150.0　Z5.0；	返回换刀点
N270　　T0303 S400；	换 3 号刀
N280　G00　X35.0　Z-20.0；	定刀
N290　G94　X26.0　F0.15；	循环切空刀槽
N300　G00　X150.0　Z5.0；	返回换刀点
N310　　T0404 S500；	换 4 号刀
N320　G00　X35.0　Z3.0；	定刀
N330　G92　X29.2　Z-19.5　F1.5；	循环车螺纹
N340　　　X28.6；	
N350　　　X28.2；	
N360　　　X28.058；	
N370　G00　X150.0　Z5.0　M09；	退刀，关切削液
N380　M05；	主轴停
N390　M30；	程序结束并返回程序开始

四、 评分标准

评分标准见表 11-5。

表 11-5　中级职业技能鉴定实例—评分标准

工件编号		总得分					
项目与配分		序号	技术要求	配分	评分标准	检测记录	得分
工件加工评分(80%)	外形轮廓	1	$\phi45_{-0.021}^{0}$ mm	6	超差 0.01 扣 2 分		
		2	$\phi34_{-0.025}^{0}$ mm	6	超差 0.01 扣 2 分		
		3	$\phi40_{-0.021}^{0}$ mm	6	超差 0.01 扣 2 分		
		4	锥度正确	3	超差全扣		
		5	R70mm	3	超差全扣		
		6	(120±0.20)mm	5	超差全扣		
		7	$20_{-0.20}^{0}$ mm	4	超差全扣		

（续）

工件编号		总得分					
项目与配分		序号	技术要求	配分	评分标准	检测记录	得分
工件加工评分(80%)	外形轮廓	8	10mm	2	超差全扣		
		9	25mm	2	超差全扣		
		10	30mm	2	超差全扣		
		11	(70±0.10)mm	5	超差全扣		
		12	$Ra1.6\mu m$ 四处	12	1处降级扣3分		
	螺纹	13	M30×1.5	6	超差全扣		
		14	切槽 3mm×2mm	2	超差全扣		
		15	20mm	1	超差全扣		
	其他	16	倒角 $C1$ 三处	6	每错1处扣2分		
		17	工件按时完成	3	未按时完成全扣		
		18	工件无缺陷	6	缺陷1处扣3分，扣完为止		
程序与工艺(10%)		19	程序正确合理	5	每错1处扣2分		
		20	加工工序卡	5	不合理每处扣2分		
机床操作(10%)		21	机床操作规范	5	出错1次扣2分		
		22	工件、刀具装夹	5	出错1次扣2分		
安全文明生产(倒扣分)		23	安全操作	倒扣	安全事故停止操作酌情扣5～30分		
		24	机床整理	倒扣			
合计				100			

中级职业技能鉴定实例二

加工如图 11－4 所示的零件，该零件的毛坯尺寸为 ϕ50mm×85mm，材料为 45 钢。

如图 11－4 所示，该零件轮廓包括外圆、内孔、沟槽、螺纹和圆弧，使用刀具有外圆粗车刀、外圆精车刀、内孔车刀、外切槽刀和外螺纹车刀。各主要外圆及内孔表面的表面粗糙度 Ra 值均为 1.6μm，要求较高，因此，零件工艺安排分粗、精车，且零件加工表面不能一次装夹完成加工，需要调头安装。

一、工件的装夹方式及加工工艺路线的确定

（1）选取工件右端面中心为工件坐标系（编程）原点。

（2）加工路线如下。

① 夹持零件右端毛坯外圆，粗、精车零件左端外圆 $\phi40_{-0.03}^{0}$mm、$\phi48_{-0.03}^{0}$mm 至尺寸，零件装夹示意图如图 11－5 所示。

② 粗、精加工零件左端内孔 $\phi20_{0}^{+0.03}$mm 至尺寸；加工 R5mm 圆弧至尺寸。

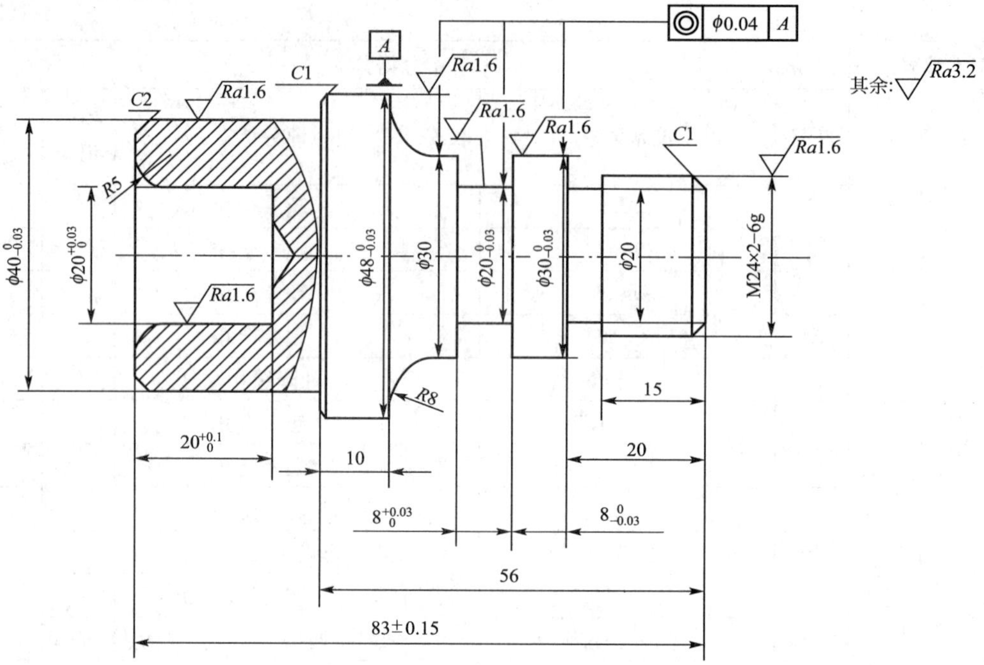

(a) 零件图

(b) 实体图

图 11-4　中级职业技能鉴定实例二

③ 调头，夹持零件左端 $\phi 40_{-0.03}^{\ 0}$ mm 外圆，粗、精车零件右端外圆与圆弧，零件装夹示意图如图 11-6 所示。

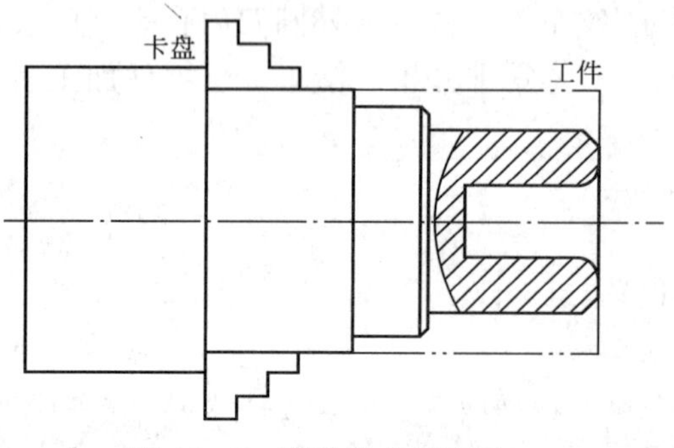

图 11-5　零件装夹示意图一

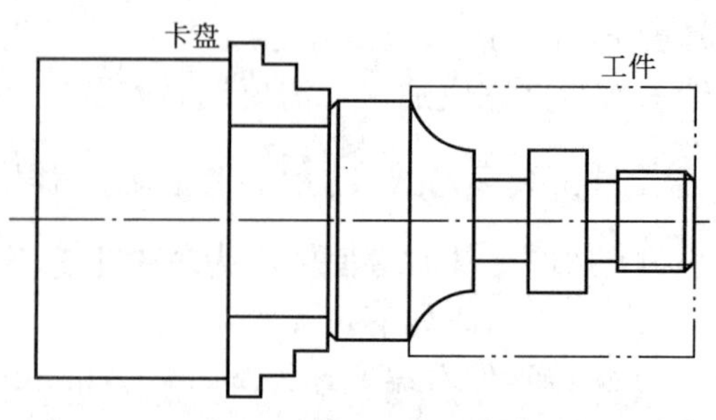

图 11-6　零件装夹示意图二

④ 加工 8×ϕ20mm 精度槽，同时控制 $\phi 30_{-0.03}^{0}$ mm 外圆壁厚 $8_{-0.03}^{0}$ mm。
⑤ 切螺纹空刀槽。
⑥ 车 M24×2—6g 外螺纹。

二、填写相关工艺卡片

1. 确定加工工艺

填写数控加工工艺卡，见表 11-6。

表 11-6　数控加工工艺卡

工序	名称	工艺要求		操作者	备注
1	下料	ϕ50mm×85mm			
2	数控车	工步	工步内容	刀具号	
		1	夹零件毛坯外圆车端面	T01	
		2	粗车 ϕ48mm、ϕ40mm 外圆	T01	
		3	精车 ϕ48mm、ϕ40mm 外圆、倒角	T01	
		4	粗、精车 ϕ20 内孔，控制长度 $20_{0}^{+0.10}$ mm	T04	
		5	调头，车端面控制总长（85±0.15)mm	T01	
		6	粗车 ϕ30mm 外圆、R8mm 圆弧和螺纹外圆	T01	
		7	精车 ϕ30mm 外圆、R8mm 圆弧和螺纹外圆	T01	
		8	粗、精车 $8_{0}^{+0.03}$ mm 精度槽	T02	
		9	切空刀槽 3mm×2mm	T02	
		10	车螺纹 M24×2 至零件要求	T03	
4	检验	11			

2. 切削用量及刀具选择

切削用量及刀具选择见表 11-7。

表 11-7　切削用量及刀具选择

刀具号	刀具规格名称	数量	加工内容	主轴转速/(r/min)	进给速度/(mm/r)	备注
T01	90°外圆偏刀	1	车工件外轮廓	500/800	0.2/0.1	
T02	切槽刀	1	切空刀槽	400	0.15	
T03	60°外螺纹车刀	1	车 M24×2 螺纹	600	2.0	
T04	内孔车刀	1	车内孔	400	0.15	

三、编制加工程序

零件加工程序见表 11－8 和表 11－9。

1. 零件左端加工程序

表 11－8　零件左端加工程序

程　序	说　明
O0001；	
N10　M03　S500　T0101；	主轴正转，选 1 号刀及 1 号刀补
N20　G00　X52.0　Z2.0　M08；	粗车循环定刀点
N30　G71　U2.0　R0.5；	粗车复合循环
N40　G71　P50　Q120　U0.5　W0.0 F0.2；	
N50　G00　X36.0 S800；	精车定刀点
N60　G01　Z0.　F0.1；	
N70　X40.0 Z－2.0；	倒角
N80　Z－27.0；	精车 ϕ40mm 外圆
N90　X46.0；	精车端面
N100　X48.0　Z－28.0；	倒角
N110　Z－40.0；	精车 ϕ48mm 外圆
N120　G01　X52.0；	退刀
N130　G70　P50　Q120；	精车指令
N140　G00　X100.0 Z100.0；	退刀至换刀点
N150　T0404　S400；	换 4 号内孔刀，转速为 400r/min
N160　G00　X16.0　Z2.0；	循环起点
N170　G71　U1.0　R0.5；	粗车循环，指定背吃刀量 1.0mm，退刀量 0.5mm
N180　G71　P190　Q230 U－0.3 W0. F0.15；	
N190　G00　X30.0；	精车定刀点
N200　G01　Z0.0　F0.1；	
N210　G02　X20.0　Z－5.0　R5.0　F0.1；	精车 R5mm 圆弧
N220　G01　Z－20.0　F0.1；	精车 ϕ20mm 内孔
N230　X18.0；	车端面
N240　G70　P190　Q230；	精车指令
N250　G00　X100.0 Z100，0　M09；	退刀至换刀点
N260　M05；	主轴停
N270　M30；	主程序结束并返回程序开始

2. 零件右端加工程序

表 11 - 9　零件右端加工程序

程　　序	说　　明
O0002;	
N10　M03　S500　T0101;	主轴正转，选 1 号刀及 1 号刀补
N20　G00　X52.0　Z2.0　M08;	粗车循环定刀点
N30　G71　U2.0　R0.5;	粗车复合循环
N40　G71　P50　Q120　U0.5　W0.　F0.2;	
N50　G00　X20.0　S800;	精车定刀点
N60　G01　Z0.0　F0.1;	
N70　X23.8　Z - 2.0;	倒角
N80　Z - 20.0;	精车螺纹外圆
N90　X30.0;	精车端面
N100　Z - 38.0;	精车 ϕ30mm 外圆
N110　G02　X46.0　Z - 46.0　R8.0;	精车 R8mm 圆弧
N120　G01　X52.0;	退刀
N130　G70　P50　Q120;	精车指令
N140　G00　X100.0　Z100.0;	退刀至换刀点
N150　T0202　S400;	换 2 号切槽刀，转速为 400r/min
N160　G00　X26.0　Z - 18.0;	定刀
N170　G75　R0.5;	切槽循环
N180　G75　X20.0 Z - 20.0 P1500 Q2000 F0.1;	切螺纹退刀槽
N190　G00　X32.0;	
N200　Z - 31.0;	
N210　G75　R0.5;	切槽循环
N220　G75　X20.0 Z - 36.0 P1500 Q2000 F0.15;	切 8mm 精度槽
N230　G00　X100.0　Z100.0;	退刀
N240　T0303 S600;	换 3 号螺纹刀，转速为 600r/min
N250　G00　X26.0　Z2.0;	定刀
N260　G76　P020560　Q50　R0.05;	螺纹复合循环指令
N270　G76　X21.4 Z - 18.0 P1300 Q400　F2.0;	
N280　G00　X150.0　Z50.0　M09;	退刀至换刀点
N290　M05;	主轴停
N300　M30;	主程序结束并返回程序开始

四、评分标准

评分标准见表 11 - 10。

表 11-10　中级职业技能鉴定实例二评分标准

工件编号		总得分					
项目与配分		序号	技术要求	配分	评分标准	检测记录	得分
工件加工评分(80%)	外形轮廓	1	$\phi40_{-0.03}^{0}$mm	5	超差 0.01 扣 2 分		
		2	$\phi48_{-0.03}^{0}$mm	5	超差 0.01 扣 2 分		
		3	$\phi30_{-0.03}^{0}$mm	5	超差 0.01 扣 2 分		
		4	$\phi20_{-0.03}^{0}$mm	5	超差 0.01 扣 2 分		
		5	$8_{-0.03}^{0}$mm	4	超差 0.01 扣 1 分		
		6	$8_{0}^{+0.03}$mm	4	超差 0.01 扣 1 分		
		7	M24×2—6g	5	超差全扣		
		8	切槽 5×ϕ20mm	2	超差全扣		
		9	R8mm	2	超差全扣		
		10	同轴度 ϕ0.04mm	每处 3 分共 9 分	每处超差 0.02 扣 1 分		
		11	(83±0.15)mm	4	超差 0.05 扣 2 分		
		12	Ra1.6μm	4	每处降级扣 1 分		
		13	Ra3.2μm(两处)	2	每处降级扣 1 分		
	内轮廓	14	$\phi20_{0}^{+0.03}$mm	5	超差 0.01 扣 2 分		
		15	1.6μm	2	降级全扣		
		16	$20_{0}^{+0.10}$mm	4	超差 0.05 扣 2 分		
		17	Ra3.2μm	2	每处降级扣 1 分		
		18	R5mm	2	超差全扣		
	其他	19	一般尺寸及倒角	6	每错 1 处扣 1 分		
		20	按时完成无缺陷	3	超差全扣		
程序与工艺(10%)		21	程序正确合理	5	每错 1 处扣 2 分		
		22	加工工序卡	5	不合理每处扣 2 分		
机床操作(10%)		23	机床操作规范	5	出错 1 次扣 2 分		
		24	工件、刀具装夹	5	出错 1 次扣 2 分		
安全文明生产(倒扣分)		25	安全操作	倒扣	安全事故停止操作酌情扣 5～30 分		
		26	机床整理	倒扣			
合计				100			

中级职业技能鉴定实例三

加工如图 11－7 所示的轴类零件，该零件的毛坯尺寸为 ϕ52mm×82mm，材料为 45 钢。

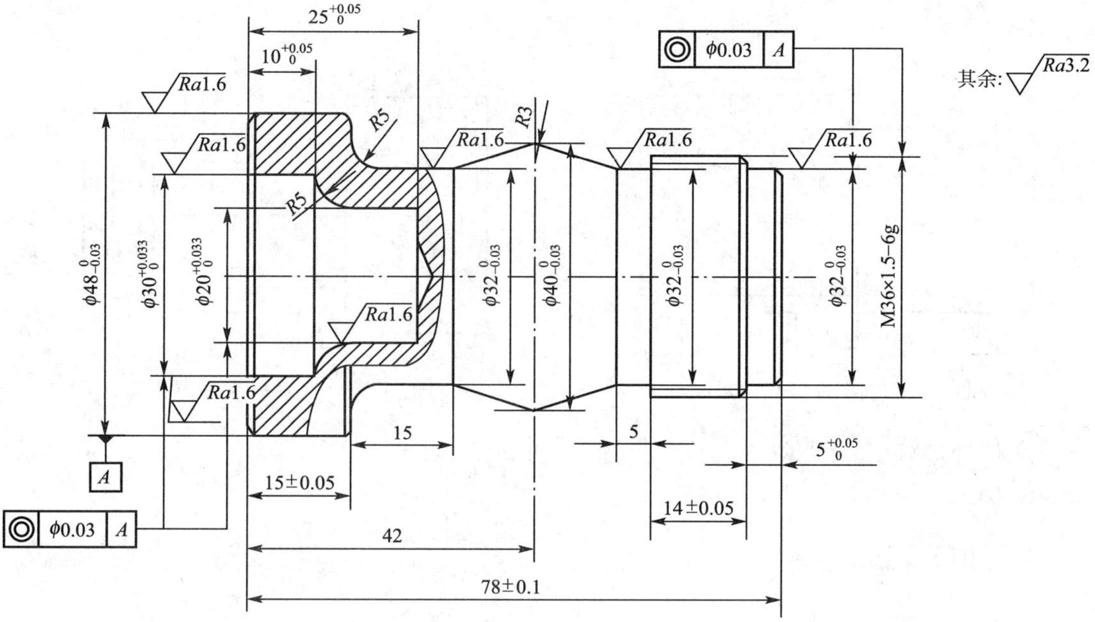

(a) 零件图

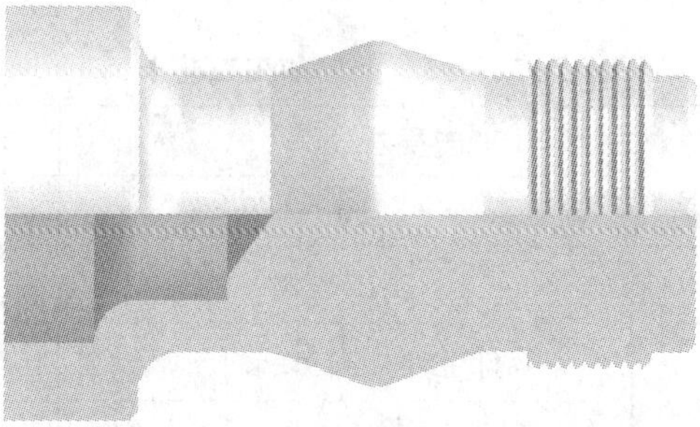
(b) 实体图

图 11－7　中级职业技能鉴定实例三

如图 11－7 所示，该零件轮廓包括外圆、沟槽、螺纹、圆弧、锥度和内孔，使用刀具有外圆仿形粗车刀、外圆仿形精车刀、外切槽刀、外螺纹车刀和内孔车刀。各主要外圆表面的表面粗糙度 Ra 值均为 1.6μm，要求较高，因此，零件工艺安排分粗、精车，且零件加工表面不能一次装夹完成加工，需要调头安装。

一、 工件的装夹方式及加工工艺路线的确定

（1）选取工件端面中心为工件坐标系(编程)原点。

(2) 加工路线如下。

① 夹持零件右端毛坯外圆，粗、精车零件左端 $\phi48_{-0.03}^{\ 0}$ mm 外圆，零件装夹示意图如图 11-8 所示。

② 粗、精加工零件左端 $\phi30_{\ 0}^{+0.033}$ mm、$\phi20_{\ 0}^{+0.033}$ mm 内孔。

③ 调头夹持零件左端 $\phi48$mm 外圆，粗、精加工零件右端外形，零件装夹示意图如图 11-9 所示。

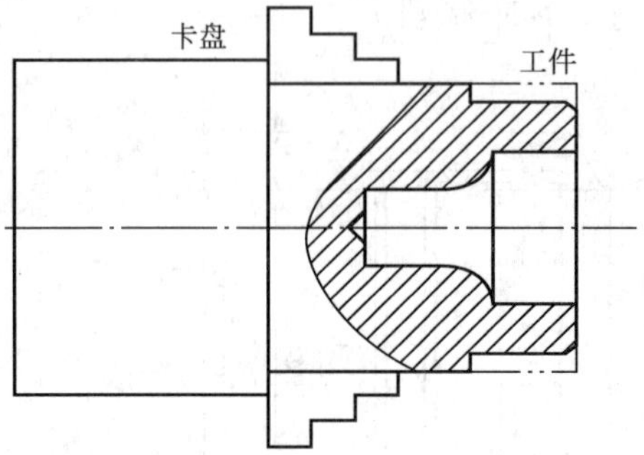

图 11-8　零件装夹示意图一

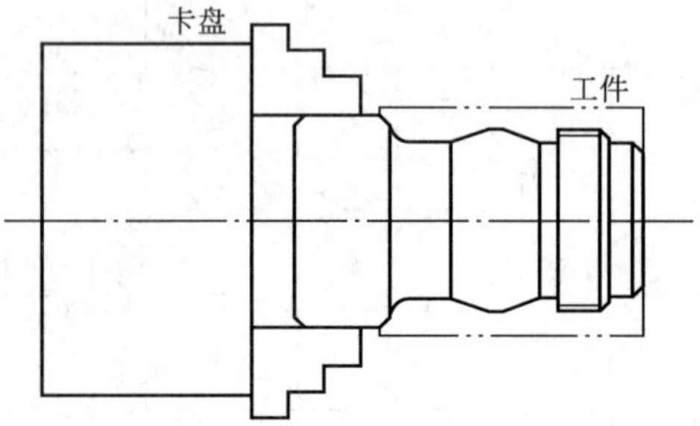

图 11-9　零件装夹示意图二

④ 切外螺纹空刀槽。

⑤ 加工 M36×1.5—6g 外螺纹。

二、 填写相关工艺卡片

1. 确定加工工艺

填写数控加工工艺卡，见表 11-11。

表 11-11　数控加工工艺卡

工序	名称	工艺要求		操作者	备注
1	下料	$\phi52$mm×85mm			
2	数控车	工步	工步内容	刀具号	
		1	夹零件毛坯外圆车端面	T01	
		2	粗车 $\phi48$mm 外圆	T01	
		3	精车 $\phi48$mm、倒角	T02	
		4	粗、精车 $\phi30$mm、$\phi20$mm 内孔，控制长度 $10_{\ 0}^{+0.05}$ mm、$20_{\ 0}^{+0.05}$ mm	T05	
		5	调头，车端面控制总长 (78±0.10)mm	T01	
		6	粗车 $\phi32$mm 各外圆、圆锥和螺纹外圆	T01	

（续）

工序	名称	工艺要求		操作者	备注
2	数控车	工步	工步内容	刀具号	
		7	精车 ϕ32mm 各外圆、圆锥面、R3mm 圆弧和螺纹外圆	T01	
		8	切空刀 ϕ32mm 外圆至尺寸，同时控制长度(14±0.05)mm	T03	
		9	车螺纹 M16×1.5 至零件要求	T04	
3	检验	10			

2. 切削用量及刀具选择

切削用量及刀具选择见表 11－12。

表 11－12　切削用量及刀具选择

刀具号	刀具规格名称	数量	加工内容	主轴转速/(r/min)	进给速度/(mm/r)	备注
T01	90°外圆粗车刀	1	粗车工件外轮廓	500	0.2	
T02	90°外圆精车刀	1	精车工件外轮廓	800	0.1	
T03	切槽刀	1	切空刀槽	400	0.1	
T04	60°外螺纹车刀	1	车 M30×1.5 螺纹	600	1.5	
T05	内孔车刀	1	车内孔	400	0.1	

三、编制加工程序

零件加工程序见表 11－13 和表 11－14。

1. 零件左端加工程序

表 11－13　零件左端加工程序

程　序	说　明
O0001；	
N10　M03　S500　T0101；	主轴正转，选择 1 号刀及 1 号刀补
N20　G00　X55.0　Z2.0；	快速移到起刀点，Z 轴 2mm
N30　G90　X49.0　Z－15.0　F0.2；	单一形状固定循环粗车外圆
N40　G00　X46.0 T0202 S800；	快速定刀
N50　G01　Z0.0　F0.1；	进刀至精加工起点
N60　X48.0　Z－1.0；	倒角
N70　Z－15.0；	精加工 ϕ48 外圆

（续）

程　序	说　明
N80 X50.0；	退刀
N90 G00 X100.0 Z100.0；	快速退刀
N100 T0505 S400；	换5号刀并调用5号刀补，主轴转速为400r/min
N110 G00 X18.0 Z2.0；	快速移到起刀点，Z轴2mm
N120 G71 U1.0 R0.5； G71 P140 Q200 U-0.3 W0. N130 F0.1；	粗车复合循环
N140 G00 X32.0 S600；	快速定刀
N150 G01 Z0.0 F0.1；	精加工起点
N160 X30.0 Z-1.0；	倒角
N170 G01 Z-10.0 F0.1；	精加工 ϕ30mm 内孔
N180 G02 X20.0 Z-15.0 R5.0；	精加工 R5mm 圆弧
N190 G01 Z-25.0；	精加工 ϕ20mm 内孔
N200 X18.0；	精加工端面
N210 G00 Z50.0 X100.0；	快速退刀
N220 G70 P140 Q200；	精加工循环指令
N230 G00 X100.0 Z100.0；	快速退刀
N240 M30；	程序停止并返回程序开始

2. 零件右端加工程序

表 11-14 零件右端加工程序

程　序	说　明
O0002；	
N10 M03 S500 T0101；	主轴正转，选1号刀及1号刀补
N20 G00 X52.0 Z2；	粗车定刀
N30 G73 U9.0 W0.0 R6；	粗车复合循环
N40 G73 P50 Q190 U0.5 W0.0 F0.2；	
N50 G00 X30.0；	精加工快速定刀
N60 G01 Z0 F0.1；	精加工起刀点
N70 X32.0 Z-1.0；	倒角
N80 Z-5.0；	精加工 ϕ32mm 外圆
N90 X33.8；	退刀
N100 X35.8 Z-60；	螺纹倒角
N110 Z-19.0；	精加工螺纹外圆
N120 X32.0 Z-24.0；	
N130 X39.67 Z-35.01；	精加工锥面
N140 G03 X39.67 Z-36.99 R3.0；	精加工 R3mm 圆弧

（续）

程　　序	说　　明
N150　G01 X32.0 Z-48.0；	精加工锥面
N160　Z-58.0；	精加工 ϕ32mm 外圆
N170　G02 X42.0 Z-63.0 R5.0；	精加工 R5mm 圆弧
N180　G01 X46.0；	精加工端面
N190　X48.0　Z-64.0；	倒角
N200　T0202　S800；	换 2 号刀及 2 号刀补，转速为 1500r/min
N210　G70 P50 Q190；	精加工循环指令
N220　G00 X150.0 Z100.0；	快速退刀
N230　T0303 S400；	换 3 号刀及 3 号刀补，转速为 400r/min
N240　G00　X38.0 Z-22.0；	快速定刀
N250　G75 R0.5；	切槽循环
N260　G75 X32.0 Z-24.0 P1500 Q2000 F0.1；	
N270　G00 X150.0 Z100.0；	快速退刀
N280　T0404　S600；	换 4 号刀及 4 号刀补，转速为 600r/min
N290　G00 X38.0 Z-3.0；	快速定刀
N300　G76 P020560 Q50 R0.05；	螺纹循环
N310　G76 X34.05 Z-22.0 P975 Q400 F1.5；	
N320　G00 X150.0 Z100.0；	快速退刀
N330　M30；	程序停止并返回程序开始

四、评分标准

评分标准见表 11-15。

表 11-15　中级职业技能鉴定实例三评分标准

工件编号				总得分			
项目与配分		序号	技术要求	配分	评分标准	检测记录	得分
工件加工评分(80%)	外形轮廓	1	$\phi 48_{-0.03}^{\ 0}$mm	5	超差 0.01 扣 1 分		
		2	$\phi 32_{-0.03}^{\ 0}$mm	5×2 处	超差 0.01 扣 1 分		
		3	$\phi 40_{-0.03}^{\ 0}$mm	5	超差 0.05 扣 1 分		
		4	(15±0.05)mm	4	超差 0.02 扣 1 分		
		5	(14±0.05)mm	3	超差 0.02 扣 1 分		
		6	$5_{\ 0}^{+0.05}$mm	3	超差 0.02 扣 1 分		
		7	(78±0.10)mm	2	超差 0.04 扣 1 分		
		8	M36×1.5-6g	4	超差全扣		

（续）

工件编号				总得分			
项目与配分		序号	技术要求	配分	评分标准	检测记录	得分
工件加工评分(80%)	外形轮廓	9	切槽 $5\times\phi32_{-0.03}^{\ 0}$ mm	3	超差全扣		
		10	锥度、$R3$mm、$R5$mm	2×3 处	超差全扣		
		11	同轴度 $\phi0.03$mm	2×2 处	超差 0.02 扣 1 分		
		12	$Ra1.6\mu m$	4	每处降级扣 1 分		
		13	$\phi30_{\ 0}^{+0.033}$ mm	5	超差 0.01 扣 1 分		
	内轮廓	14	$10_{\ 0}^{+0.05}$ mm	3	超差 0.02 扣 1 分		
		15	$\phi20_{\ 0}^{+0.033}$ mm	4	超差 0.01 扣 1 分		
		16	$20_{\ 0}^{+0.05}$ mm	3	超差 0.02 扣 1 分		
		17	$Ra1.6\mu m$	2	每处降级扣 1 分		
		18	同轴度 $\phi0.03$mm	2×2 处	超差 0.02 扣 1 分		
	其他	19	一般尺寸及倒角	6	每错 1 处扣 1 分		
		20	按时完成无缺陷	倒扣	酌扣 5～20 分		
程序与工艺(10%)		21	程序正确合理	5	每错 1 处扣 2 分		
		22	加工工序卡	5	不合理每处扣 2 分		
机床操作(10%)		23	机床操作规范	5	出错 1 处扣 2 分		
		24	工件、刀具装夹	5	每错 1 处扣 2 分		
安全文明生产(倒扣分)		25	安全操作	倒扣	安全事故停止操作酌扣 5～30 分		
		26	机床整理	倒扣			
合计				100			

中级职业技能鉴定实例四

加工如图 11－10 所示的零件，该零件的毛坯尺寸为 $\phi50$mm×122mm，材料为 45 钢。

如图 11－10 所示，该零件轮廓包括外圆、圆弧、锥度、内沟槽和内螺纹，使用刀具有外圆仿形粗车刀、外圆仿形精车刀、内切槽刀、内螺纹车刀和内孔车刀。各主要外圆表面的表面粗糙度 Ra 值均为 $1.6\mu m$，要求较高，因此，零件工艺安排分粗、精车，且零件加工表面不能一次装夹完成加工，需要调头安装。

一、 工件的装夹方式及加工工艺路线的确定

(1) 选取工件右端面中心为工件坐标系(编程)原点。

(2) 加工路线如下。

① 夹持零件右端毛坯外圆，粗、精车零件左端 $\phi48_{-0.03}^{\ 0}$ mm 外圆及 1∶5 锥度，零件装夹示意图如图 11－11 所示。

② 粗、精加工零件 M24×1.5－7H 内螺纹。

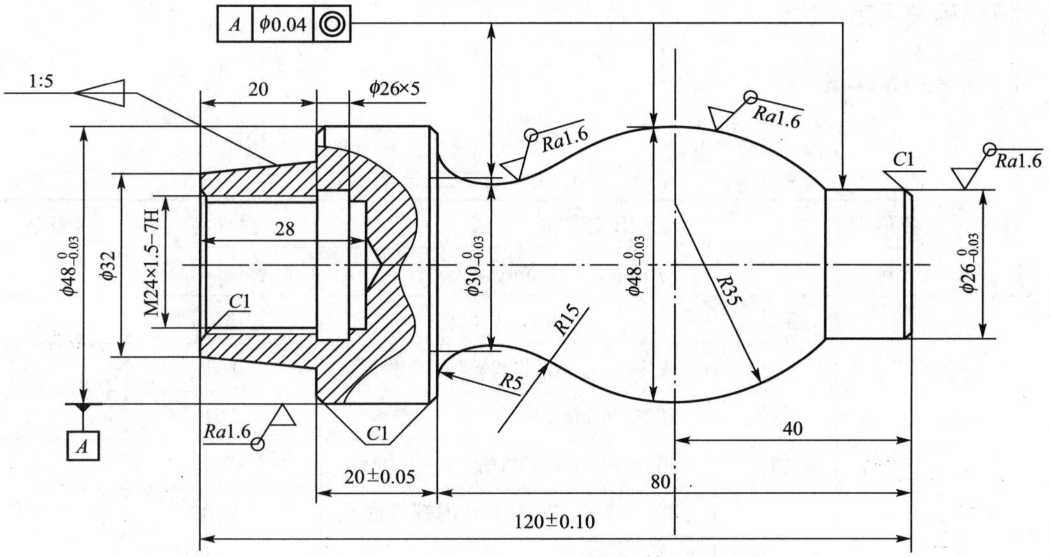

(a) 零件图

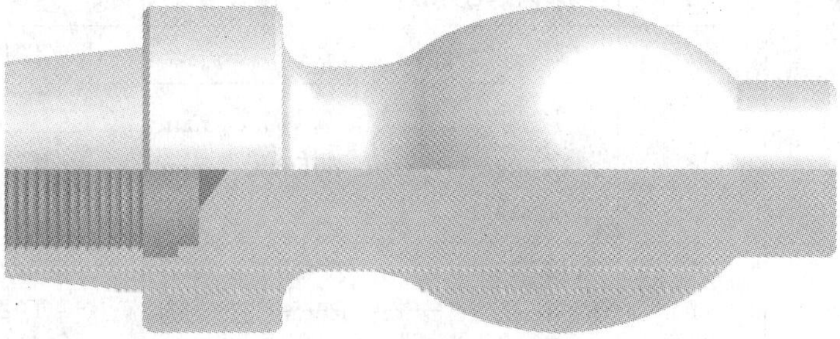

(b) 实体图

图 11-10　中级职业技能鉴定实例四

③ 调头，夹持零件左端 $\phi48$mm 外圆，粗、精车零件右端 $\phi30_{-0.03}^{\ 0}$ mm、$\phi26_{-0.03}^{\ 0}$ mm 外圆，以及三段圆弧，零件装夹示意图如图 11-12 所示。

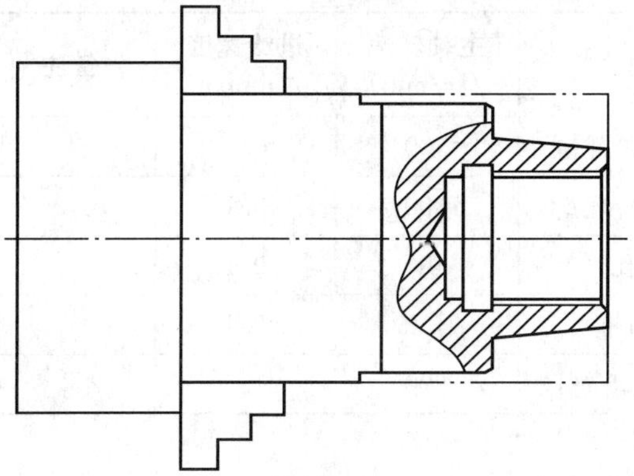

图 11-11　零件装夹示意图一

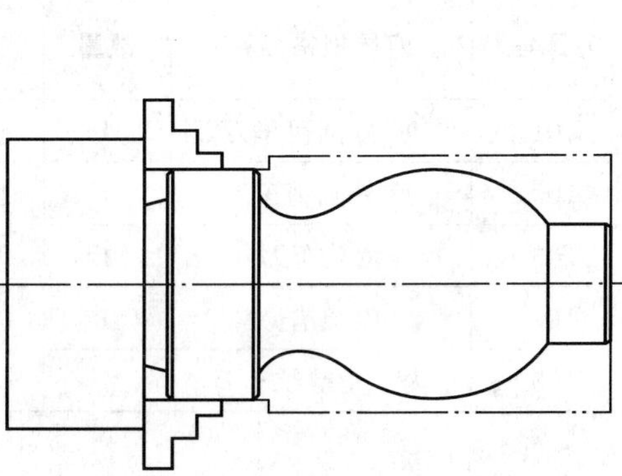

图 11-12　零件装夹示意图二

二、填写相关工艺卡片

1. 确定加工工艺

填写数控加工工艺卡，见表 11－16。

表 11－16　数控加工工艺卡

工序	名称	工艺要求		操作者	备注
1	下料	ϕ50mm×125mm			
2	数控车	工步	工步内容	刀具号	
2	数控车	1	夹零件毛坯外圆车端面	T01	
2	数控车	2	粗车 ϕ48mm 外圆、1∶5 锥度	T01	
2	数控车	3	精车 ϕ48mm、倒角、1∶5 锥度	T02	
2	数控车	4	粗、精车 M24×1.5 内螺纹底孔	T03	
2	数控车	5	切内沟槽	T04	
2	数控车	6	车内螺纹 M24×1.5 至图样要求	T05	
2	数控车	7	调头车端面控制总长	T01	
2	数控车	8	夹 ϕ48mm 外圆粗车 $\phi30_{-0.03}^{0}$ mm、$\phi26_{-0.03}^{0}$ mm、R35mm、R15mm、R5mm 三处圆弧	T01	
2	数控车	9	精车 $\phi30_{-0.03}^{0}$ mm、$\phi26_{-0.03}^{0}$ mm、R33mm、R15mm、R5mm 三处圆弧至要求	T02	
3	检验	10			

2. 切削用量及刀具选择

切削用量及刀具选择见表 11－17。

表 11－17　切削用量及刀具选择

刀具号	刀具规格名称	数量	加工内容	主轴转速/(r/min)	进给速度/(mm/r)	备注
T01	90°外圆粗车刀	1	粗车工件外轮廓	500	0.2	
T02	90°外圆精车刀	1	精车工件外轮廓	800	0.1	
T03	内孔车刀	1	车内孔	400	0.1	
T04	内切槽刀	1	切空刀槽	400	0.1	
T05	内三角螺纹车刀	1	车 M24×1.5 螺纹	600	1.5	

三、编制加工程序

零件加工程序见表 11－18 和表 11－19。

1. 零件左端加工程序

表 11－18　零件左端加工程序

程　　序	说　　明
O0001；	
N10　M03 S500 T0101；	主轴正转，选 1 号刀及 1 号刀补
N20　G00 X52.0 Z2.0；	粗车定刀
N30　G71 U1.5 R0.5；	粗车复合循环
N40　G71 P50 Q110 U0.5 W0.0 F0.2；	
N50　G00 X32.0；	精加工快速定刀
N60　G01 Z0.0　F0.1；	精加工起刀点
N70　X36.0 Z－20.0；	加工 1∶5 锥度
N80　X46.0；	精加工端面
N90　X48.0 Z－21.0；	倒角
N100　Z－50.0；	精加工 ϕ48mm 外圆
N110　G01 X52.0；	退刀
N120　T0202 S800	换 2 号刀及 2 号刀补，转速为 800r/min
N130　G70 P50 Q110；	精加工循环指令
N140　G00 X100.0 Z100.0；	快速退刀
N150　T0303 S400；	换 3 号刀及 3 号刀补，转速为 400r/min
N160　G00 X24.5 Z5.0；	快速定刀
N170　Z0.0；	快速定刀
N180　G01 X22.5 Z－1.0 F0.1；	倒角
N190　Z－28.0；	加工螺纹底孔
N200　X20.0；	退刀
N210　G00 Z2.0；	快速退刀
N220　G00 X100.0 Z100.0；	快速退刀
N230　T0404 S400；	换 4 号刀及 4 号刀补，转速为 400r/min
N240　G00 X20.0 Z2.0；	快速定刀
N250　Z－23.0；	快速定刀
N260　G75 R0.5；	切槽循环
G75 X26.0 Z－25.0 P1500 Q1000	
N270 F0.1；	
N280　G00 Z2.0；	快速退刀
N290　G00 X100.0 Z100.0；	快速退刀
N300　T0505 S600；	换 5 号刀及 5 号刀补，转速为 600r/min
N310　G00 X21.0 Z2.0；	快速定刀
N320　G76 P020560 Q50 R－0.05；	螺纹循环指令
N330　G76 X24.0 Z－22.0 P975 Q400 F1.5；	
N340　G00 X100.0 Z100.0；	快速退刀
N350　M30；	程序停止并返回程序开始

2. 零件右端加工程序

表 11 - 19　零件右端加工程序

程序	说明
O0002;	
N10　M03 S500 T0101;	主轴正转，转速为 500r/min，选 1 号刀及 1 号刀补
N20　G00 X52.0 Z2.0;	粗车定刀
N30　G73 U12.0 W0.0 R10;	粗车复合循环
N40　G73 P50 Q150 U0.5 W0.0 F0.2;	
N50　G00 X24.0;	精加工快速定刀
N60　G01 Z0.0 F0.1;	精加工起刀点
N70　X26.0 Z - 1.0;	倒角
N80　Z - 14.52;	精加工 ϕ26mm 外圆
N90　G03 X35.4 Z - 60.03 R35.0;	精加工 R35mm 圆弧
N100　G02 X30.0 Z - 68.62 R15.0;	精加工 R15mm 圆弧
N110　G01 Z - 75.0;	精加工 ϕ30mm 外圆
N120　G02 X40.0Z - 80.0 R5.0;	精加工 R5mm 圆弧
N130　G01 X46.0;	精加工端面
N140　X48.0 Z - 81.0;	倒角
N150　X52.0;	退刀
N160　T0202 S800	换 2 号刀及 2 号刀补，转速为 800r/min
N170　G70 P50 Q150;	精加工循环指令
N180　G00 X100.0 Z100.0;	快速退刀
N190　M30;	程序停止并返回程序开始

四、评分标准

评分标准见表 11 - 20。

表 11 - 20　中级职业技能鉴定实例四评分标准

项目与配分		序号	技术要求	配分	评分标准	检测记录	得分
工件加工评分(80%)	外形轮廓	1	$\phi48_{-0.03}^{0}$ mm	6	超差 0.01 扣 2 分		
		2	$\phi30_{-0.03}^{0}$ mm	6	超差 0.01 扣 2 分		
		3	$\phi48_{-0.03}^{0}$ mm	6	超差 0.01 扣 2 分		
		4	$\phi26_{-0.03}^{0}$ mm	6	超差 0.01 扣 2 分		
		5	(20±0.05)mm	5	超差 0.02 扣 1 分		
		6	(120±0.10)mm	5	超差 0.02 扣 1 分		
		7	R35mm，R15mm，R5mm	2×3 处	每错 1 处扣 2 分		

（续）

项目与配分		序号	技术要求	配分	评分标准	检测记录	得分
工件加工评分(80%)	外形轮廓	8	锥度1∶5	7	超差2扣1分		
		9	同轴度 ϕ0.04mm	3×3处	每错1处扣2分		
		10	Ra1.6μm	4	每处降级扣1分		
	内轮廓	11	M24×1.5－7H	7	超差全扣		
		12	5×ϕ26mm	3	超差全扣		
	其他	13	一般尺寸及倒角	6	每错1处扣1分		
		14	按时完成无缺陷	4	超差全扣		
程序与工艺(10%)		15	程序正确合理	5	每错1处扣2分		
		16	加工工序卡	5	不合理每处扣2分		
机床操作(10%)		17	机床操作规范	5	出错1次扣2分		
		18	工件、刀具装夹	5	出错1次扣2分		
安全文明生产(倒扣分)		19	安全操作	倒扣	安全事故停止操作酌情扣5～30分		
		20	机床整理	倒扣			
合计				100			

中级职业技能鉴定实例五

加工如图11－13所示的零件，该零件的毛坯采用尺寸为 ϕ50mm×57mm 的棒料，材料为45钢，编写加工程序并进行加工。

如图11－13所示，该零件轮廓包括外圆、圆弧、内沟槽、内螺纹、内孔和锥孔，使用刀具有外圆仿形粗车刀、外圆仿形精车刀、内切槽刀、内螺纹车刀和内孔车刀。各主要外圆表面的表面粗糙度 Ra 值均为1.6μm，要求较高，因此，零件工艺安排分粗、精车，且零件加工表面不能一次装夹完成加工，需要调头安装。

一、工件的装夹方式及加工工艺路线的确定

（1）选取工件右端面中心为工件坐标系（编程）原点。

（2）加工路线如下。

① 夹持零件右端毛坯外圆，粗、精车零件左端 $\phi48_{-0.03}^{0}$mm 外圆。

② 粗、精加工零件左端M24内螺纹底孔，切螺纹空刀槽，车M24×1.5－6H内螺纹，零件装夹示意图如图11－14所示。

③ 调头夹持零件左端 ϕ48mm 外圆，粗、精加工零件右端内锥孔。

④ 粗、精车零件右端 $\phi30_{-0.03}^{0}$mm 与 $\phi36_{-0.03}^{0}$mm 外圆，以及圆弧 R20mm 至尺寸要求，零件装夹示意图如图11－15所示。

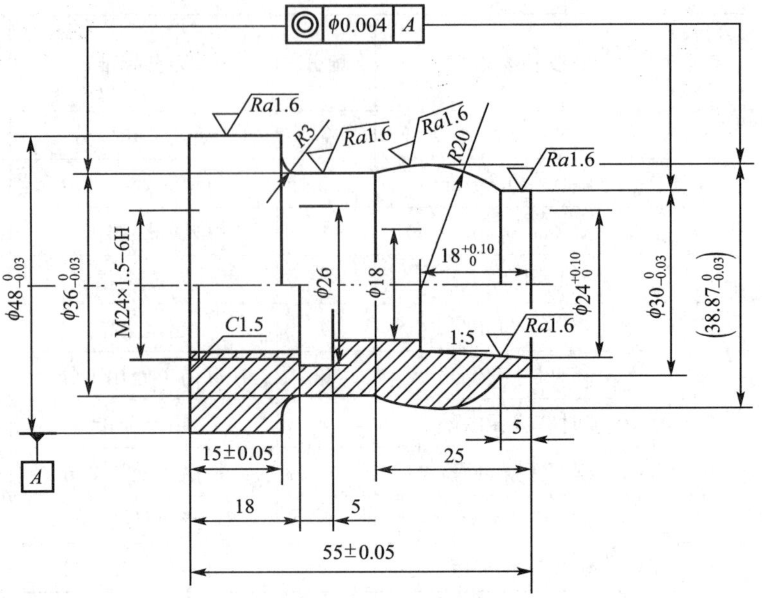

(a) 零件图

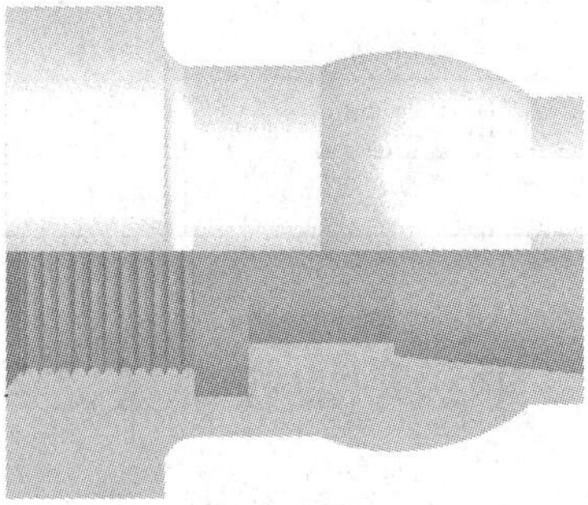

(b) 实体图

图 11-13　中级职业技能综合训练五

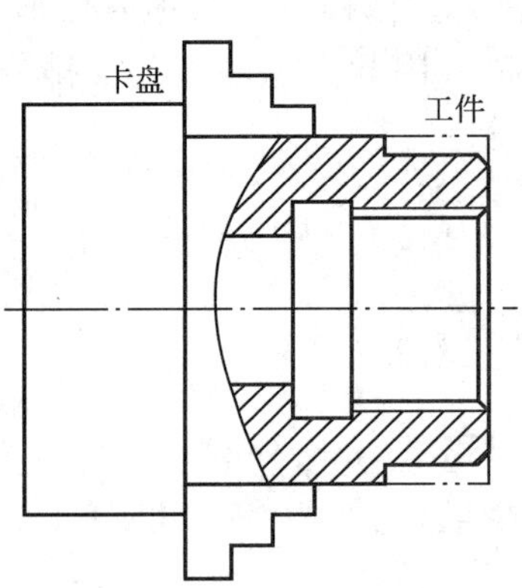

图 11-14　零件装夹示意图一

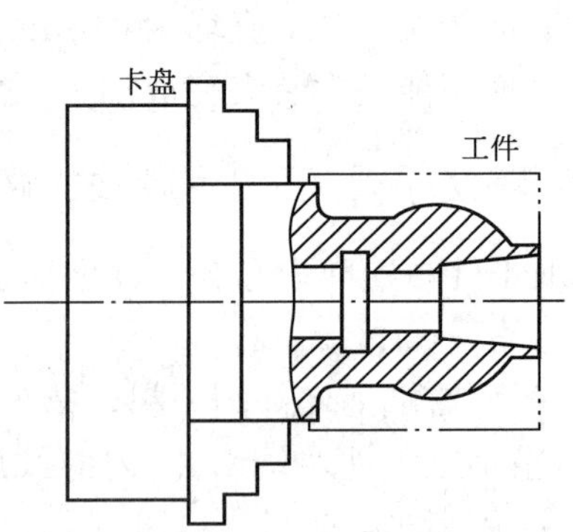

图 11-15　零件装夹示意图二

二、填写相关工艺卡片

1. 确定加工工艺

填写数控加工工艺卡，见表 11－21。

表 11－21　数控加工工艺卡

工序	名称	工艺要求		操作者	备注
1	下料	ϕ52mm×85mm			
2	数控车	工步	工步内容	刀具号	
		1	夹零件毛坯外圆车端面	T01	
		2	粗车 ϕ48mm 外圆	T01	
		3	精车 ϕ48mm 外圆至尺寸	T02	
		4	车 M24×1.5 螺纹底孔，长度 23mm	T03	
		5	切空刀槽 ϕ26mm 内孔至尺寸，控制宽度 5mm	T04	
		6	车螺纹 M24×1.5 至零件要求	T05	
		7	调头夹 ϕ48mm 外圆，车端面控制总长(78±0.10)mm	T01	
		8	粗、精车 1∶5 圆锥孔	T04	
		9	粗车零件右端 $\phi30_{-0.03}^{0}$mm 外圆、$\phi36_{-0.03}^{0}$mm 外圆及 R20mm 圆弧	T01	
		10	粗精车零件右端 $\phi30_{-0.03}^{0}$mm 与 $\phi36_{-0.03}^{0}$mm 外圆，以及 R20mm 圆弧至尺寸要求	T02	
3	检验	11			

2. 切削用量及刀具选择

切削用量及刀具选择见表 11－22。

表 11－22　切削用量及刀具选择

刀具号	刀具规格名称	数量	加工内容	主轴转速 /(r/min)	进给速度 /(mm/r)	备注
T01	93°仿形粗车刀	1	粗车工件外轮廓	500	0.2	
T02	93°仿形精车刀	1	精车工件外轮廓	800	0.1	
T03	内孔车刀	1	车内孔	400	0.1	
T04	内切槽刀	1	切空刀槽	400	0.1	
T05	60°内螺纹车刀	1	车 M24×1.5 螺纹	600	1.5	

三、编制加工程序

零件加工程序见表 11－23 和表 11－24。

1. 零件左端加工程序

表 11－23 零件左端加工程序

程序	说明
O0001；	
N10 M03 S500 T0101；	主轴正转，选 1 号刀及 1 号刀补
N20 G00 X53.0 Z5.0；	快速定刀
N30 G94 X0.0 Z0.0；	循环车削端面
N40 G90 X49.0 Z－20.0；	粗车 ϕ48mm 外圆
N50 G00 X100.0 Z50.0；	退刀
N60 T0202 S800；	换 2 号精车刀
N70 G00 X50.0 Z2.0；	快速定刀
N80 G90 X48.0 Z－20.0；	精车 ϕ48mm 外圆
N90 G00X100.0 Z100.0；	退刀
N100 T0303 S400；	换 3 号内孔刀
N110 G00 X16.0 Z2.0；	快速移到循环起刀点
N120 G71 U1.0 R0.5；	内孔粗车复合循环
N130 G71 P140 Q180 U－0.3 W0.0 F0.1；	
N140 G00 X26.5；	精车定刀
N150 G01 Z0.0 F0.1；	
N160 X22.5 Z－1.5；	倒角
N170 Z－23.0；	精车螺纹底孔
N180 X16.0；	退刀
N190 G70 P140 Q180；	精加工循环指令
N200 G00 X100.0 Z100.0；	退刀
N210 T0404 S400；	换 4 号内切槽刀
N220 G00 X21.0 Z2.0；	快速定刀
N230 Z－21.0；	
N240 G75 R0.5；	切槽复合循环
N250 G75 X28.0 Z－23.0 P2000 Q2000 F0.1；	
N260 G00 Z2.0；	退刀
N270 G00 X150.0 Z100.0；	退刀
N280 T0505 S600；	换 5 号内螺纹车刀
N290 G00 X22.0 Z2.0；	快速定刀
N300 G76 P020560 Q50 R－0.05；	螺纹切削复合循环
N310 G76 X24.0 Z－20.0 P975 Q400 F1.5；	
N320 G00 X100.0 Z100.0；	快速退刀
N330 M30；	程序结束并返回程序开始

2. 零件右端加工程序

表 11-24 零件右端加工程序

程 序	说 明
O0002;	
N10 M03 S400 T0303;	主轴正转，选 3 号刀
N20 G00 X16.0 Z2.0;	快速定刀
N30 G94 X0.0 Z0.0;	循环车削端面
N40 G71 U1.0 R0.5;	内孔粗车复合循环
N50 G71 P50 Q90 U-0.3 W0.0 F0.1;	
N60 G00 X24;	精车定刀
N70 G01 Z0.0 F0.1;	
N80 X20.4 Z-18;	精车内锥孔
N90 X16.0;	退刀
N100 G70 P50 Q90;	精加工循环指令
N110 G00 X100.0 Z100.0;	退刀
N120 T0101 S500;	换 1 号外圆车刀
N130 G00 X52.0 Z2.0;	快速定刀
N140 G73 U10.0 W0.0 R8;	
N150 G73 P160 Q210 U0.5 W0.0 F0.1;	外圆粗车仿形循环
N160 G00 X30.0;	精车定刀
N170 G01 Z-5.0 F0.05;	精加工 ϕ30mm 外圆
N180 G03 X36.0 Z-25.0 R20.0;	精车 R20mm 圆弧
N190 G01 Z-37.0;	精加工 ϕ36mm 外圆
N200 G02 X42.0 Z-40.0 R3.0;	精车 R3mm 圆弧
N210 G01 X52.0;	精车端面
N220 G00 X100.0 Z100.0;	退刀
N230 T0202 S800;	换 2 号精车刀
N240 G00 X52.0 Z2.0;	快速定刀
N250 G70 P160 Q210;	精加工循环指令
N260 G00 X100.0 Z100.0;	退刀
N270 M30;	程序结束并返回程序开始

四、 评分标准

评分标准见表 11－25。

表 11－25　中级职业技能综合训练五评分标准

项目与配分		序号	技术要求	配分	评分标准	检测记录	得分
工件加工评分(80%)	外轮廓	1	$\phi36_{-0.03}^{0}$mm	6	超差 0.01 扣 2 分		
		2	$\phi48_{-0.03}^{0}$mm	6	超差 0.01 扣 2 分		
		3	$\phi30_{-0.03}^{0}$mm	6	超差 0.01 扣 2 分		
		4	$\phi38.87_{-0.03}^{0}$mm	4	超差 0.02 扣 1 分		
		5	(55±0.10)mm	4	超差全扣		
		6	R20mm±0.02mm	4	超差全扣		
		7	R3	2	超差全扣		
		8	同轴度 ϕ0.04mm	6	超差 0.01 扣 1 分		
		9	Ra1.6μm(4 处)	8	每处降级扣 2 分		
		10	(15±0.05)mm	4	超差全扣		
		11	5mm	1	超差全扣		
	内轮廓	12	$18_{0}^{+0.10}$mm	4	超差 0.02 扣 1 分		
		13	M24×1.5－6H	8	超差全扣		
		14	1∶5 锥度	6	超差全扣		
		15	$\phi24_{0}^{+0.10}$mm	5	超差全扣		
		16	ϕ26×5mm	2	超差全扣		
		17	Ra1.6μm	4	降级全扣		
程序与工艺(10%)		18	程序正确合理	5	不合理每处扣 2 分		
		19	加工工序卡	5	不合理每处扣 2 分		
机床操作(10%)		20	机床操作规范	5	出错 1 处扣 2 分		
		21	工件、刀具装夹	5	出错 1 处扣 2 分		
安全文明生产(倒扣分)		22	安全操作	倒扣	安全事故停止操作酌扣 5～30 分		
合计				100			

高级职业技能鉴定实例一

加工如图 11－16 所示的零件，该零件的毛坯尺寸为 ϕ50mm×105mm，材料为 45 钢。

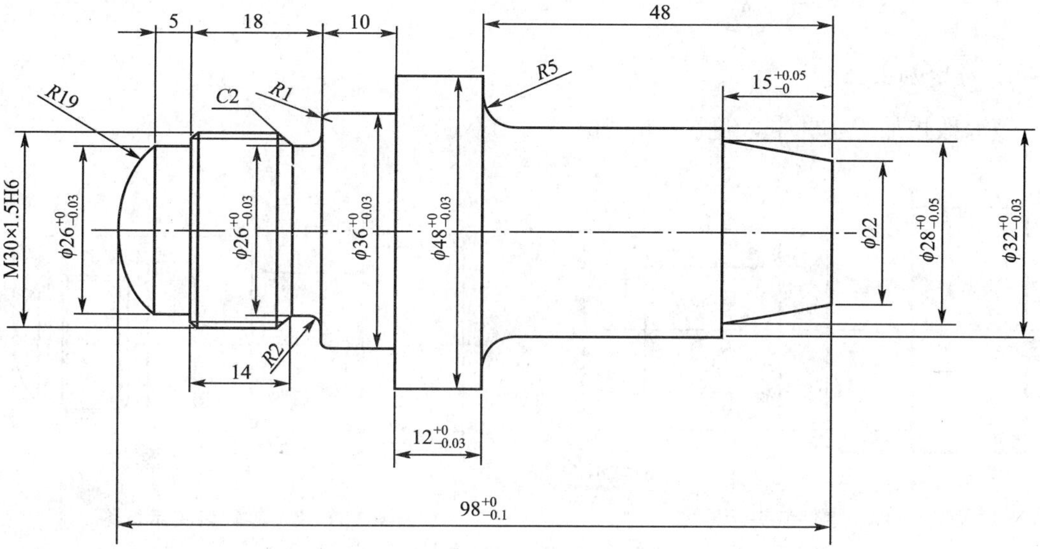

(a) 零件图

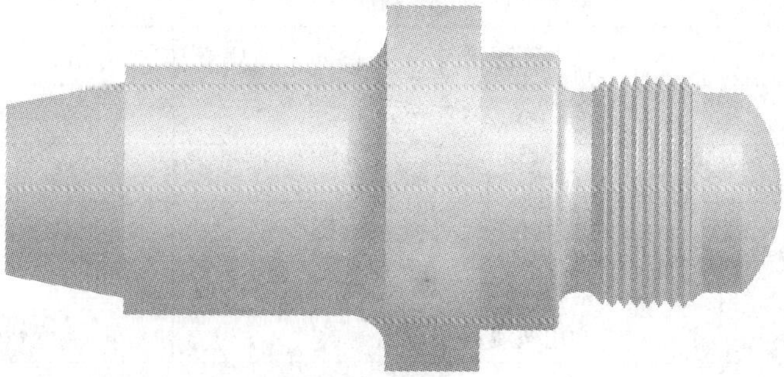

(b) 实体图

图 11－16　高级职业技能鉴定实例一

如图 11－16 所示，该零件轮廓包括外圆、圆弧、锥度、沟槽和螺纹，使用刀具只要外圆仿形粗车刀、外圆仿形精车刀和螺纹车刀即可。各主要外圆表面的表面粗糙度 *Ra* 值均为 1.6μm，要求较高，因此，零件工艺安排分粗、精车，且零件加工表面不能一次装夹完成加工，需要调头安装。

一、工件的装夹方式及加工工艺路线的确定

(1) 选取工件右端面中心为工件坐标系(编程)原点。

(2) 加工路线如下。

① 夹持零件右端毛坯外圆，粗、精车零件左端 $\phi48_{-0.03}^{\ 0}$ mm 与 $\phi32_{-0.03}^{\ 0}$ mm 外圆，以及

$R5$mm 圆弧及锥度，零件装夹示意图如图 11－17 所示。

② 调头，夹持零件左端 $\phi32$mm 外圆，粗、精车零件右端 $\phi36_{-0.03}^{\ 0}$ mm 与 $\phi26_{-0.03}^{\ 0}$ mm 外圆、$R19$mm 圆弧、螺纹外圆及螺纹退刀槽。

③ 加工零件 M30×1.5—6h 外螺纹，零件装夹示意图如图 11－18 所示。

二、 填写相关工艺卡片

1. 确定加工工艺

填写数控加工工艺卡，见表 11－26。

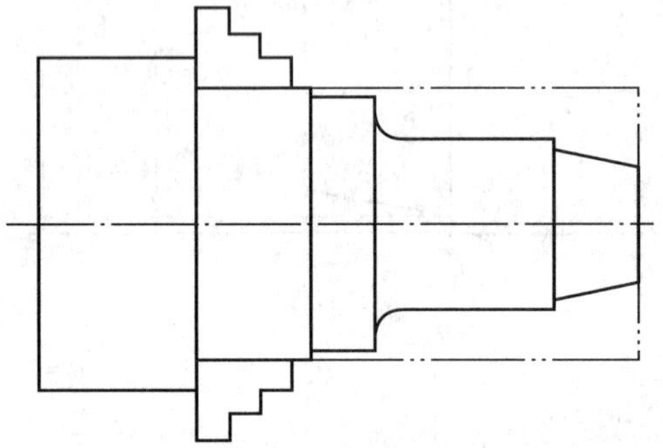

图 11－17　零件装夹示意图一

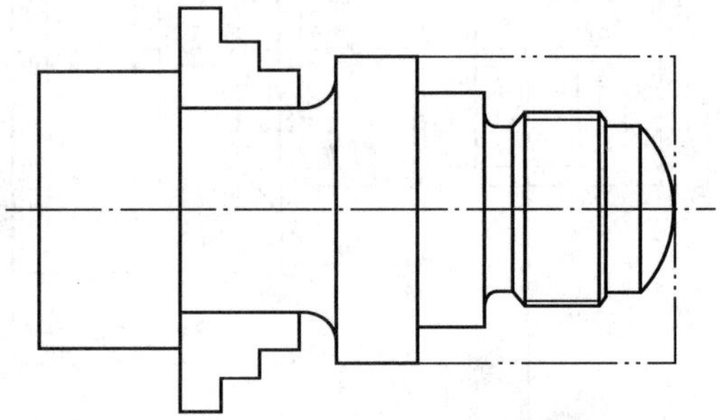

图 11－18　零件装夹示意图二

表 11－26　数控加工工艺卡

工序	名称	工艺要求		操作者	备注
1	下料	$\phi50$mm×125mm			
2	数控车	工步	工步内容	刀具号	
		1	夹零件毛坯外圆车端面	T01	
		2	粗车 $\phi48$mm 与 $\phi32$mm 外圆、$R5$mm 圆弧及锥度	T01	
		3	精车 $\phi48$mm 与 $\phi32$mm 外圆、$R5$mm 圆弧及锥度至要求	T02	
		4	调头车端面控制总长	T01	
		5	夹持 $\phi32$mm 外圆，粗车 $\phi36$ 与 $\phi26$ 外圆、$R19$ 圆弧及螺纹外圆	T01	
		6	精车 $\phi36$ 与 $\phi26$ 外圆、$R19$ 圆弧及螺纹外圆至要求	T02	
		7	车螺纹 M30×1.5 至图样要求	T03	
3	检验	8			

2. 切削用量及刀具选择

切削用量及刀具选择见表 11－27。

表 11－27　切削用量及刀具选择

刀具号	刀具规格名称	数量	加工内容	主轴转速 /(r/min)	进给速度 /(mm/r)	备注
T01	90°外圆粗车刀	1	粗车工件外轮廓	500	0.2	
T02	90°外圆精车刀	1	精车工件外轮廓	800	0.1	
T03	内三角螺纹车刀	1	车 M30×1.5 螺纹	600	1.5	

三、编制加工程序

零件加工程序见表 11－28 和表 11－29。

1. 零件左端加工程序

表 11－28　零件右端加工程序

程　　序	说　　明
O0001;	
N10　M03　T0101　S800;	启动主轴正转，选择 1 号刀及 1 号刀补
N20　G00　X55.0　Z5.0;	快速移到循环起刀点
N30　G94 X0.0 Z0.0;	车端面
N40　G71　U2.0　R1.0;	外圆粗车复合循环
N50　G71　P60 Q140 U0.5 W0.0 F0.2 S500;	
N60　G00　X22.0;	
N70　G01　Z0.0　F0.1;	精车轮廓起始行
N80　G01　X28.0　Z—15.0　F0.1;	精车外圆锥
N90　X32.0;	精车端面
N100　Z—43.0;	精车 ϕ32mm 外圆
N110　G02　X42.0　W5.0　R5.0　F0.1;	精车 $R5$ 圆弧
N120　G01 X48.0　F0.1;	精车端面
N130　Z—62.0	精车 ϕ48mm 外圆
N140　X55.0;	退刀
N150　G00 X100.0 Z100.0;	退刀
N160　T0202 S800;	换 2 号精车刀
N170　G00　X55.0　Z5.0;	快速移到循环起刀点
N180　G70　P60　Q140;	精加工循环指令
N190　G00　X100.0　Z100.0;	退刀
N200　M30;	主程序结束并复位

2. 零件左端加工程序

表 11－29 零件左端加工程序

程　　序	说　　明
O0002；	
N10 M03 S500 T0101；	主轴正转，选择 1 号刀及 1 号刀补
N20 G00 X50.0 Z5.0；	快速移到循环起刀点
N30 G94 X0.0 Z0.0 F0.15.；	循环车削端面
N40 G73 U25.0 W0.0 R10；	
N50 G73 P60 Q180 U0.5 W0.0 F0.2；	外圆粗车复合循环
N60 G00 X0.0；	精车定刀
N70 G01 Z0.0 F0.1；	
N80 G03 X26.0 Z—5.0 R19.0 F0.1；	倒角
N90 Z—10.0；	精车 ϕ26mm 外圆
N100 X29.8 W－2.0；	倒角
N110 Z－22.0；	精车螺纹外圆
N120 X26.0 Z－24.0；	
N130 Z－16.0；	
N140 G02 X30.0 Z－28.0 R2.0 F0.1；	
N150 X34.0；	
N160 G03 X36.0 W－1.0 R1.0 F0.1；	精车 $R1$ 圆弧
N170 G01 W－9.0；	
N180 G01 X52.0 F0.2；	退刀
N190 G00 X100.0 Z50.0；	快速退刀
N200 T0202 M03 S800；	换 2 号精车刀
N210 G00 X50.0 Z5.0；	快速移到循环起刀点
N220 G70 P60 Q180；	精加工循环指令
N230 G00 X100.0 Z50.0；	快速退刀
N240 T0404 S600；	换 4 号外螺纹车刀
N250 G00 X52.0 Z5.0；	快速定刀
N260 G00 X32.0 Z0.0；	
N270 G92 X29.0 Z－25.0 F1.5；	
N280 X28.5；	螺纹加工
N290 X28.2；	
N300 X28.05；	
N310 G00 X100.0 Z50.0；	快速退刀
N320 M30；	程序结束并返回程序开始

四、评分标准

评分标准见表 11－30。

表 11－30　高级职业技能鉴定实例一评分标准

序号	考核项目		考核内容		配分	评分标准	检测结果	得分
1	外形轮廓	外圆	$\phi48_{-0.03}^{0}$ mm	IT	8	超差 0.01 扣 2 分		
				$Ra1.6\mu m$	2	降级不得分		
2			$\phi28_{-0.05}^{0}$ mm	IT	8	超差 0.01 扣 2 分		
				$Ra1.6\mu m$	2	降级不得分		
3			$\phi36_{-0.03}^{0}$ mm	IT	8	超差 0.01 扣 2 分		
				$Ra1.6\mu m$	2	降级不得分		
4	外形轮廓	外圆	$\phi32_{-0.03}^{0}$ mm	IT	8	超差 0.01 扣 2 分		
				$Ra1.6\mu m$	2	降级不得分		
5			$\phi26_{-0.03}^{0}$ mm	IT	8	超差 0.01 扣 2 分		
6				$Ra1.6\mu m$	2	降级不得分		
7			$\phi26_{-0.03}^{0}$ mm	IT	8	超差 0.01 扣 2 分		
8				$Ra1.6\mu m$	2	降级不得分		
9		圆弧	$R5$mm		2	超差全扣		
10			$R19$mm		2	超差全扣		
11		长度	$15_{-0.05}^{0}$ mm		4	超差 0.02 扣 1 分		
12			48mm		2	超差全扣		
			$12_{-0.03}^{0}$ mm		3	超差全扣		
13			5		2	超差全扣		
14			18		2	超差全扣		
15			10		2	超差全扣		
16			$98_{-0.1}^{0}$ mm		2	超差全扣		
17		倒角	$R1$mm、$R2$mm		4	超差全扣		
		螺纹	M30×1.5—6h		5	超差全扣		
18		安全文明生产	1. 遵守安全操作规程 2. 工、夹、量、刀具放置规范，设备维护保养，场地清洁		10	1. 违反酌情扣 5～10 分 2. 情节严重者取消考试资格		
合计					100			

高级职业技能鉴定实例二

加工如图 11－19 所示的零件，该零件的毛坯尺寸为 ϕ55mm×115mm、ϕ55mm×65mm，材料为 45 钢。

如图 11－19 所示，该实例为两件配合，零件轮廓包括外圆、圆弧、锥度、沟槽和螺纹，使用刀具有外圆粗车刀、外圆精车刀、外切槽刀、外螺纹车刀、内切槽刀、内螺纹车刀和内孔车刀。零件加工表面不能一次装夹完成加工，需要调头安装。

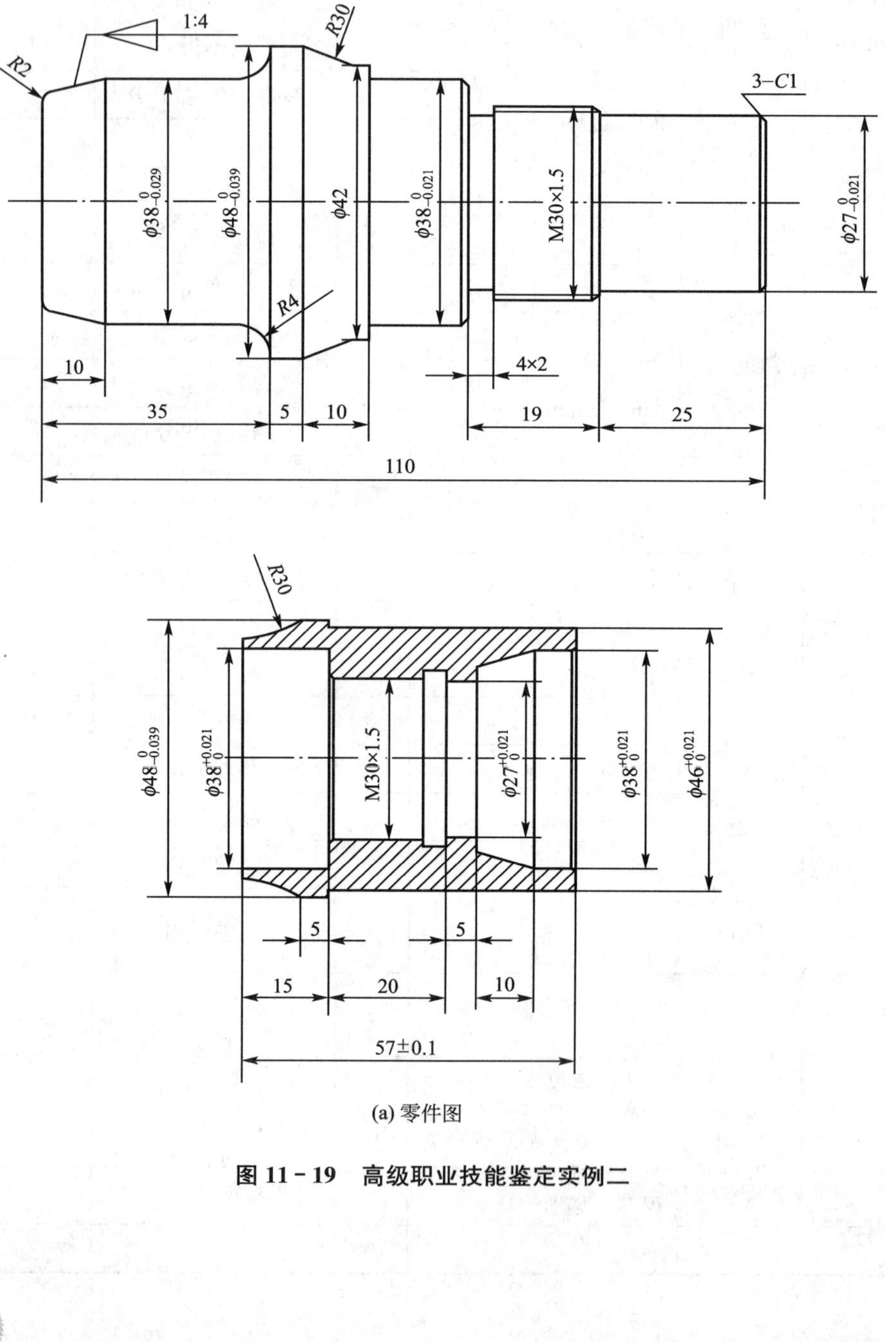

(a) 零件图

图 11－19　高级职业技能鉴定实例二

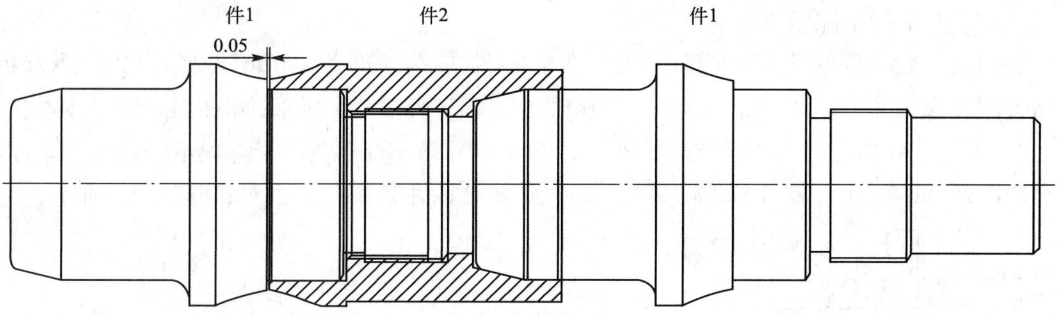

(b) 装配图

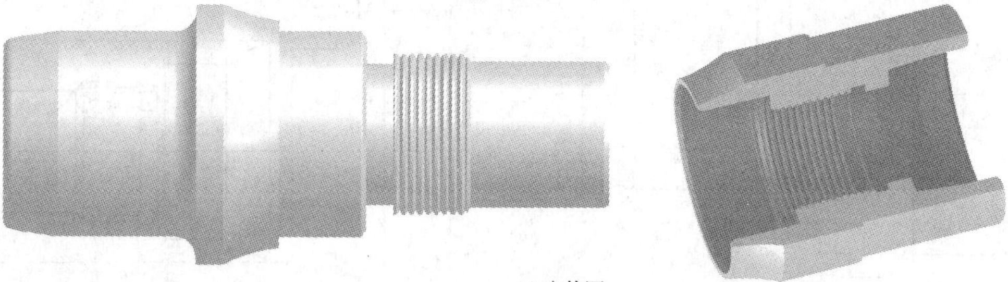

(c) 实体图

图 11－19　高级职业技能鉴定实例二(续)

一、 工件的装夹方式及加工工艺路线的确定

(1) 选取工件右端面中心为工件坐标系(编程)原点。

(2) 零件 2 加工路线如下。

① 夹持零件左端毛坯外圆，粗、精车零件右端 $\phi46^{+0.021}_{0}$mm 外圆。

② 粗、精车零件 $\phi38^{+0.021}_{0}$mm 与 $\phi27^{+0.021}_{0}$mm 内孔及 1∶4 锥度，零件装夹示意图如图 11－20 所示。

③ 调头，夹持零件左端 $\phi46$mm 外圆，粗车零件左端 $\phi48^{0}_{-0.039}$mm 外圆，粗车 $R30$ 圆弧。

④ 粗、精车零件 $\phi38^{+0.021}_{0}$mm 内孔及 M30×1.5 内螺纹底孔。

⑤ 车内螺纹空刀槽。

⑥ 粗、精加工零件 M30×1.5 内螺纹，零件装夹示意图如图 11－21 所示。

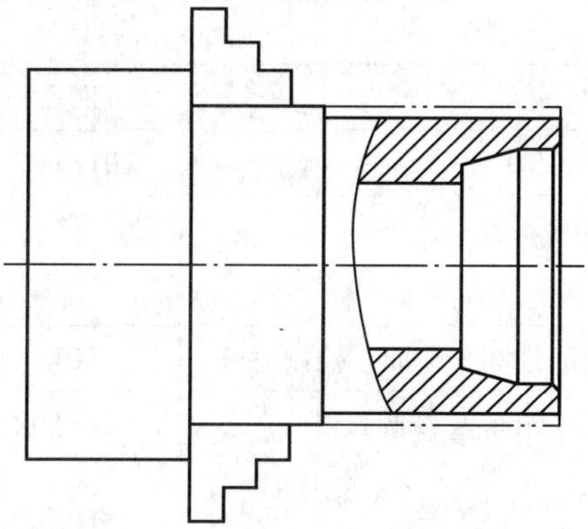

图 11－20　零件装夹示意图

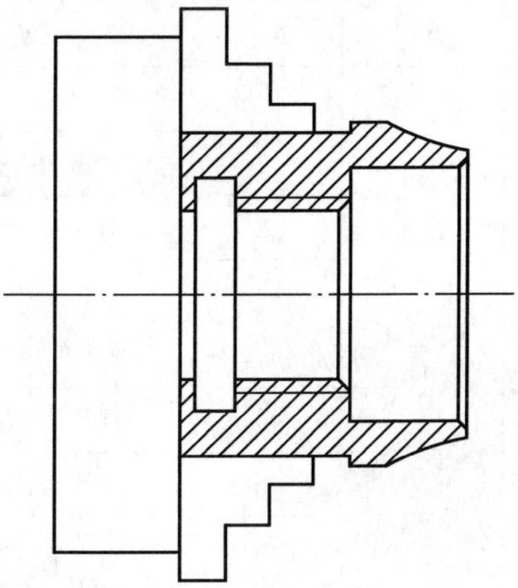

图 11－21　零件装夹示意图

(3) 零件 1 加工路线如下。

① 夹持零件右端毛坯外圆，粗、精车零件左端 $\phi38_{-0.029}^{0}$ mm 外圆，以及 R2mm、R4mm 圆弧及 1∶4 锥度，粗车 $\phi48_{-0.039}^{0}$ mm 外圆，零件装夹示意图如图 11－22 所示。

② 调头，夹持零件左端 ϕ38mm 外圆，粗、精车零件右端 $\phi38_{-0.029}^{0}$ mm 与 $\phi27_{-0.021}^{0}$ mm 外圆，以及 M30×1.5 螺纹外圆，粗车 R30 圆弧，零件装夹示意图如图 11－23 所示。

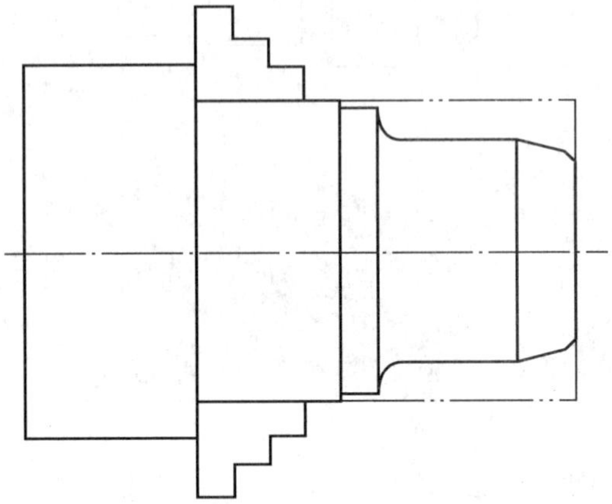

图 11－22　零件装夹示意图

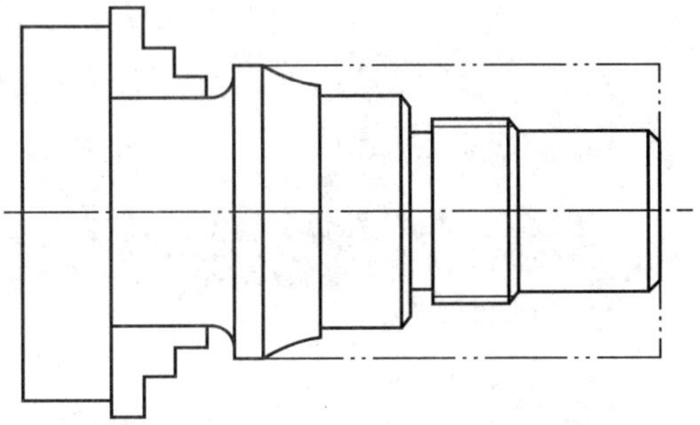

图 11－23　零件装夹示意图

③ 车螺纹空刀槽。

④ 粗、精加工零件 M30×1.5 外螺纹。

(4) 将件 2 配合到件 1 上精车 $\phi48_{-0.039}^{0}$ mm 外圆，精车 R30mm 圆弧至尺寸。

二、 填写相关工艺卡片

1. 确定加工工艺

填写数控加工工艺卡，见表 11－31。

表 11－31　数控加工工艺卡

工序	名称	工艺要求		操作者	备注
1	下料	ϕ50mm×125mm			
2	数控车零件 2	工步	工步内容	刀具号	
		1	夹零件毛坯外圆车端面	T01	
		2	粗、精车 ϕ46mm 外圆	T01/T02	
		3	粗、精车 $\phi38_{0}^{+0.021}$ mm 与 $\phi27_{0}^{+0.021}$ mm 内孔及 1∶4 锥度	T05	
		4	调头，夹持 ϕ46mm 外圆车端面，控制总长	T01	
		5	粗车 ϕ48mm 外圆，粗车 R30 圆弧	T01/T02	
		6	粗、精车 $\phi38_{0}^{+0.021}$ mm 内孔及 M30×1.5 内螺纹底孔	T05	

（续）

工序	名称	工艺要求		操作者	备注
		工步	工步内容	刀具号	
2	数控车零件 2	7	切内沟槽	T06	
		8	车内螺纹 M30×1.5 至图样要求	T07	
3	数控车零件 1	1	夹零件毛坯外圆车端面	T01	
		2	粗车 ϕ48mm 与 ϕ38mm 外圆，以及 R2mm、R4mm 圆弧及 1∶4 锥度	T01	
		3	精车 ϕ38mm 外圆，以及 R2mm、R4mm 圆弧及 1∶4 锥度	T02	
		4	调头车端面控制总长	T01	
		5	夹持 ϕ38mm 外圆，粗车右端 ϕ38mm、ϕ27mm 外圆，粗车M30×1.5 螺纹外圆	T01	
		6	精车右端 ϕ38mm、ϕ27mm 外圆，精车 M30×1.5 螺纹外圆	T02	
		7	切外沟槽	T03	
		8	车螺纹 M30×1.5 至图样要求	T04	
4	配合	1	件 2 与件 1 配合，精车 $\phi 48_{-0.039}^{\ 0}$ mm 外圆及 R30mm 圆弧至尺寸	T02	
5	检验				

2. 切削用量及刀具选择

切削用量及刀具选择见表 11－32。

表 11－32　切削用量及刀具选择

刀具号	刀具规格名称	数量	加工内容	主轴转速/(r/min)	进给速度/(mm/r)	备注
T01	90°外圆粗车刀	1	粗车工件外轮廓	500	0.2	
T02	90°仿形精车刀	1	精车工件外轮廓	800	0.1	
T03	外切槽刀		切空刀槽	400	0.1	
T04	外三角螺纹车刀	1	车 M24×1.5 螺纹	600	1.5	
T05	内孔车刀	1	车内孔	400	0.1	
T06	内切槽刀	1	切空刀槽	400	0.1	
T07	内三角螺纹车刀	1	车 M24×1.5 螺纹	600	1.5	

三、编制加工程序

零件加工程序见表 11－33～表 11－37。

1. 零件 2 加工程序

1）零件 2 右端加工程序

表 11－33　零件 2 右端加工程序

程　　序	说　　明
O0001；	
N10　M03　S500　T0101；	主轴正转，选 1 号刀及 1 号刀补
N20　G00　X55.0　Z3.0；	快速定刀
N30　G94　X0.0　Z0.0　F0.15.；	循环车削端面
N40　G00　X50.0　Z5.0；	快速定刀
N50　G90　X46.0　Z—30.0　F0.10；	循环车削 ϕ46mm 外圆
N60　G00　X100.0　Z50.0；	退刀
N70　T0505　S400；	换 5 号内孔车刀
N80　G00　X25.0　Z5.0；	快速定刀
N90　G71　U1.5　R0.2；	
N100　G71　P110 Q170 U—0.5 W0.0　F0.2；	内孔粗车复合循环
N110　G00　X40.0；	精车定刀
N120　G01　Z0.0 F0.10；	
N130　X38.0 Z—1.0；	倒角
N140　Z—7.0；	精加工 ϕ38mm 内孔
N150　X36.0 Z—17.0；	精车内锥孔
N160　X27.0；	精车端面
N170　W—6.0；	精加工 ϕ27mm 内孔
N180　G00　X24.0　Z5.0；	快速定刀
N190　G70　P110　Q170；	精加工循环指令
N200　G00 X100.0 Z100.0；	退刀
N210　M30；	程序结束并返回程序开始

2）零件 2 左端加工程序

表 11－34　零件 2 左端加工程序

程　　序	说　　明
O0002；	
N10　M03　S500　T0101；	主轴正转，选 1 号刀及 1 号刀补
N20　G00　X55.0　Z3.0；	快速定刀
N30　G94　X0.0　Z0.0　F0.15；	循环车削端面
N40　G00　X50.0　Z5.0；	快速定刀

（续）

程　序	说　明
N50　G90　X49.0　Z－20.0　F0.20；	循环粗车车削 ϕ48mm 外圆
N60　G01　X43.0　Z0.0　F0.1；	圆弧加工定刀
N70　G02　X49.0　Z－10.0　R30.0　F0.2；	粗加工 *R*30mm 圆弧
N80　G00　X100.0　Z50.0；	退刀
N90　T0505　S400；	换 5 号内孔车刀
N100　G00　X24.0　Z5.0；	快速定刀
N110　G71　U1.5　R0.2；	内孔粗车复合循环
N120　G71　P130　Q190　U－0.5　W0.0；	
N130　G00　X40.0；	精车定刀
N140　G01　Z0.0　F0.10；	
N150　X38.0　Z－1.0；	倒角
N160　Z－15.0；	精加工 ϕ38mm 内孔
N170　X30.0；	精车端面
N180　X28.4　W－2.0；	倒角
N190　Z－35.0；	精加工 M30×1.5 内螺纹底孔
N200　G00　X24.0　Z5.0；	快速定刀
N210　G70　P130　Q190；	精加工循环指令
N220　G00　X100.0　Z50.0；	退刀
N230　T0606　S400；	换 6 号内切槽刀
N240　G00　X25.0；	
N250　Z－35.0；	快速定刀
N260　G01　X31.0　F0.10；	切槽
N270　X25.0；	退刀
N280　G00　Z50.0；	快速退刀
N290　X100.0；	
N300　T0707　S600；	换 7 号内螺纹车刀
N310　G00　X25.0；	快速定刀
N320　Z－10.0；	
N330　G92　X29.0　Z－33.0　F1.5；	螺纹加工
N340　X29.5；	
N350　X29.8；	
N360　X30.0；	
N370　G00　Z50.0；	退刀
N380　X100.0；	
N390　M30；	程序结束并返回程序开始

2. 零件 1 加工程序

1）零件 1 左端加工程序

表 11 - 35　零件 1 左端加工程序

程　　序	说　　明
O0003；	
N10　M03　S500　T0101；	主轴正转，选择 1 号刀及 1 号刀补
N20　G00　X50.0　Z5.0；	快速移到循环起刀点
N30　G94　X0.0　Z0.0　F0.15；	循环车削端面
N40　G71　U1.5　R1.0；	外圆粗车复合循环
N50　G71　P60　Q140　U0.5　W0.0 F0.2；	
N60　G00　X31.5；	精车定刀
N70　G01　Z0.0　F0.1；	
N80　G03　X35.5 Z−1.8　R2.0　F0.1；	精车 R2mm 圆弧
N90　G01　X38.0 Z−10.0　F0.1；	精车 1∶4 锥面
N100　Z−31.0；	精车 ϕ38mm 外圆
N110　G02　X46.0　Z−35.0　R4.0；	精车 R4mm 圆弧
N120　G01　X49.0；	精车端面
N130　Z−45.0；	精车 ϕ48mm 外圆至 ϕ49mm
N140　X51.0；	退刀
N150　G00　X100.0　Z50.0；	退刀
N160　T0202　M03　S800；	换 2 号精车刀
N170　G00　X50.0　Z1.0；	快速移到循环起刀点
N180　G70　P60　Q140；	精加工循环指令
N190　G00　X100.0　Z50.0；	退刀
N200　M30；	主程序结束并返回程序头

2）零件 1 右端加工程序

表 11 - 36　零件 1 右端加工程序

程　　序	说　　明
O0004；	
N10　M03　S500　T0101；	主轴正转，选择 1 号刀
N20　G00　X50.0　Z5.0；	快速移到循环起刀点
N30　G94　X0.0　Z0.0　F0.15；	循环车削端面
N40　G71　U1.5　R1.0；	外圆粗车复合循环
N50　G71　P60　Q170　U0.5　W0.0　F0.2；	
N60　G00　X25.0；	精车定刀
N70　G01　Z0.0　F0.1；	
N80　G01　X27.0　Z−1.0；	倒角
N90　Z−25.0；	精车 ϕ27mm 外圆

（续）

程　　序	说　　明
N100　X29.8　W—1.0；	倒角
N110　Z—44.0；	精车螺纹外圆
N120　X36.0；	精车端面
N130　X38.0　W—1.0；	倒角
N140　Z—60.0；	精车 ϕ38mm 外圆
N150　X43.0；	精车端面
N160　G02　X49.0　Z—70.0　R30.0；	粗车 R30 圆弧
N170　G01　X50.0　F0.1；	退刀
N180　G00　X100.0　Z50.0；	快速退刀
N190　T0202　M03　S800；	换 2 号精车刀
N200　G00　X50.0　Z1.0；	快速移到循环起刀点
N210　G70　P60　Q170；	精加工循环指令
N220　G00　X100.0　Z50.0；	快速退刀
N230　M03　S400　T0303；	换 3 号外切槽刀
N240　G00　X33.0　Z—44.0；	快速定刀
N250　G01　X26.0　F0.1；	
N260　X31.0；	切槽
N270　G00　X100.0　Z50.0；	退刀
N280　T0404　S600；	换 4 号外螺纹车刀
N290　G00　X33.0　Z—20.0；	快速定刀
N300　G92　X29.0　Z　42.0　F1.5；	
N310　X28.5；	
N320　X28.2；	螺纹加工
N330　X28.05；	
N340　G00　X100.0　Z50.0；	退刀
N350　M30；	程序结束并返回程序开始

3. 零件 1、零件 2 配合加工程序

表 11－37　零件 1、零件 2 配合加工程序

程　　序	说　　明
O0005；	
N10　M03　S800　T0202；	启动主轴正转，选择 1 号刀及 1 号刀补
N20　G00　X50.0　Z5.0；	快速定刀
N30　X48.0　Z—40.0；	
N40　G01　Z—47.0　F0.1；	精车 ϕ48mm 外圆
N50　G02　X48.0　W—20.0 R30.0　F0.1；	精车 R30mm 圆弧
N60　G01　W—6.0　F0.1；	精车 ϕ48mm 外圆
N70　G00　X50.0；	退刀
N80　Z100.0；	快速退刀
N90　M30；	程序结束并返回程序开始

四、评分标准

评分标准见表 11－38。

表 11－38　高级职业技能鉴定实例二评分标准

序号	考核项目		考核内容		配分	评分标准	检测结果	得分
1	零件 1	外圆	$\phi48_{-0.021}^{0}$mm	IT	4	超差不得分		
				$Ra1.6\mu m$	2	降级不得分		
2			$\phi38_{-0.029}^{0}$mm	IT	4	超差不得分		
				$Ra1.6\mu m$	2	降级不得分		
3			$\phi38_{-0.021}^{0}$mm	IT	4	超差不得分		
				$Ra1.6\mu m$	2	降级不得分		
4			$\phi27_{-0.021}^{0}$mm	IT	4	超差不得分		
				$Ra1.6\mu m$	2	降级不得分		
5		长度	35mm	IT	1	超差不得分		
6			110mm	IT	2	超差不得分		
7		倒角	3－$C1$		3	1 处未做扣 1 分		
8		外锥	1∶4	角度	2	超差不得分		
				$Ra1.6\mu m$	1	降级不得分		
9		圆弧	$R2$mm、$R4$mm		2	1 处未做扣 1 分		
10			$R30$mm	IT	2	超差不得分		
				$Ra1.6\mu m$	2	降级不得分		
11		螺纹	M30×1.5	IT	5	超差不得分		
12	零件 2	外圆	$\phi48_{-0.021}^{0}$mm	IT	4	超差不得分		
				$Ra1.6\mu m$	2	降级不得分		
13			$\phi46_{-0.021}^{0}$mm	IT	4	超差不得分		
				$Ra1.6\mu m$	2	降级不得分		
14		内孔	$\phi38_{0}^{+0.021}$mm（左端）	IT	4	超差不得分		
				$Ra1.6\mu m$	2	降级不得分		
15			$\phi38_{0}^{+0.021}$mm（右端）	IT	4	超差不得分		
				$Ra1.6\mu m$	2	降级不得分		
16			$\phi27_{0}^{+0.021}$mm	IT	4	超差不得分		
				$Ra1.6\mu m$	2	降级不得分		

（续）

序号	考核项目		考核内容		配分	评分标准	检测结果	得分
17		内锥	1∶4	角度	2	配研后晃动不得分		
				$Ra1.6\mu m$	1	降级不得分		
18		长度	总长 (57±0.1)mm	IT	4	超差不得分		
19			15mm	IT	2	超差不得分		
20		圆弧	$R30mm$	IT	2	超差不得分		
				$Ra1.6\mu m$	2	降级不得分		
21		倒角	3−$C1$		3	1处未做扣1分		
22		螺纹	M30×1.5	IT	5	超差不得分		
23	配合	$R30mm$圆弧	透光间隙小于等于0.05mm		5	超差不得分		
24	扣分项	尺寸	未注公差尺寸按IT14级		—	1处超差扣1分		
25		安全文明生产	1. 遵守安全操作规程 2. 工、夹、量、刀具放置规范，设备维护保养，场地清洁		—	1. 违反酌情扣5～10分 2. 情节严重者取消考试资格		
	合计				100			

高级职业技能鉴定实例三

加工如图11-24所示的零件，该零件的毛坯尺寸为ϕ50mm×156mm，材料为LY15。

如图11-24所示，该实例为两件配合，零件轮廓包括外圆、圆弧、非圆曲线、锥度、沟槽和内外螺纹，使用刀具有外圆粗车刀、外圆精车刀、外切槽刀、外螺纹车刀、内切槽刀、内螺纹车刀和内孔车刀。各主要外圆表面的表面粗糙度Ra值均为1.6μm，要求较高，因此，零件工艺安排分粗、精车，且零件加工表面不能一次装夹完成加工，需要调头安装。

一、工件的装夹方式及加工工艺路线的确定

(1) 选取工件右端面中心为工件坐标系(编程)原点。

(2) 零件加工路线如下。

① 夹持零件毛坯左端外圆，粗、精车零件2右端$\phi 46_{-0.026}^{\ 0}$mm与$\phi 36_{-0.026}^{\ 0}$mm外圆及38mm×26mm椭圆。

② 粗、精车零件2的3×$5_{\ 0}^{+0.03}$mm精度槽，零件装夹示意图如图11-25所示。

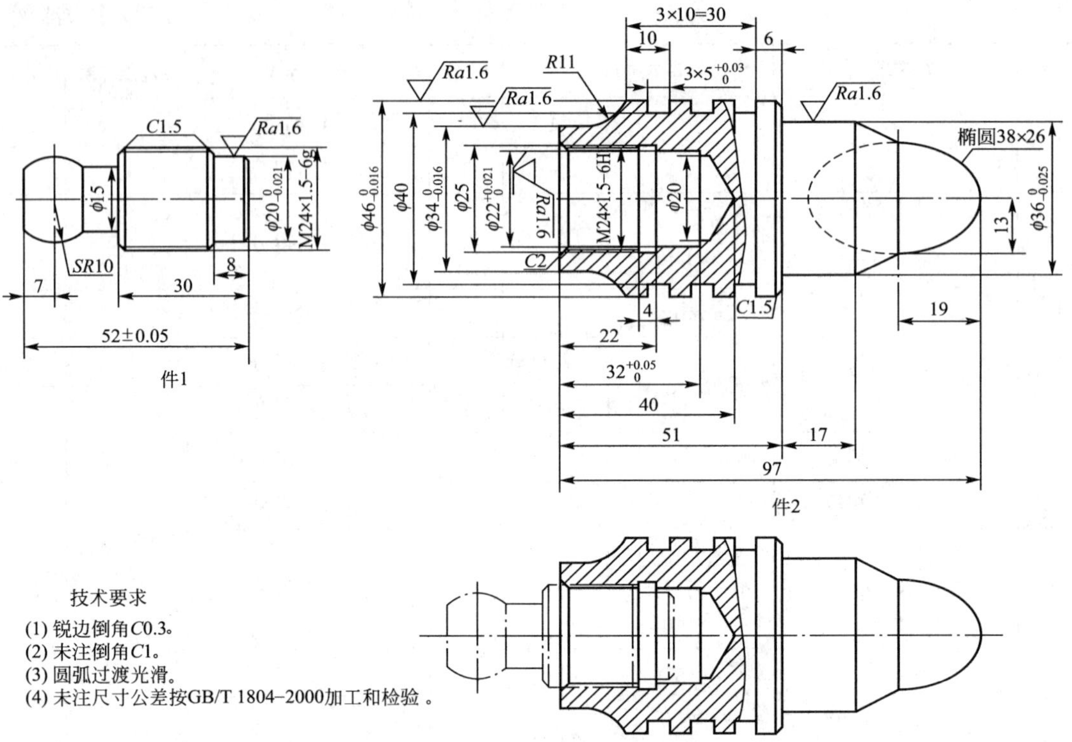

(a) 零件图

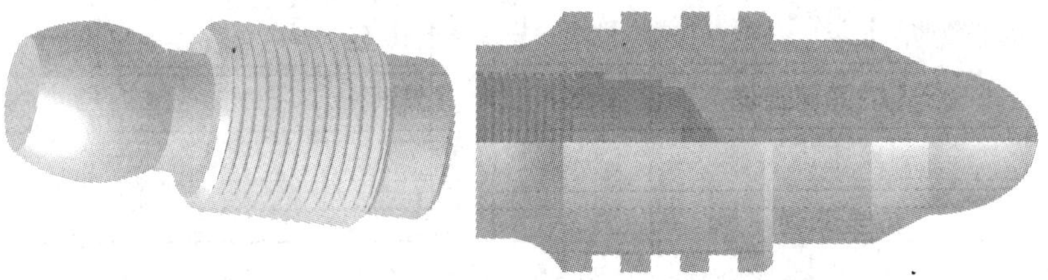

(b) 实体图

图 11－24　高级职业技能鉴定实例三

③ 调头，夹持零件毛坯外圆，粗、精车零件 1 右端 $\phi20_{-0.021}^{\ 0}$ mm 外圆、M24×1.5 螺纹外圆、$\phi15$mm 外圆及 $SR10$mm 圆弧，零件装夹示意图如图 11－26 所示。

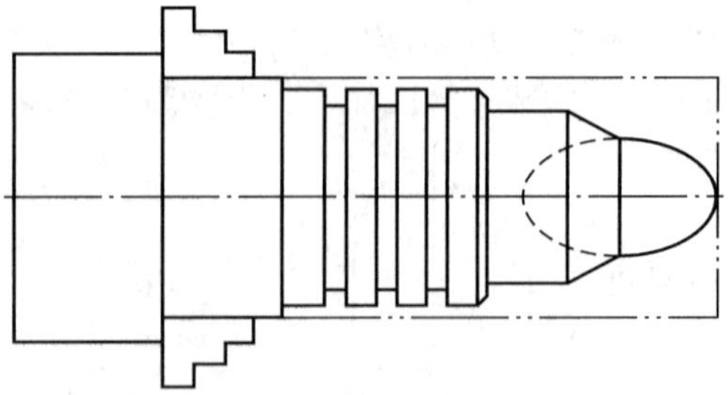

图 11－25　零件装夹示意图一

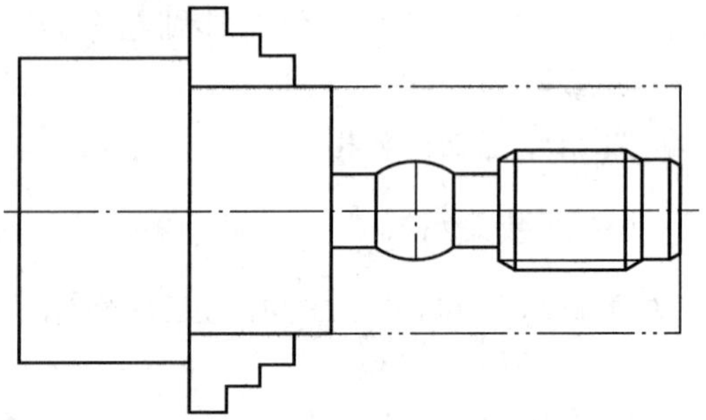

图 11－26　零件装夹示意图二

④ 车 M24×1.5 螺纹至尺寸要求。

⑤ 切断零件 1。

⑥ 夹持 ϕ36mm 外圆车端面控制总长。

⑦ 粗、精车零件 $\phi34_{-0.016}^{0}$ mm 外圆、R11 圆弧。

⑧ 粗、精车零件 $\phi22_{0}^{+0.021}$ mm 内孔、M24×1.5 内螺纹底孔。

⑨ 车内螺纹空刀槽。

⑩ 粗、精加工零件 M24×1.5 内螺纹，零件装夹示意图如图 11－27 所示。

⑪ 将零件 1 配合到零件 2 上精车端面，控制零件 1 长度至尺寸要求。

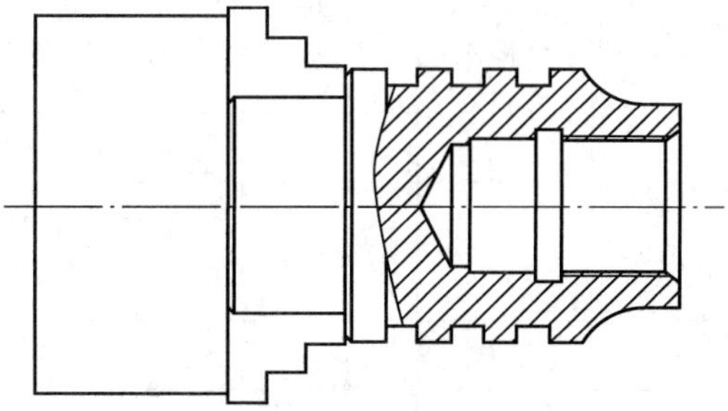

图 11－27　零件装夹示意图

二、 填写相关工艺卡片

1. 确定加工工艺

填写数控加工工艺卡，见表 11－39。

表 11－39　数控加工工艺卡

工序	名称	工艺要求		操作者	备注
1	下料	ϕ50mm×125mm			
2	数控车零件 2	工步	工步内容	刀具号	
		1	夹零件毛坯外圆车端面	T01	
		2	粗、精车件 2 右端 ϕ46mm 与 ϕ36mm 外圆、锥面及椭圆表面	T01/T02	
		3	车 3×5 精度槽	T03	
3	数控车零件 1	1	调头，夹持毛坯外圆，粗、精车零件 1 右端 $\phi20_{-0.021}^{0}$ mm 外圆及 M24×1.5 螺纹外圆	T01/T02	
		2	粗、精车 ϕ15mm 外圆及 SR10mm 圆弧	T03/T02	
		3	车 M24×1.5 螺纹至尺寸要求	T04	
		4	切断零件 1	T03	
4	数控车零件 2	1	调头，夹持 ϕ36mm 外圆车端面控制总长	T01	
		2	粗、精车零件 $\phi34_{-0.016}^{0}$ mm 外圆及 R11mm 圆弧	T01/T02	
		3	粗、精车零件 $\phi22_{0}^{+0.021}$ mm 内孔及 M24×1.5 内螺纹底孔	T05	

（续）

工序	名称	工艺要求		操作者	备注
4	数控车零件 2	工步	工步内容	刀具号	
		4	车内螺纹空刀槽	T06	
		5	粗、精加工零件 M24×1.5 内螺纹	T07	
5			将零件 1 配合到零件 2 上精车端面，控制零件 1 长度至尺寸要求	T01	
6	配合				
7	检验				

2. 切削用量及刀具选择

切削用量及刀具选择见表 11－40。

表 11－40　切削用量及刀具选择

刀具号	刀具规格名称	数量	加工内容	主轴转速 /(r/min)	进给速度 /(mm/r)	备注
T01	90°外圆粗车刀	1	粗车工件外轮廓	500	0.2	
T02	90°仿形精车刀	1	精车工件外轮廓	800	0.1	
T03	外切槽刀		切空刀槽	400	0.1	
T04	外三角螺纹车刀	1	车 M24×1.5 螺纹	600	1.5	
T05	内孔车刀	1	车内孔	400	0.1	
T06	内切槽刀	1	切空刀槽	400	0.1	
T07	内三角螺纹车刀	1	车 M24×1.5 螺纹	600	1.5	

三、 编制加工程序

零件加工程序见表 11－41～表 11－43。

1. 零件 2 右端加工程序

表 11－41　零件右端加工程序

程　序	说　明
O0001;	
N10　M03　S500　T0101;	主轴正转，选择 1 号刀及 1 号刀补
N20　G00　X50.0　Z5.0;	快速移到循环起刀点
N30　G94　X0.0　Z0.0　F0.15.;	循环车削端面
N40　G73 U25.0 W0.0 R10;	外圆粗车复合循环
N50　G73 P60 Q200 U0.5 W0.0 F0.2;	
N60　G00 X0.0;	精车定刀

（续）

程　　序	说　　明
N70　G01 Z0.0　F0.1；	
N80　#1=19.0；	加工椭圆
N90　#2=13.0；	
N100　#3=19.0；	
N110　#4=#2*SQRT[#1*#1-#3*#3]/#1；	
N120　G01 X[2*#4]　Z[#3-19.0]　F0.1；	
N130　#3=#3-0.5；	
N140　IF[#3 GE 0] GOTO 110；	
N150　G01 X36.0 Z-29.0　F0.2；	精车锥面
N160　Z-46.0；	精车 ϕ36mm 外圆
N170　X44.0；	精车端面
N180　X46.0W-1.0；	倒角
N190　Z-85.0；	精车 ϕ46mm 外圆
N200　G01 X52.0 F0.2；	退刀
N210　G00 X100.0 Z50.0；	快速退刀
N220　T0202 M03 S800；	换 2 号精车刀
N230　G00　X50.0　Z5.0；	快速移到循环起刀点
N240　G70 P60 Q200；	精加工循环指令
N250　G00 X100.0 Z50.0；	快速退刀
N260　M30；	程序结束并返回程序开始

2. 零件 1 加工程序

表 11-42　零件 1 加工程序

程　　序	说　　明
O0002；	
N10　M03 S500 T0101；	主轴正转，选择 1 号刀及 1 号刀补
N20　G00　X50.0 Z5.0；	快速移到循环起刀点
N30　G94　X0.0　Z0.0　F0.15.；	循环车削端面
N40　G73 U25.0 W0.0 R10；	外圆粗车复合循环
N50　G73 P60 Q150 U0.5 W0.0 F0.2；	
N60　G00 X18.0；	精车定刀
N70　G01 Z0.0　F0.1；	
N80　G01 X20.0　Z-1.0　F0.1；	倒角
N90　Z-8.0；	精车 ϕ20mm 外圆
N100　X23.8　W-2.0；	倒角
N110　Z-30.0；	精车 M24 螺纹外圆

(续)

程　　序	说　　明
N120　X15.0　Z－38.38；	车圆弧定刀
N130　G03 X15.0 Z－52.0　R10.0 F0.2；	精车 *SR*10mm 圆弧
N140　G01 W－6.0；	车切刀口
N150　G01 X52.0 F0.2；	退刀
N160　G00 X100.0 Z50.0；	快速退刀
N170　T0202 M03 S800；	换 2 号精车刀
N180　G00 X50.0 Z5.0；	快速移到循环起刀点
N190　G70 P60Q150；	精加工循环指令
N200　G00 X100.0 Z50.0；	快速退刀
N210　T0404 S600；	换 4 号外螺纹车刀
N220　G00 X52.0 Z5.0；	快速定刀
N230　G00 X28.0 Z0.0；	
N240　G92 X23.0 Z－32.0 F1.5；	螺纹加工
N250　　　X22.5；	
N260　　　X22.2；	
N270　　　X22.05；	
N280　G00 X100.0　Z50.0；	快速退刀
N290　T0303　S400；	换 3 号外切槽刀
N300　G00　X52.0　Z5.0；	快速定刀
N310　G00　X28.0　Z－35.0；	
N320　G94　X15.0　W0.0 F0.1；	循环切槽
N330　　　Z－38.38；	
N340　G00　Z－57.5；	切断定刀
N350　G01　X0.0 F0.1；	切断件 1
N360　G00 X100.0 Z50.0；	快速退刀
N370　M30；	程序结束并返回程序开始

3. 零件 2 左端加工程序

表 11－43　零件左端加工程序

程　　序	说　　明
O0003；	
N10　M03 S500 T0101；	主轴正转，选 1 号刀及 1 号刀补
N20　G00　X55.0　Z3.0；	快速定刀
N30　G94　X0.0　Z0.0　F0.15；	循环车削端面
N40　G00　X50.0　Z5.0；	快速定刀
N50　G71　U1.5　R0.2；	粗车复合循环

（续）

程　　序	说　　明
N60　G71 P60 Q100 U0.5 W0；	
N70　G00　X34.0；	精车定刀
N80　G01　Z−5.2　F0.1；	精加工 ϕ34mm 外圆
N90　G02　X46.0　Z−15.0　R11.0　F0.2；	精加工 R11mm 圆弧
N100　G01　X50.0；	退刀
N110　G00　X100.0　Z50.0；	快速退刀
N120　T0202 M03 S800；	换 2 号精车刀
N130　G00　X50.0　Z5.0；	快速移到循环起刀点
N140　G70　P60 Q100；	精加工循环指令
N150　G00　X100.0　Z50.0；	快速退刀
N160　T0505 S400；	换 5 号内孔车刀
N170　G00　X18.0　Z5.0；	快速定刀
N180　G90　X19.5　Z−32.0；	内孔粗车复合循环
N190　X22.0　Z−22.0；	
N200　G00　X24.0　Z5.0；	精车定刀
N210　G01　Z0.0　F0.1；	
N220　X22.4Z−1.0	倒角
N230　Z−22.0；	精加工 ϕ38mm 内孔
N240　X20.0；	精车端面
N250　Z−32.0；	精加工 M30×1.5 内螺纹底孔
N260　X18.0；	
N270　G00 Z5.0；	快速定刀
N280　X100.0 Z100.0；	退刀
N290　T0606　S400；	换 6 号内切槽刀
N300　G00　X20.0；	快速定刀
N310　Z−22.0；	
N320　G01　X25.0　F0.10；	切槽
N330　X20.0；	退刀
N340　G00　Z50.0；	快速退刀
N350　X100.0　Z100；	
N360　T0707　S600；	换 7 号内螺纹车刀
N370　G00 X20.0　Z5.0；	快速定刀
N380　G92　X23.0　Z−20.0　F1.5；	
N390　X23.5；	螺纹加工
N400　X23.8；	
N410　X24.0；	
N420　G00　Z50.0；	退刀
N430　X100.0；	
N440　M30；	程序结束并返回程序开始

四、评分标准

评分标准见表 11－44。

表 11-44　高级职业技能鉴定实例三评分标准

序号	项目	内容及要求		配分	评分标准	检测结果	得分
1	零件 1	$\phi20_{-0.021}^{\ 0}$ mm	IT	4	每超 0.01 扣 1 分		
2			$Ra1.6\mu m$	2	每降 1 级扣 1 分		
3		M24×1.5－6g		8	超差不得分		
4		SR10mm		4	超差不得分		
5		倒角(3 处)		3	错、漏 1 处扣 1 分		
6		(52±0.05)mm		2	每超 0.01 扣 1 分		
7	零件 2	$\phi46_{-0.016}^{\ 0}$ mm	IT	4	每超 0.01 扣 1 分		
8			$Ra1.6\mu m$	2	每降 1 级扣 1 分		
9		$\phi34_{-0.016}^{\ 0}$ mm	IT	4	每超 0.01 扣 1 分		
10			$Ra1.6\mu m$	2	每降 1 级扣 1 分		
11		$\phi22_{\ 0}^{+0.021}$ mm	IT	4	每超 0.01 扣 1 分		
12			$Ra1.6\mu m$	2	每降 1 级扣 1 分		
13		$\phi36_{-0.025}^{\ 0}$ mm	IT	4	每超 0.01 扣 1 分		
14			$Ra1.6\mu m$	2	每降 1 级扣 1 分		
15		M24×1.5－6H		8			
16		$5_{\ 0}^{+0.03}$ mm(3 处)		6	每超 0.01 扣 1 分		
17		$32_{\ 0}^{+0.03}$ mm		2	每超 0.01 扣 1 分		
18		(97±0.05)mm		3	每超 0.01 扣 1 分		
19		椭圆 38mm×26mm		8	超差不得分		
20		R11mm		4	超差不得分		
21		倒角(3 处)		3	错、漏 1 处扣 1 分		
22	配合	螺纹配合		8	超差不得分		
23		安全文明生产	1. 遵守机床安全操作规程 2. 刀具、工具、量具放置规范 3. 设备保养、场地清洁	6	酌情扣 1～5 分		
24		程序编制	1. 指令正确，程序完整 2. 加工顺序及刀具轨迹路线合理 3. 刀具补偿功能运用正确、合理 4. 切削参数、坐标系选择正确、合理	5	酌情扣 1～5 分		
	合计			100			

高级职业技能鉴定实例四

加工如图 11-28 所示的零件，该零件毛坯尺寸为 ϕ50mm×160mm，材料为 45 钢。

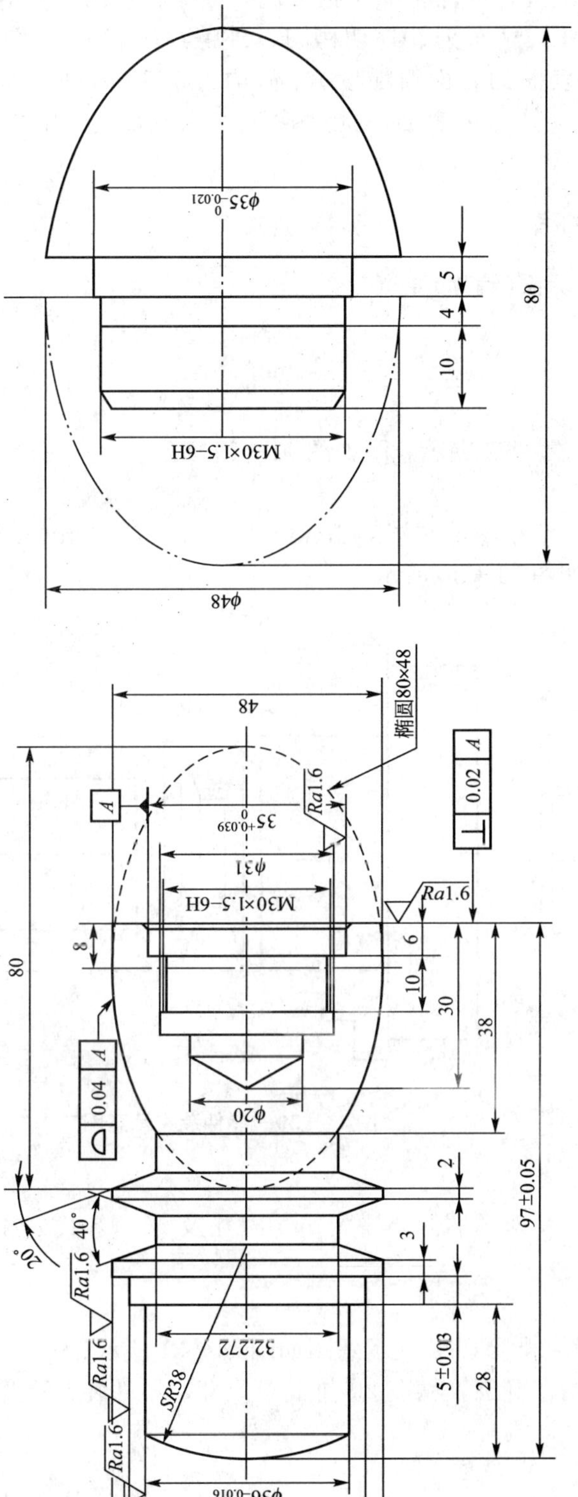

(a) 零件图

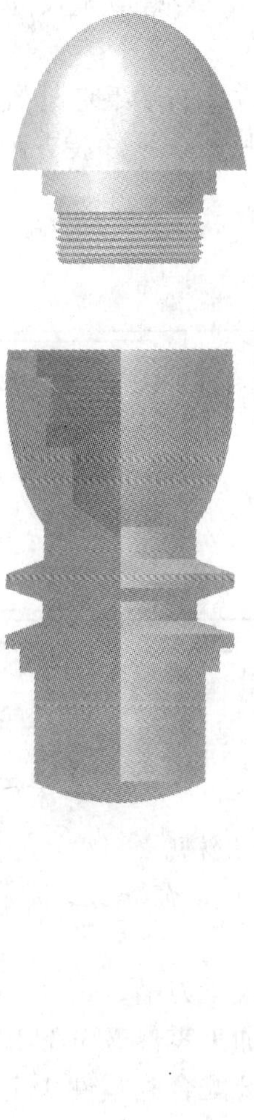

(b) 实体图

图 11－28　高级职业技能鉴定实例四

如图 11－28 所示，该实例为两件配合，零件轮廓包括外圆、圆弧、椭圆、梯型槽和内外螺纹，使用刀具有外圆粗车刀、外圆精车刀、外切槽刀、外螺纹车刀、内切槽刀、内螺纹车刀和内孔车刀。各主要外圆表面的表面粗糙度 Ra 值均为 1.6μm，要求较高，因此，零件工艺安排分粗、精车，且零件加工表面不能一次装夹完成加工，需要调头安装。

一、 工件的装夹方式及加工工艺路线的确定

(1) 选取工件右端面中心为工件坐标系(编程)原点。

(2) 零件加工路线如下。

① 夹持零件毛坯外圆，粗、精车零件 2 左端 $\phi35_{-0.021}^{\ 0}$ mm 外圆及 M30×1.5 螺纹外圆。

② 车 M30×1.5 螺纹至尺寸要求，零件装夹示意图如图 11－29 所示。

③ 切断零件 2。

④ 夹持零件 2 右端毛坯外圆，粗、精车零件左端 ϕ48mm、ϕ42mm、ϕ36mm 外圆，以及 SR38mm 圆弧面，零件装夹示意图如图 11－30 所示。

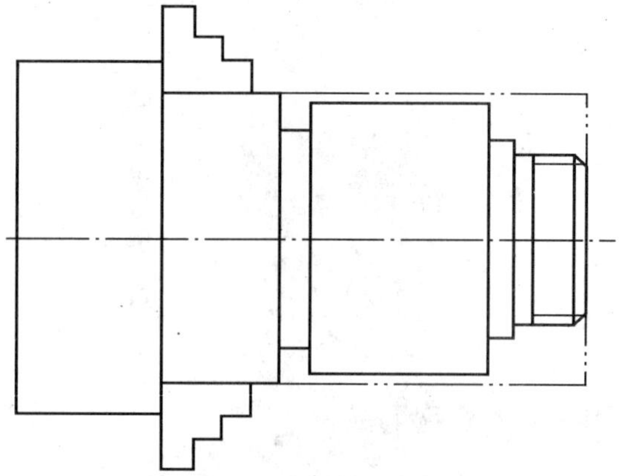

图 11－29　零件装夹示意图一

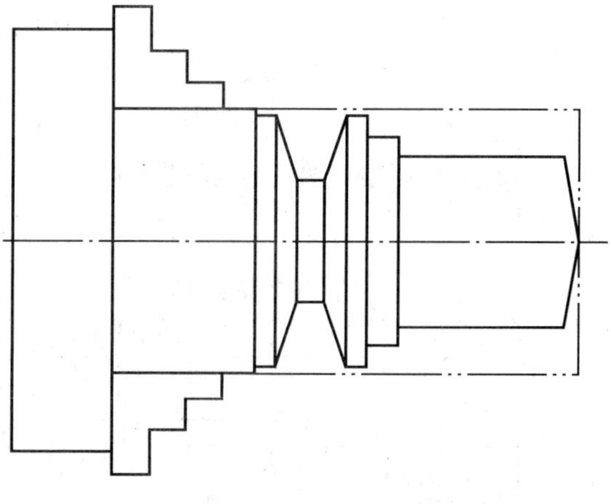

图 11－30　零件装夹示意图二

⑤ 车 40°V 形槽。

⑥ 调头，夹持 ϕ36mm 外圆，粗、精车零件 $\phi35_{\ 0}^{+0.039}$ mm 内孔及 M30×1.5 内螺纹底孔。

⑦ 车内螺纹空刀槽。

⑧ 粗、精加工零件 M30×1.5 内螺纹，零件装夹示意图如图 11－31 所示。

⑨ 将零件 2 配合到零件 1 上粗、精车椭圆，精车 20°锥面至尺寸，零件装夹示意图如图 11－32 所示。

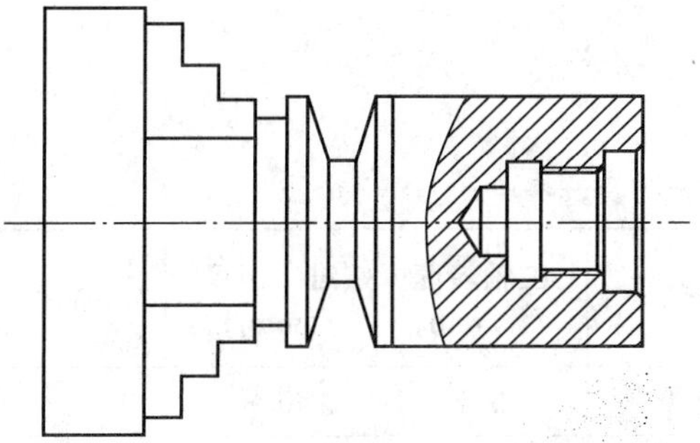

图 11－31　零件装夹示意图

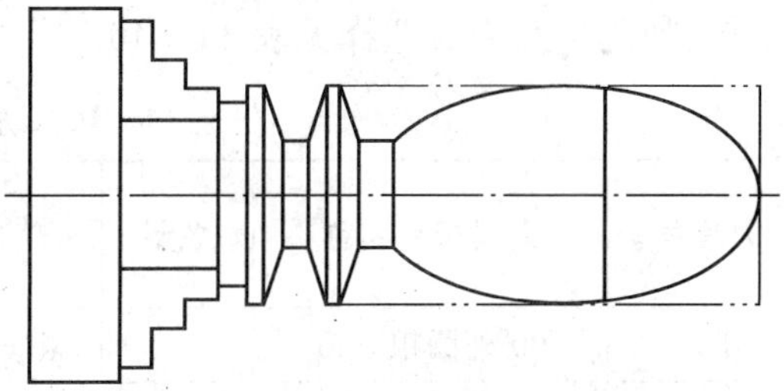

图 11－32　零件装夹示意图

二、填写相关工艺卡片

1. 确定加工工艺

填写数控加工工艺卡，见表 11－45。

表 11－45　数控加工工艺卡

工序	名称	工艺要求		操作者	备注
1	下料	ϕ50mm×125mm			
2	数控车零件 2	工步	工步内容	刀具号	
		1	夹零件毛坯外圆车端面	T01	
		2	粗、精车零件 2 左端 $\phi 35_{-0.021}^{0}$ mm 外圆及 M30×1.5 螺纹外圆	T01/T02	
		3	车 M30×1.5 螺纹至尺寸要求	T04	
		4	切断零件 2	T03	
3	数控车零件 1	1	夹持零件 2 右端毛坯外圆，粗、精车零件左端 ϕ48mm、ϕ42mm、ϕ36mm 外圆，以及 SR38mm 圆弧面	T01/T02	
		2	车 40°V 形槽	T03	
		3	调头，夹持 ϕ36mm 外圆，粗、精车零件 $\phi 35_{0}^{+0.039}$ mm 内孔及 M30×1.5 内螺纹底孔	T05	
		4	车内螺纹空刀槽	T06	
		7	粗、精加工零件 M30×1.5 内螺纹	T07	
4	配合	1	将零件 2 配合到零件 1 上粗、精车椭圆，精车 20°锥面至尺寸	T01/T02	
5	检验				

2. 切削用量及刀具选择

切削用量及刀具选择见表 11－46。

表 11－46 切削用量及刀具选择

刀具号	刀具规格名称	数量	加工内容	主轴转速/(r/min)	进给速度/(mm/r)	备注
T01	90°外圆粗车刀	1	粗车工件外轮廓	500	0.2	
T02	90°仿形精车刀	1	精车工件外轮廓	800	0.1	
T03	外切槽刀		切空刀槽	400	0.1	
T04	外三角螺纹车刀	1	车 M24×1.5 螺纹	600	1.5	
T05	内孔车刀	1	车内孔	400	0.1	
T06	内切槽刀	1	切空刀槽	400	0.1	
T07	内三角螺纹车刀	1	车 M24×1.5 螺纹	600	1.5	

三、 编制加工程序

零件加工程序见表 11－47～表 11－50。

1. 零件 2 左端加工程序

表 11－47 零件 2 左端加工程序

程　　序	说　　明
O0001;	
N10 M03 S500 T0101;	主轴正转，选 1 号刀及 1 号刀补
N20 G00 X55.0 Z3.0;	快速定刀
N30 G94 X0.0 Z0.0 F0.15;	循环车削端面
N40 G00 X50.0 Z5.0;	快速定刀
N50 G71 U1.5 R0.2;	粗车复合循环
N60 G71 P60 Q100 U0.5 W0.0;	
N70 G00 X26.0;	精车定刀
N80 G01 Z0.0 F0.10;	
N90 X29.8 Z−2.0;	倒角
N100 Z−14.0;	精车螺纹外圆
N110 X35.0;	精车端面
N120 Z−19.0;	精车 ϕ35mm 外圆
N130 X49.0;	
N140 Z−60.0;	
N150 G01 X55.0;	退刀
N160 G00 X100.0 Z50.0;	快速退刀

（续）

程　　序	说　　明
N170　T0202　M03　S800；	换 2 号精车刀
N180　G00　X50.0　Z5.0；	快速移到循环起刀点
N190　G70　P60　Q100；	精加工循环指令
N200　G00　X100.0　Z50.0；	快速退刀
N210　T0303 S400；	换 3 号切槽刀
N220　G00　X55.0 Z5.0；	快速定刀
N230　　　Z—60.0；	
N240　G94　X0.0　W0.0　F0.1；	切断件 2
N250　G00　X100.0　Z50.0；	快速退刀
N260　M30；	程序结束并返回程序开始

2. 零件 1 加工程序

1）零件 1 左端加工程序

表 11－48　零件 1 左端加工程序

程　　序	说　　明
O0002；	
N10　M03　S500 T0101；	主轴正转，选 1 号刀及 1 号刀补
N20　G00　X55.0　Z3.0；	快速定刀
N30　G94　X0.0　Z0.0 F0.15.；	循环车削端面
N40　G00　X50.0　Z5.0；	快速定刀
N50　G71　U1.5　R0.2；	粗车复合循环
N60　G71　P60　Q150　U0.5　W0.0；	
N70　G00　X0.0；	精车定刀
N80　G01　Z0.0F0.10；	
N90　G03　X36.0　Z—2.0　R38.0 F0.2；	精车 *SR*38mm 圆弧
N100　　　Z—28.0；	精车 ϕ36mm 外圆
N110　　　X42.0；	精车端面
N120　　　W—5.0；	精车 ϕ42mm 外圆
N130　　　X48.0；	精车端面
N140　　　Z—55.0；	精车 ϕ48mm 外圆
N150　G01　X55.0；	退刀
N160　G00　X100.0　Z50.0；	快速退刀
N170　T0202　M03 S800；	换 2 号精车刀
N180　G00　X50.0　Z5.0；	快速移到循环起刀点
N190　G70　P60　Q150；	精加工循环指令
N200　G00　X100.0　Z50.0；	快速退刀
N210　T0303　S400；	换 3 号切槽刀

(续)

程　　序	说　　明
N220　G00　X55.0　Z5.0;	快速定刀
N230　　　Z—43.66;	
N240　G94　X22.272　W0.0 F0.1;	
N250　G01　Z—40.0.;	
N260　　　X48.0;	
N270　　　X32.272 Z—43.34;	切V形槽
N280　G00　X49.0;	
N290　　　Z—47.0;	
N300　G01　X48.0;	
N310　X32.272　Z—43.66;	
N320　G00　X100.0;	退刀
N330　Z100.0;	
N340　M30;	程序结束并返回程序开始

2）零件1右端加工程序

表11-49　零件1右端加工程序

程　　序	说　　明
O0003;	
N10　M03　S500　T0101;	主轴正转，选1号刀及1号刀补
N20　G00　X55.0　Z3.0;	快速定刀
N30　G94　X0.0　Z0.0　F0.15;	循环车削端面
N40　G00　X100.0 Z50.0;	快速退刀
N50　T0505 S400;	换5号内孔车刀
N60　G00　X18.0　Z5.0;	快速定刀
N70　G90　X24.0　Z—20.0;	
N80　X28.0;	内孔单一粗车循环
N90　X34.0　Z—6.0;	
N100　G00　X37.0　Z5.0;	精车定刀
N110　G01　Z0.0　F0.10;	
N120　X35.0　Z—1.0;	倒角
N130　Z—6.0;	精加工ϕ35mm内孔
N140　X30.0;	精车端面
N150　X28.4　W—2.0;	倒角
N160　Z—20.0;	精加工M30×1.6内螺纹底孔
N170　X19.5;	退刀
N180　G00　Z5.0;	快速定刀
N190　X100.0　Z100.0;	退刀
N200　T0606　S400;	换6号内切槽刀

（续）

程　序	说　明
N210　G00　X19.0；	快速定刀
N220　Z－20.0；	
N230　G01　X31.0　F0.10；	切槽
N240　X19.0；	退刀
N250　G00　Z50.0；	快速退刀
N260　X100.0　Z100；	
N270　T0707 S600；	换 7 号内螺纹车刀
N280　G00 X20.0 Z5.0；	快速定刀
N290　G92 X29.0 Z－17.0 F1.5；	
N300　X29.5；	螺纹加工
N310　X29.8；	
N320　X30.0；	
N330　G00 Z50.0；	退刀
N340　X100.0；	
N350　M30；	程序结束并返回程序开始

3. 零件 1、零件 2 配合加工程序

表 11－50　零件 1、零件 2 配合加工程序

程　序	说　明
O0004；	
N10　M03　S500　T0101；	主轴正转，选择 1 号刀及 1 号刀补
N20　G00　X50.0　Z5.0；	快速移到循环起刀点
N30　G94　X0.0　Z0.0　F0.15；	循环车削端面
N40　G73　U25.0　W0.0 R10；	外圆粗车复合循环
N50　G73　P60　Q200　U0.5 W0.0 F0.2；	
N60　G00　X0.0；	精车定刀
N70　G01　Z0.0　F0.1；	
N80　#1=40.0；	
N90　#2=24.0；	
N100　#3=40.0；	
N110　#4=#2*SQRT [#1*#1-#3*#3] /#1；	加工椭圆
N120　G01 X [2*#4]　Z [#3-40.0]　F0.1；	
N130　#3=#3-0.5；	
N140　IF [#3 GE －38.0] GOTO 110；	
N150　G01　W－3.34　F0.2；	精车外圆
N160　X48.0　Z－48.0；	精车锥面
N170　W－3.0；	精车 ϕ48mm 外圆
N180　G01　X52.0　F0.2；	退刀

（续）

程序	说明
N190 G00 X100.0 Z50.0;	快速退刀
N200 T0202 M03 S800;	换2号精车刀
N210 G00 X50.0 Z5.0;	快速移到循环起刀点
N220 G70 P60 Q200;	精加工循环指令
N230 G00 X100.0 Z50.0;	快速退刀
N240 M30;	程序结束并返回程序开始

四、评分标准

评分标准见表11-51。

表11-51 高级职业技能鉴定实例四评分标准

序号	项目	内容及要求		评分标准	配分	检测结果	得分
1	零件1	$\phi48_{-0.016}^{0}$mm	IT	4	每超0.01扣1分		
2			$Ra1.6\mu m$	2	每降1级扣1分		
3		$\phi42_{-0.016}^{0}$mm	IT	4	每超0.01扣1分		
4			$Ra1.6\mu m$	2	每降1级扣1分		
5		$\phi36_{-0.016}^{0}$mm	IT	4	每超0.01扣1分		
6			$Ra1.6\mu m$	2	每降1级扣1分		
7		$\phi35_{0}^{+0.039}$mm	IT	4	每超0.01扣1分		
8			$Ra1.6\mu m$	2	每降1级扣1分		
9		M30×1.5—6H		4	超差不得分		
10		(97±0.05)mm		4	每超0.01扣1分		
11		椭圆80mm×48mm	形状	5	超差不得分		
12			面轮廓度0.04mm	4	每超0.01扣1分		
13		(5±0.03)mm		4	超差不得分		
14		垂直度0.02mm		4	超差不得分		
15		$SR38$mm		4	超差不得分		
16		40°，20°		2	超差不得分		
17		倒角(4处)		4	错、漏1处扣1分		
18		端面$Ra1.6\mu m$		3	每降1级扣1分		
19	零件2	$\phi35_{0}^{+0.039}$mm	IT	4	每超0.01扣1分		
20			$Ra1.6\mu m$	2	每降1级扣1分		

（续）

序号	项目	内容及要求		评分标准	配分	检测结果	得分
21	零件 2	椭圆 80mm×48mm	形状	5	超差不得分		
22			面轮廓度 0.04mm	4	每超 0.01 扣 1 分		
23		M30×1.5−6H		4	超差不得分		
23	配合	件 1、件 2 配合后，椭圆面轮廓光滑无接痕		8	超差不得分		
23		安全文明生产	1. 遵守机床安全操作规程 2. 刀具、工具、量具放置规范 3. 设备保养、场地清洁	6	酌情扣 1～5 分		
24		程序编制	1. 指令正确，程序完整 2. 加工顺序及刀具轨迹路线合理 3. 刀具补偿功能运用正确、合理 4. 切削参数与坐标系选择正确、合理	5	酌情扣 1～5 分		
	合计			100			

高级职业技能鉴定实例五

加工如图 11－33 所示的零件，该零件的毛坯尺寸为 ϕ65mm×115mm、ϕ65mm×100mm，材料为 45 钢。

如图 11－33 所示，该实例为两件配合，零件轮廓包括外圆、圆弧、抛物线、梯型槽、精度槽、内外锥度和内外螺纹，使用刀具有外圆粗车刀、外圆精车刀、外切槽刀、外螺纹车刀、内切槽刀、内螺纹车刀和内孔车刀。各主要外圆表面的表面粗糙度 Ra 值均为 1.6μm，要求较高，因此，零件工艺安排分粗、精车，且零件加工表面不能一次装夹完成加工，需要调头安装。

一、工件的装夹方式及加工工艺路线的确定

（1）选取工件右端面中心为工件坐标系（编程）原点。

（2）件 1 加工路线如下。

① 夹持零件 1 毛坯外圆，粗、精车左端 $\phi 23_{-0.021}^{\ 0}$ mm、$\phi 40_{-0.021}^{\ 0}$ mm、$\phi 58_{-0.021}^{\ 0}$ mm 外圆，以及锥度，零件装夹示意图如图 11－34 所示。

② 车 5H7 精度槽。

③ 调头，夹持 ϕ40mm 外圆，粗、精车左端 $\phi 23_{-0.021}^{\ 0}$ mm 与 $\phi 40_{-0.021}^{\ 0}$ mm 外圆及 M30×1.5 螺纹外圆，车 R3mm 圆弧，零件装夹示意图如图 11－35 所示。

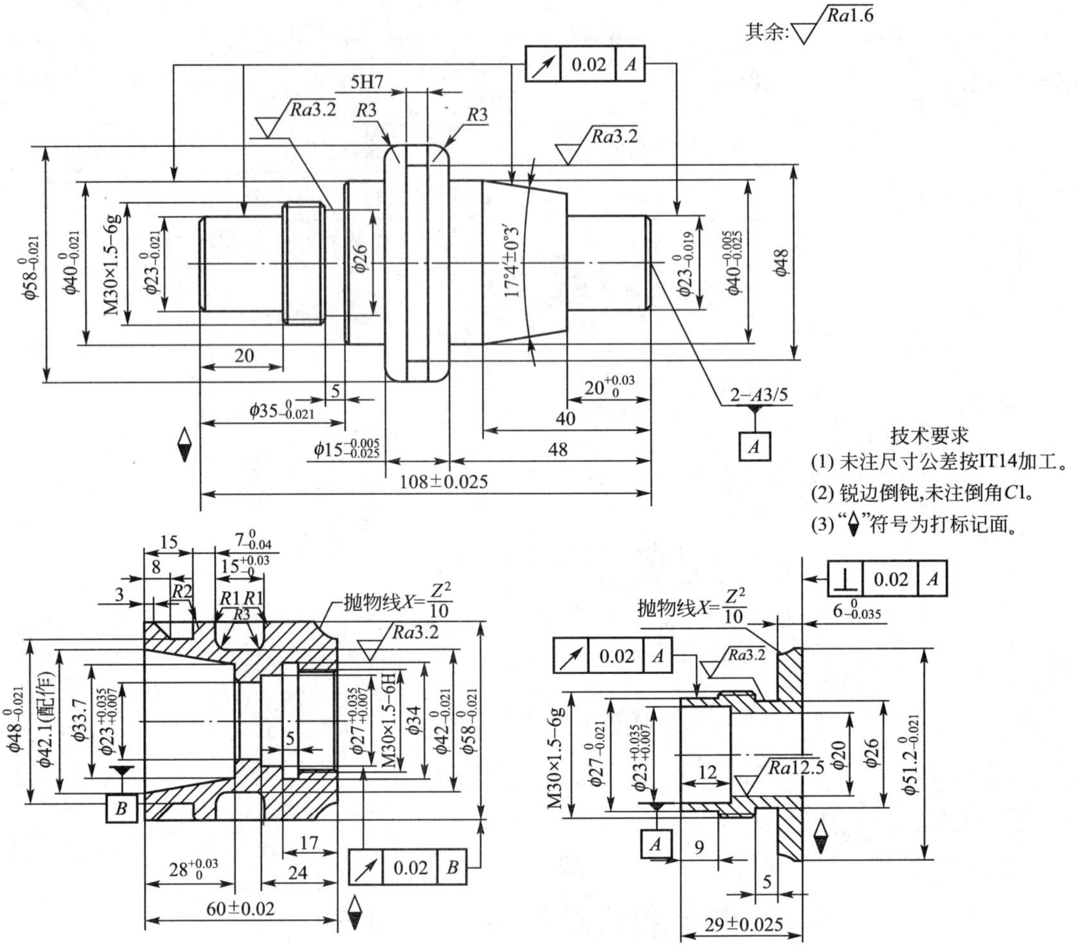

(a) 零件图

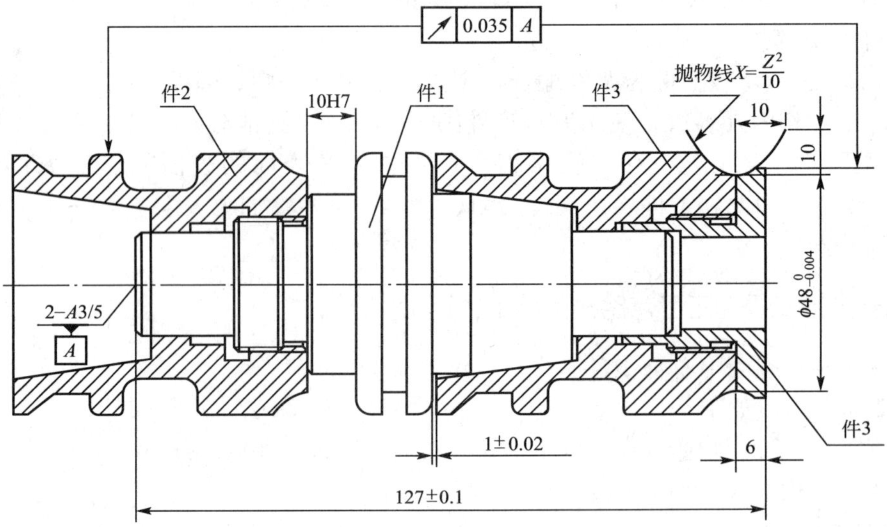

(b) 装配图

图 11-33　中级职业技能鉴定实例

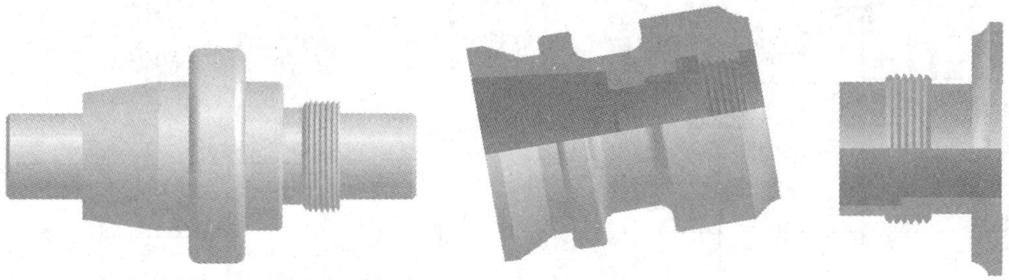

(c) 实体图

图 11－33　中级职业技能鉴定实例(续)

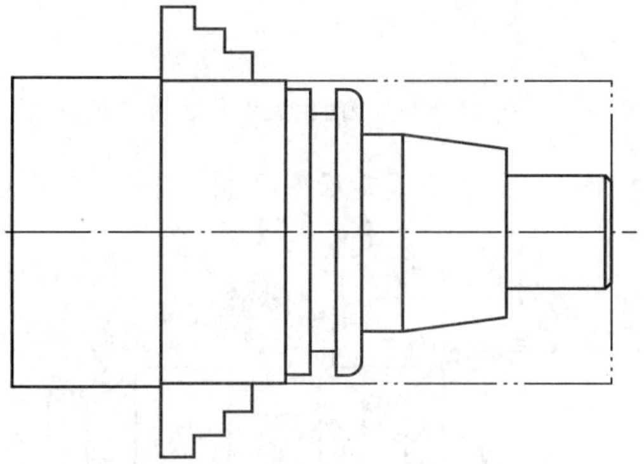

图 11－34　零件装夹示意图一

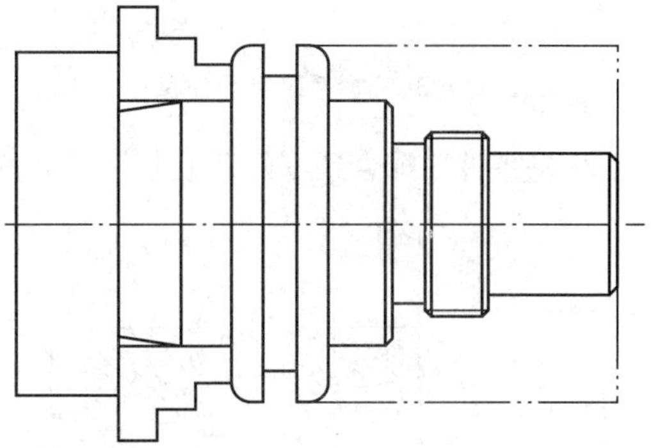

图 11－35　零件装夹示意图二

④ 车螺纹退刀槽。

⑤ 车 M30×1.5 螺纹至尺寸要求。

(3) 零件 3 加工路线如下。

① 夹持零件 2 毛坯外圆，钻 ϕ20mm 底孔，粗、精车零件 3 左端 $\phi27_{-0.021}^{\ 0}$ mm 与 $\phi51.2_{-0.021}^{\ 0}$ mm 外圆，以及 M30×1.5 螺纹外圆，零件装夹示意图如图 11－36 所示。

② 车螺纹退刀槽。

③ 车 M30×1.5 螺纹至尺寸要求。

④ 粗、精车 $\phi23_{+0.007}^{+0.035}$ mm 内孔至尺寸。

(4) 零件 2 加工路线如下。

① 夹持零件 2 毛坯外圆，粗、精车零件 2 左端 $\phi58_{-0.021}^{\ 0}$ mm 外圆，零件装夹示意图如图 11－37 所示。

② 车梯形槽和 5H7 精度槽。

③ 粗、精车 $\phi23_{+0.007}^{+0.035}$ mm 内孔及锥孔至尺寸。

④ 粗、精车 $\phi27_{+0.007}^{+0.035}$ mm 内孔及 M30×1.5 内螺纹底孔至尺寸要求，零件装夹示意图如图 11－38 所示。

⑤ 车内螺纹退刀槽。

⑥ 车 M30×1.5 内螺纹至尺寸要求。

(5) 零件 2 与零件 3 配合。

① 车端面控制零件 3 总长至要求。

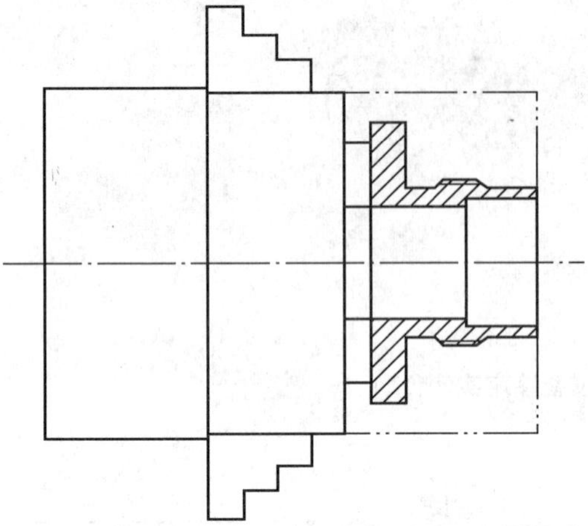

图 11－36　零件装夹示意图一

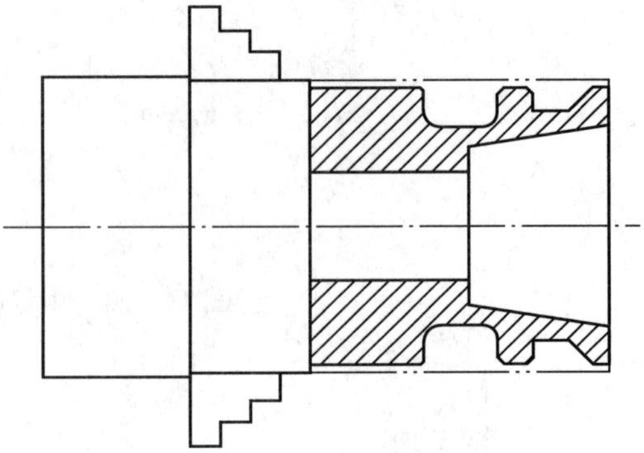

图 11－37　零件装夹示意图二

② 将零件 3 配合到零件 2 上粗、精车抛物线至尺寸，零件装夹示意图如图 11－39 所示。

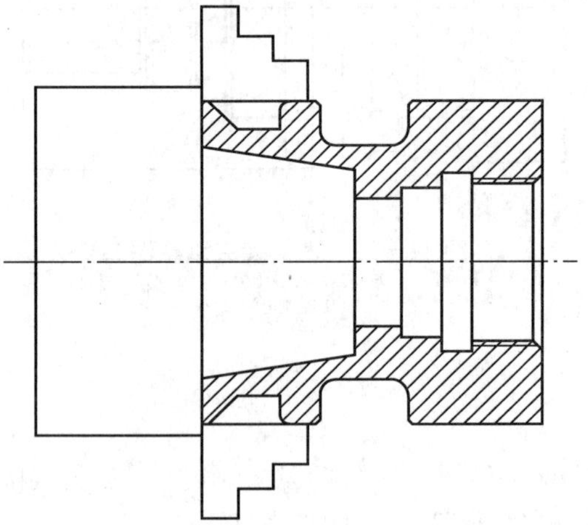

图 11－38　零件装夹示意图

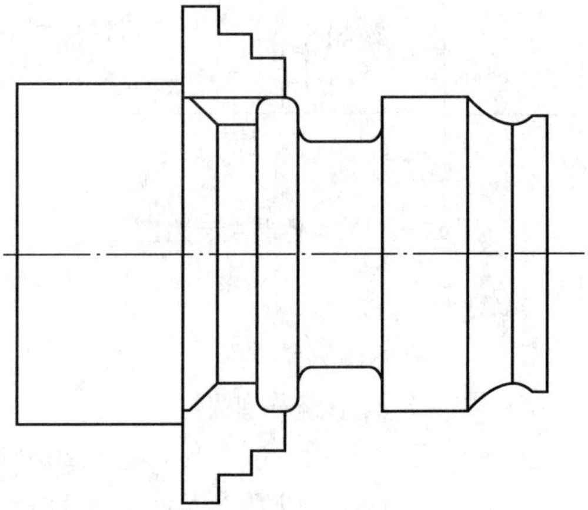

图 11－39　零件装夹示意图

二、 填写相关工艺卡片

1. 确定加工工艺

填写数控加工工艺卡，见表 11－52。

表 11－52　数控加工工艺卡

工序	名称	工艺要求		操作者	备注
1	下料	ϕ50mm×125mm			
2	零件 1	工步	工步内容	刀具号	
		1	夹持零件 1 毛坯外圆车端面	T01	
		2	夹持零件 1 毛坯外圆，粗、精车左端 $\phi 23_{-0.021}^{\ 0}$ mm、$\phi 40_{-0.021}^{\ 0}$ mm、$\phi 58_{-0.021}^{\ 0}$ mm 外圆，以及圆锥面	T01/T02	

（续）

工序	名称	工艺要求		操作者	备注
		工步	工步内容	刀具号	
2	零件 1	3	车 5H7 精度槽	T03	
		4	调头，夹持 $\phi40$mm 外圆，粗、精车左端 $\phi23_{-0.021}^{0}$ mm、$\phi40_{-0.021}^{0}$ mm 外圆，以及 M30×1.5 螺纹外圆，车 $R3$mm 圆弧	T01/T02	
			车螺纹退刀槽	T03	
		5	车 M30×1.5 螺纹至尺寸要求	T04	
3	零件 3	1	夹持零件 2 毛坯外圆车端面	T01	
		2	夹持零件 2 毛坯外圆，粗、精车零件 3 左端 $\phi27_{-0.021}^{0}$ mm 与 $\phi51.2_{-0.021}^{0}$ mm 外圆，以及 M30×1.5 螺纹外圆	T01/T02	
		3	车螺纹退刀槽	T03	
		4	车 M30×1.5 螺纹至尺寸要求	T04	
		5	粗、精车 $\phi23_{+0.007}^{+0.035}$ mm 内孔至尺寸	T05	
		6	切断零件 3	T03	
4	零件 2	1	夹持零件 2 毛坯外圆车端面	T01	
		2	夹持零件 2 毛坯外圆，粗、精车零件 2 左端 $\phi58_{-0.021}^{0}$ mm 外圆	T01/T02	
		3	车梯形槽和精度槽	T03	
		4	粗、精车 $\phi23_{+0.007}^{+0.035}$ mm 内孔及锥孔至尺寸	T05	
		5	调头，夹持 $\phi58$mm 外圆，粗、精车 $\phi27_{+0.007}^{+0.035}$ mm 内孔及 M30×1.5 内螺纹底孔至尺寸要求	T05	
		6	车内螺纹退刀槽	T06	
		7	车 M30×1.5 内螺纹至尺寸要求	T07	
5	配合	1	车端面控制件 3 总长至要求	T01	
		2	将件 3 配合到件 2 上粗、精车抛物线至尺寸	T01	
6	配合	1			
7	检验				

2. 切削用量及刀具选择

切削用量及刀具选择见表 11－53。

表 11－53 切削用量及刀具选择

刀具号	刀具规格名称	数量	加工内容	主轴转速 /(r/min)	进给速度 /(mm/r)	备注
T01	90°外圆粗车刀	1	粗车工件外轮廓	500	0.2	
T02	90°仿形精车刀	1	精车工件外轮廓	800	0.1	
T03	外切槽刀	1	切空刀槽	400	0.1	
T04	外三角螺纹车刀	1	车 M24×1.5 螺纹	600	1.5	
T05	内孔车刀	1	车内孔	400	0.1	
T06	内切槽刀	1	切空刀槽	400	0.1	
T07	内三角螺纹车刀	1	车 M24×1.5 螺纹	600	1.5	

三、 编制加工程序

零件加工程序见表 11－54～表 11－59。

1. 零件 1 加工程序

1）零件 1 右端加工程序

表 11－54 零件 1 右端加工程序

程　序	说　明
O0001；	
N10 M03 S500 T0101；	主轴正转，选 1 号刀及 1 号刀补
N20 G00 X65.0 Z3.0；	快速定刀
N30 G94 X0.0 Z0.0 F0.15；	循环车削端面
N40 G71 U1.5 R0.2；	粗车复合循环
N50 G71 P60 Q160 U0.5 W0.0 F0.2；	
N60 G00 X21.0；	精车定位
N70 G01 Z0.0 F0.1；	
N80 X23.0 Z1.0；	倒角
N90 Z−20.0；	精车 ϕ23mm 外圆
N100 X33.7；	精车端面
N110 X40.0 W−20.0；	精车锥面
N120 Z−48.0；	精车 ϕ40mm 外圆
N130 X52.0；	精车端面
N140 G03 X58.0 W−3.0 R3.0 F0.1；	精加工 R31mm 圆弧
N150 Z−58.0；	精车 ϕ58mm 外圆

（续）

程　　序	说　　明
N160　G01　X65.0;	退刀
N170　G00　X100.0　Z50.0;	快速退刀
N180　T0202　M03　S800;	换2号精车刀
N190　G00　X65.0　Z5.0;	快速移到循环起刀点
N200　G70　P60　Q160;	精加工循环指令
N210　G00　X100.0　Z50.0;	快速退刀
N220　M03　S400　T0303;	换3号外切槽刀
N230　G00　X65.0　Z5.0;	快速定刀
N240　　　Z−57.0;	
N250　G94　X48.0　W0.0　F0.1;	循环切槽
N260　　　W−1.0;	
N270　G00　X100.0　Z50.0;	退刀
N280　M30;	程序结束并返回程序开始

2）零件1左端加工程序

表11-55　零件1左端加工程序

程　　序	说　　明
O0002;	
N10　M03　S500　T0101;	主轴正转，选1号刀及1号刀补
N20　G00　X65.0　Z3.0;	快速定刀
N30　G94　X0.0　Z0.0　F0.15;	循环车削端面
N40　G71　U1.5　R0.2;	粗车复合循环
N50　G71　P60　Q160　U0.5　W0.0;	
N60　G00　X21.0;	精车定刀
N70　G01　Z0.0　F0.1;	
N80　X23.0 Z1.0;	倒角
N90　Z−20.0;	精车 ϕ23mm 外圆
N100　X29.8;	倒角
N110　Z−35.0;	精车螺纹外圆
N120　X38.0;	精车端面
N130　X40.0 W−1.0;	倒角
N140　Z−45.0;	精车 ϕ40mm 外圆
N150　X52.0;	精车端面
N160　G03　X58.0　W−3.0 R3.0 F0.1;	精加工 R31mm 圆弧
N170　Z−52.0;	精车 ϕ58mm 外圆
N180　G01　X65.0;	退刀

（续）

程　　序	说　　明
N190　G00　X100.0　Z50.0；	快速退刀
N200　T0202 M03 S800；	换 2 号精车刀
N210　G00　X65.0　Z5.0；	快速移到循环起刀点
N220　G70　P60　Q160；	精加工循环指令
N230　G00　X100.0　Z50.0；	快速退刀
N240　M03　S400　T0303；	换 3 号外切槽刀
N250　G00　X65.0 Z5.0；	快速定刀
N260　X45.0 Z−44.0；	
N270　G94　X26.0 W0.0 F0.1.；	循环切槽
N280　W−1.0；	
N290　G00　X100.0　Z50.0；	退刀
N300　T0404 S600；	换 4 号外螺纹车刀
N310　G00　X33.0　Z−15.0；	快速定刀
N320　G92　X29.0　Z−32.0　F1.5；	
N330　X28.5；	螺纹加工
N340　X28.2；	
N350　X28.05；	
N360　G00　X100.0　Z50.0；	退刀
N370　M30；	程序结束并返回程序开始

2. 零件 3 加工程序

表 11－56　零件 3 加工程序

程　　序	说　　明
O0003；	
N10　M03 S500 T0101；	主轴正转，选 1 号刀及 1 号刀补
N20　G00 X65.0 Z3.0；	快速定刀
N30　G94 X0.0 Z0.0 F0.15.；	循环车削端面
N40　G71　U1.5 R0.2；	粗车复合循环
N50　G71　P60 Q120 U0.5 W0；	
N60　G00　X27.0；	精车定刀
N70　G01　Z−9.0　F0.1；	精车 ϕ23mm 外圆
N80　X29.8　W−1.5；	倒角
N90　Z−23.0；	精车螺纹外圆
N100　X52.0；	精车端面
N110　Z−35.0；	精车 ϕ52mm 外圆
N120　G01 X65.0；	退刀

（续）

程　序	说　明
N130　G00　X100.0　Z50.0；	快速退刀
N140　T0202 M03 S800；	换 2 号精车刀
N150　G00 X65.0 Z5.0；	快速移到循环起刀点
N160　G70 P60 Q120；	精加工循环指令
N170　G00　X100.0　Z50.0；	快速退刀
N180　M03　S400　T0303；	换 3 号外切槽刀
N190　G00　X65.0　Z5.0；	快速定刀
N200　X55.0　Z−22.0；	
N210　G94　X26.0　W0.0　F0.1；	循环切槽
N220　W−1.0；	
N230　G00　X100.0　Z50.0；	退刀
N240　T0404 S600；	换 4 号外螺纹车刀
N250　G00　X33.0　Z−5.0；	快速定刀
N260　G92　X29.0　Z−20.0　F1.5；	
N270　X28.5；	螺纹加工
N280　X28.2；	
N290　X28.05；	
N300　G00　X100.0　Z50.0；	退刀
N310　T0505 S400；	换 5 号内孔车刀
N320　G00　X18.0　Z5.0；	快速定刀
N330　G90 X20.0 Z−30.0；	内孔单一粗车循环
N340　X23.0 Z−12.0；	
N350　G00 X100.0 Z50.0；	退刀
N360　M30；	程序结束并返回程序开始

3. 零件 2 加工程序

1）零件 2 左端加工程序

表 11－57　零件 2 左端加工程序

程　序	说　明
O0004；	
N10　M03　S500　T0101；	主轴正转，选择 1 号刀及 1 号刀补
N20　G00　X50.0　Z5.0；	快速移到循环起刀点
N30　G94　X0.0　Z0.0　F0.15；	循环车削端面
N40　G73　U10.0　W0.0　R5；	外圆粗车复合循环
N50　G73　P60　Q150　U0.5 W0.0 F0.2；	
N60　G00　X58.0；	精车定刀

(续)

程　　序	说　　明
N70　G01　Z−3.0　F0.1；	精车 ϕ58mm 外圆
N80　X48.0 Z−8.0；	倒角
N90　Z−15.0；	精车 ϕ48mm 外圆
N100　X54.0；	精车槽端面
N110　G03　X58.0　W−2.0　R2.0　F0.1；	精车 R2mm 圆弧
N120　Z−58.0；	精车 ϕ58mm 外圆
N130　G01　X65.0　F0.2；	退刀
N140　G00　X100.0　Z50.0；	快速退刀
N150　T0202 M03 S800；	换 2 号精车刀
N160　G00　X65.0　Z5.0；	快速移到循环起刀点
N170　G70　P60　Q150；	精加工循环指令
N180　G00　X100.0　Z50.0；	快速退刀
N190　M03 S400 T0303；	换 3 号外切槽刀
N200　G00　X65.0　Z5.0；	快速定刀
N210　X60.0　Z−29.0；	
N220　G94　X42.0　W0.0　F0.1.；	循环切槽
N230　W−4.0；	
N240　X48.0　W−8.0；	精车圆弧定刀
N250　G01　X58.0　Z−25.0　F0.10；	
N260　G03　X56.0　W−1.0　R1.0　F0.1；	精车 R1mm 圆角
N270　G01　X48.0　F0.1；	精车侧面
N280　G02　X42.0　W−3.0　R3.0　F0.1；	精车 R3mm 圆角
N290　G01　W−2.0；	退刀
N300　G00　X60.0；	精车圆弧定刀
N310　G01　X58.0　Z−38.0 F0.1；	
N320　G02　X56.0　W1.0　R1.0　F0.1；	精车 R1mm 圆角
N330　G01　X48.0　F0.1；	精车侧面
N340　G03　X42.0　W3.0　R3.0　F01；	精车 R3mm 圆角
N350　G01　Z−28.0　F0.1；	退刀
N360　G00　X60.0；	
N370　G00　X100.0　Z50.0；	快速退刀
N380　T0505　S400；	换 5 号内孔车刀
N390　G00　X18.0　Z5.0；	快速定刀
N400　G71　U1.5　R0.2；	内孔粗车复合循环
N410　G71 P420　Q480　U−0.5　F0.2；	
N420　G00　X42.1；	精车定刀

（续）

程　序	说　明
N430　G01　Z0.0　F0.1；	
N440　　X33.7　Z−28.0；	精车内锥面
N450　　X25.0；	精车端面
N460　　X23.0　W−1.0；	倒角
N470　　Z−40.0；	精车 ϕ23mm 内孔圆
N480　　X20.0；	退刀
N490　G70　P420　Q480；	精加工循环指令
N500　G00　X100.0　Z50.0；	快速退刀
N510　M30；	程序结束并返回程序开始

2）零件 2 右端加工程序

表 11-58　零件 2 右端加工程序

程　序	说　明
O0005；	
N10　M03　S500　T0101；	主轴正转，选 1 号刀及 1 号刀补
N20　G00　X65.0　Z3.0；	快速定刀
N30　G94　X0.0　Z0.0　F0.15；	循环车削端面
N40　G00　X100.0　Z50.0；	快速退刀
N50　T0505 S400；	换 5 号内孔车刀
N60　G00　X18.0　Z5.0；	快速定刀
N70　G71　U1.5　R0.2；	内孔粗车复合循环
N80　G71　P90　Q150　U−0.5 W0.；	
N90　G00　X30.0；	精车定刀
N100　G01　Z0.0　F0.1；	
N110　　X28.4　Z−1.5；	倒角
N120　　Z−17.0；	精车 M30×1.5 内螺纹底孔
N130　　X27.0；	精车端面
N140　　Z−24.0；	精车 ϕ27mm 内孔
N150　　X20.0；	精车端面
N160　G70　P90　Q150；	精加工循环指令
N170　G00　X100.0　Z100.0；	快速退刀
N180　T0606　S400；	换 6 号内切槽刀
N190　G00　X25.0；	快速定刀
N200　　Z−17.0；	
N210　G01　X31.0　F0.10；	切槽
N220　　X25.0；	退刀

（续）

程序	说明
N230 G00 Z50.0;	快速退刀
N240 X100.0 Z100.0;	
N250 T0707 S600;	换 7 号内螺纹车刀
N260 G00 X25.0 Z5.0;	快速定刀
N270 G92 X29.0 Z−15.0 F1.5;	螺纹加工
N280 X29.5;	
N290 X29.8;	
N300 X30.0;	
N310 G00 Z50.0;	退刀
N320 X100.0;	
N330 M30;	程序结束并返回程序开始

4. 零件 2、零件 3 配合加工程序

表 11 - 59 零件 2、零件 3 配合加工程序

程序	说明
O0006;	
N10 M03 S500 T0101;	主轴正转，选 1 号刀及 1 号刀补
N20 G00 X65.0 Z3.0;	快速定刀
N30 G94 X0.0 Z0.0 F0.15;	循环车削端面
N40 G42 X60.0 Z10.0;	精车定刀
N50 #1=10.0;	
N60 WHILE [#1GE −10] D70;	
N70 #2=#1*#1/10;	加工抛物线
N80 G01 X[2*#2+48] Z[#1−6] F0.1;	
N90 #1=#1−0.1;	
N100 END70;	
N110 G01 X70.0 F0.1;	退刀
N120 G00 G40 X100.0 Z100.0;	快速退刀
N130 M30;	程序结束并返回程序开始

四、评分标准

评分标准见表 11 - 60。

表 11-60　高级职业技能鉴定实例五评分标准

序号	考核项目		考核内容		配分	评分标准	检测结果	得分
1	零件 1	外圆	$\phi 58_{-0.021}^{0}$ mm	IT	2	超差不得分		
				$Ra1.6\mu m$	1	降级不得分		
2			$\phi 40_{-0.021}^{0}$ mm（左端）	IT	2	超差不得分		
				$Ra1.6\mu m$	1	降级不得分		
3			$\phi 40_{-0.025}^{-0.005}$ mm（右端）	IT	2	超差不得分		
4			$\phi 23_{-0.019}^{0}$ mm（左端）	IT	2	超差不得分		
				$Ra1.6\mu m$	1	降级不得分		
5			$\phi 23_{-0.019}^{0}$ mm（右端）	IT	2	超差不得分		
				$Ra1.6\mu m$	1	降级不得分		
6		长度	$15_{-0.025}^{-0.005}$ μm	IT	3	超差不得分		
7			$20_{0}^{+0.03}$ mm	IT	2	超差不得分		
8			槽宽 5H7	IT	2	超差不得分		
9			总长（108±0.025）μm	IT	2	超差不得分		
10		外锥	17°4′±3′	角度	2	超差不得分		
				$Ra1.6\mu m$	1	降级不得分		
11		形位	↗ 0.02（4 处）		4	超差不得分		
12		圆弧	R3mm（两处）		2	1 处未做扣 1 分		
13		螺纹	M30×1.5－6g	IT	2	超差不得分		
14	零件 2	外圆	$\phi 58_{-0.021}^{0}$ mm	IT	2	超差不得分		
				$Ra1.6\mu m$	1	降级不得分		
15			槽 $\phi 48_{-0.021}^{0}$ mm	IT	2	超差不得分		
				$Ra1.6\mu m$	1	降级不得分		
16			槽 $\phi 42_{-0.021}^{0}$ mm	IT	2.5	超差不得分		
				$Ra1.6\mu m$	1	降级不得分		
17		内孔	$\phi 23_{+0.007}^{+0.035}$ mm	IT	2	超差不得分		
				$Ra1.6\mu m$	1	降级不得分		
18			$\phi 27_{+0.007}^{+0.035}$ mm	IT	2	超差不得分		
				$Ra1.6\mu m$	1	降级不得分		
19		内锥	$17^{0}4'$	角度	1	配研后晃动不得分		
				$Ra1.6\mu m$	1	降级不得分		

（续）

序号	考核项目		考核内容		配分	评分标准	检测结果	得分
20	零件 2	长度	总长(60±0.02)mm	IT	2	超差不得分		
21			$28^{+0.03}_{0}$mm	IT	2	超差不得分		
22			$7^{0}_{-0.04}$mm	IT	2	超差不得分		
23			槽宽 $15^{+0.03}_{0}$mm	IT	2	超差不得分		
24		形位	↗0.02(2 处)		2	超差不得分		
25		圆弧	R1(两处)、R2(1 处)R3(两处)		2.5	1 处未做扣 0.5 分		
26		螺纹	M30×1.5－6H	IT	2	超差不得分		
27	零件 3	外圆	$\phi51.2^{0}_{-0.021}$mm	IT	2	超差不得分		
28			$\phi27^{0}_{-0.021}$mm	IT	2	超差不得分		
				$Ra1.6\mu m$	1	降级不得分		
29		内孔	$\phi23^{+0.035}_{+0.007}$mm	IT	2	超差不得分		
				$Ra1.6\mu m$	1	降级不得分		
30		长度	总长(29±0.025)mm	IT	2	超差不得分		
31			$6^{0}_{-0.035}$mm	IT	3	超差不得分		
32		形位	↗0.02(1 处)		2	超差不得分		
33			⊥0.02(1 处)		2	超差不得分		
34		螺纹	M30×1.5－6H	IT	2	超差不得分		
35	配合	长度	(127±0.025)mm		2	超差不得分		
36			10H7		2	超差不得分		
37			(1±0.02)mm		3	超差不得分		
38		抛物线	透光间隙小于等于 0.05mm		2	超差不得分		
39			$\phi48^{0}_{-0.064}$mm		2	超差不得分		
40		形位	↗0.035(两处)		4	1 处超差扣 3 分		
41	扣分项	尺寸	未注公差尺寸按 IT14 级		—	1 处超差扣 0.5 分		
42		安全文明生产	1. 遵守安全操作规程 2. 工、夹、量、刀具放置规范，设备维护保养，场地清洁		—	1. 违反酌情扣 5～10 分 2. 情节严重者取消考试资格		
合计					100			

练　习　题

1. 加工如图 11－40 所示的零件，该零件的毛坯尺寸为 ϕ85mm×155mm，材料为 LY15。

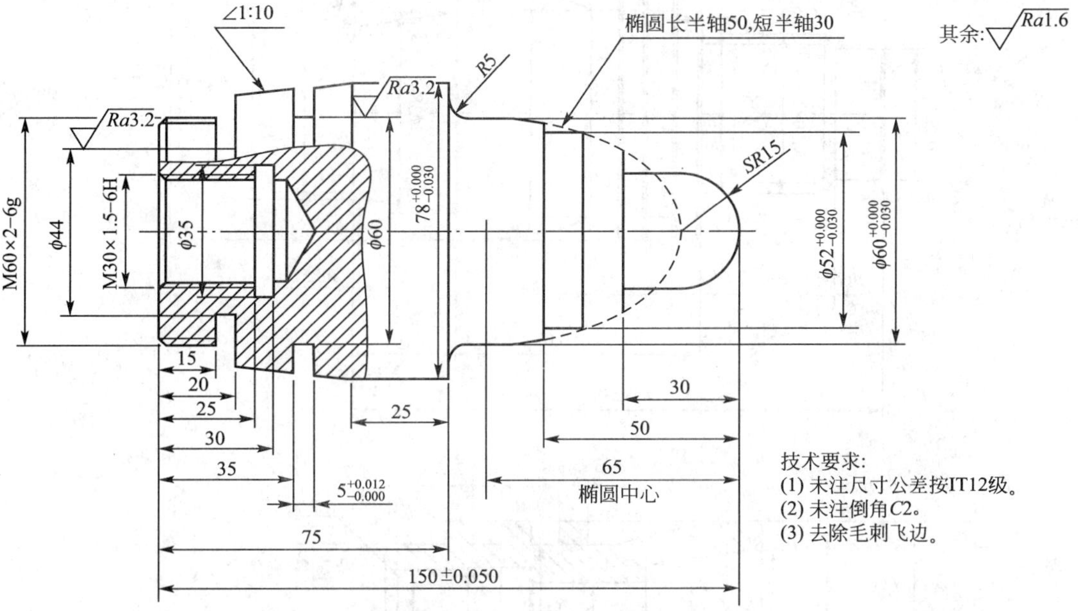

题图 11－40　练习题 1 图

2. 加工如图 11－41 所示的零件，该零件的毛坯尺寸为 ϕ65mm×215mm，材料为 LY15。

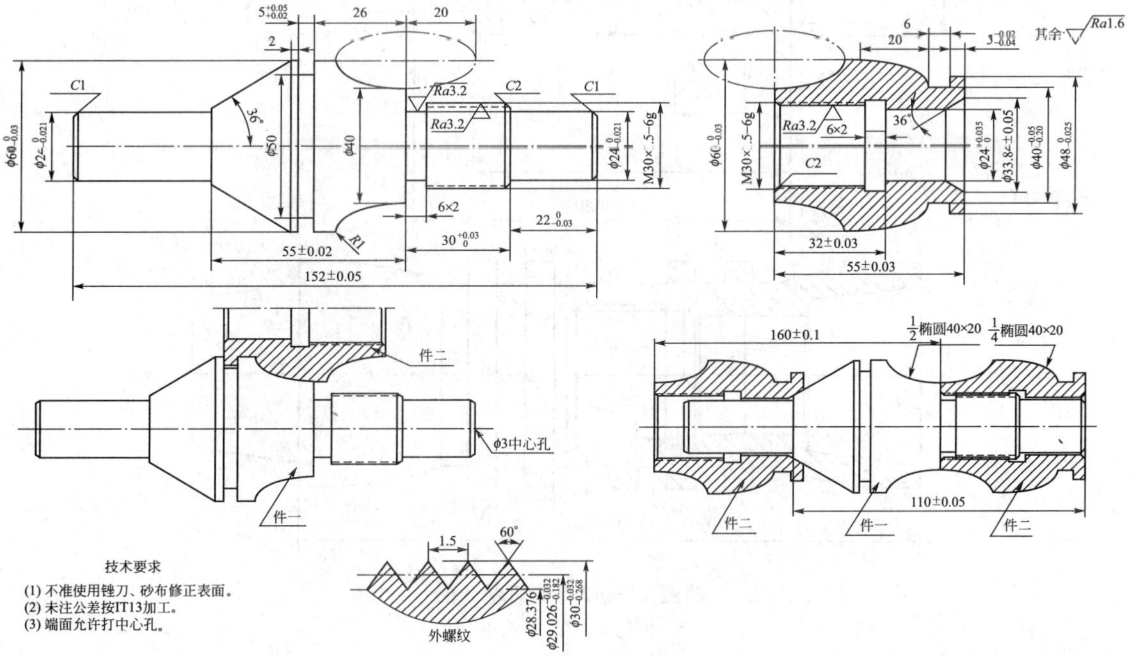

题图 11－41　练习题 2 图

3. 加工如图 11 - 42 所示的零件，该零件的毛坯尺寸为 ϕ55mm × 173mm，材料为 LY15。

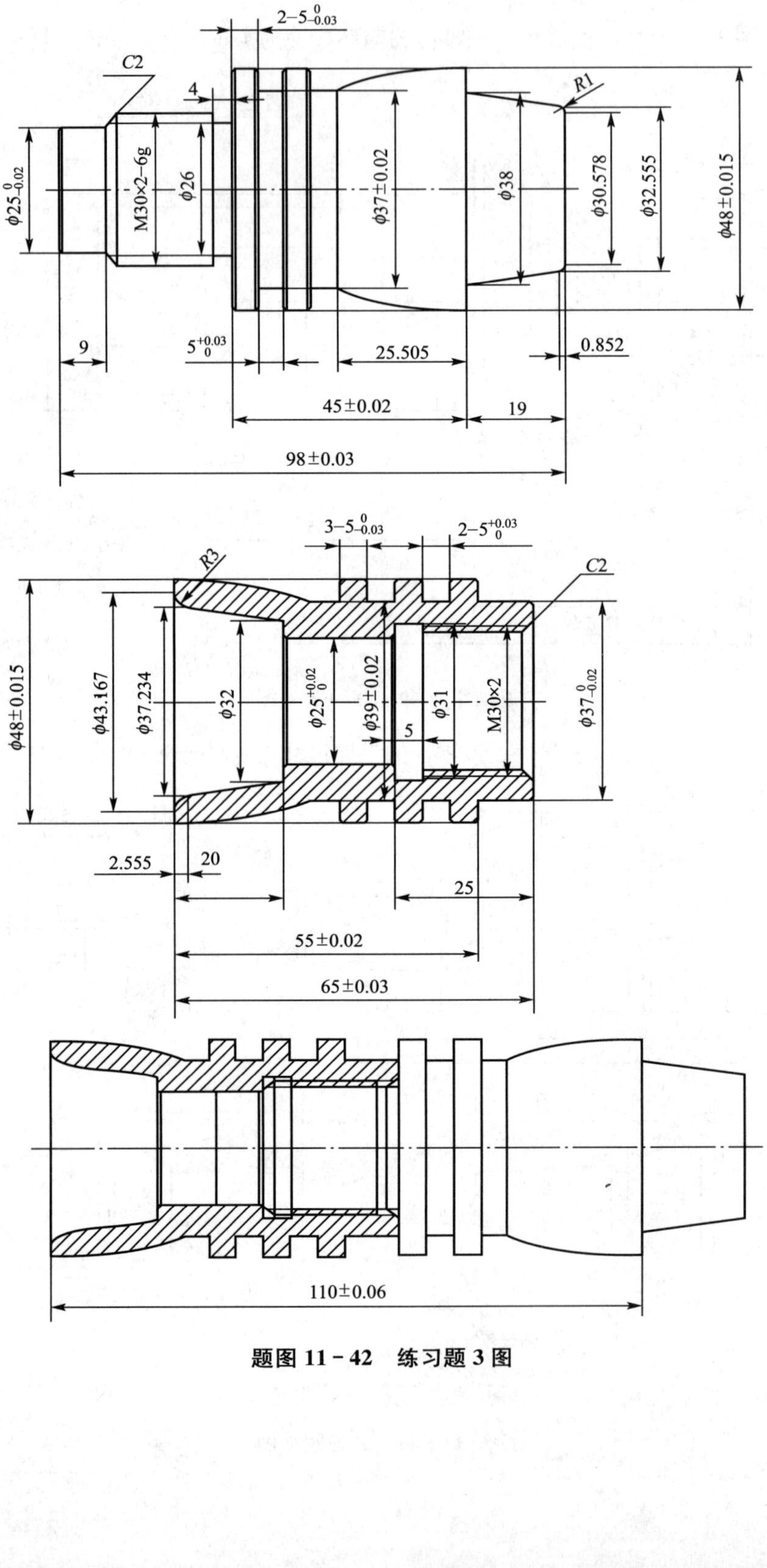

题图 11 - 42　练习题 3 图

模块十二

数控加工仿真软件应用

随着数控加工在机械制造业中的广泛应用，企业急需大量经过专门培训的数控机床操作工。传统的操作培训中，数控编程和操作的培训都只能在实际机床上进行，这既占用了设备加工时间，又具有风险，培训中的误操作经常会导致昂贵设备的损坏。目前随着计算机的发展，尤其是虚拟技术和理念的发展，产生了可以模拟实际设备加工环境及其工作状态的计算机仿真加工系统。用计算机仿真加工系统进行培训，不仅可迅速提高操作者的素质，而且安全可靠、费用低。同时也比较适合工厂、企业对新产品的开发和试制工作，减少大量前期准备工作，提高数控机床的利用率，缩短了新产品的开发、试制和产生周期。

任务一　宇龙仿真软件的应用

教学目标

◇ 了解宇龙仿真软件

◇ 掌握宇龙仿真软件的操作步骤和使用方法

◇ 掌握工件坐标系的设置方法和步骤

◇ 掌握测量零件的方法及正确调试加工程序

任务描述

如图 12-1 所示的零件，采用毛坯尺寸为 ϕ50mm×97mm 的棒料，材料为 45 钢。试用上海宇龙数控仿真软件进行仿真加工。

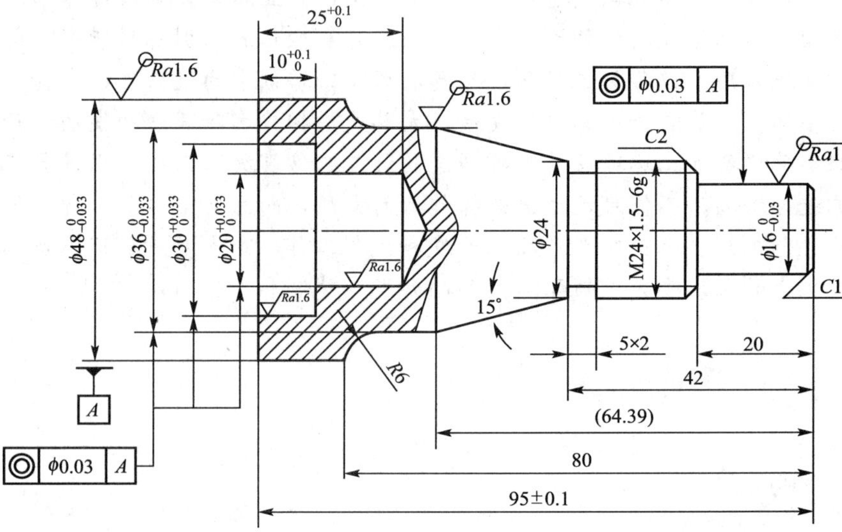

(a) 零件图

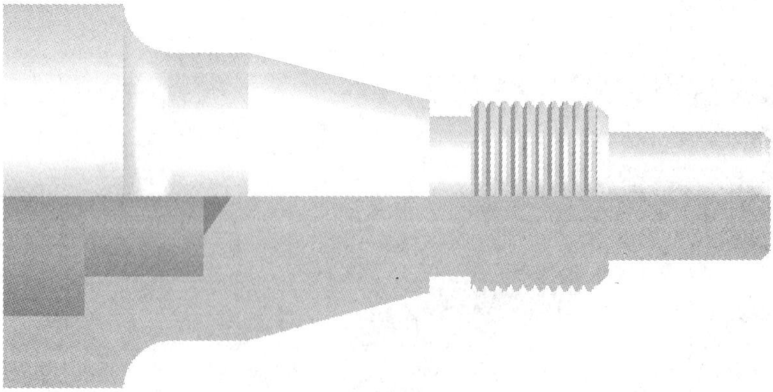

(b) 实体图

图 12-1　零件图与实体图

任务分析

当前，国内数控仿真软件较多，由上海宇龙软件公司研制开发的“数控仿真系统V3.8版”的数控仿真软件含有多种数控系统的数控车、数控铣和加工中心，可以实现对零件铣削加工和车削加工的全过程仿真，其中包括毛坯定义，夹具、刀具定义与选用，工件坐标系的设置，数控程序输入、编辑和调试，加工仿真及各种错误检测功能等。本节以FANUC 0i数控车床系统为例，来介绍数控仿真软件的功能和应用。

相关知识

宇龙数控加工仿真系统操作界面如图12-2所示。

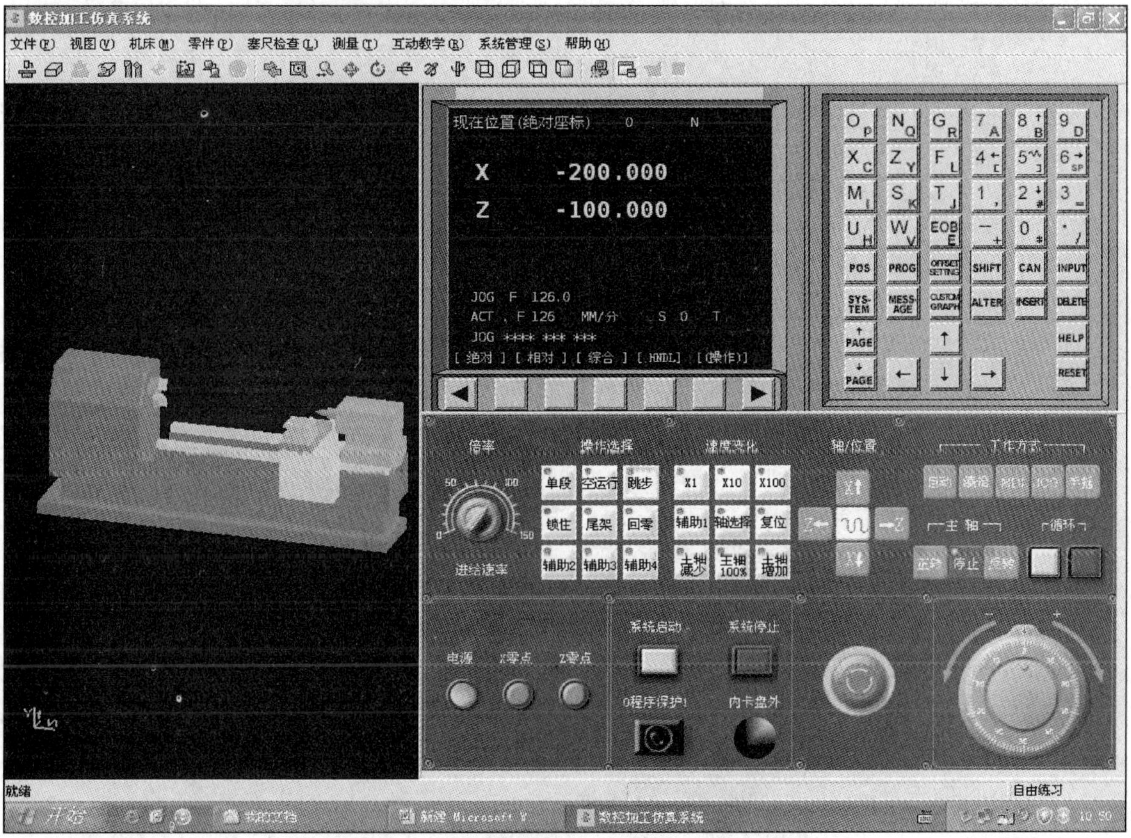

图12-2　宇龙数控加工仿真系统操作界面

一、主菜单栏

主菜单栏是一个下拉式菜单，如图12-3所示，用户可以根据需要选择其中的某一个菜单项。各部分的名称和功能见表12-1。

图12-3　主菜单栏

表 12－1　下拉式菜单栏功能说明

菜单项	名称	功能说明
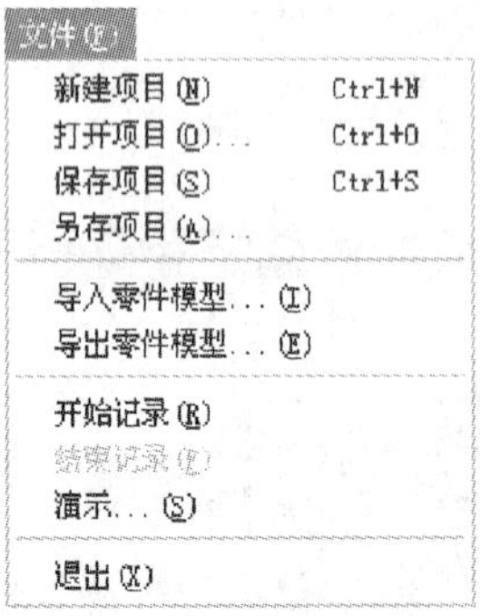	新建项目	新建的项目会将这次操作所选用的毛坯、刀具、数控程序等记载下来，以后想加工同样的零件时，只要打开这个项目文件就可以进行加工，而不必再重新进行设置
	打开项目	若打开的是一个已经完成加工工序的项目，则在主窗口中，毛坯已经安装并装夹完毕，工件坐标原点已设好，数控程序已被导入，这时只需打开机械面板，按下开关键即可以进行加工；若打开的是一个未完的项目，则这时的主窗口内将显示上一次保存项目时的样子
	保存项目	将当前工作状态保存为一个文件，供以后继续使用
	另存项目	将当前工作状态另存为一个文件，供以后继续使用
	导入零件模型	到存放零件模型的文件夹中找寻文件(即用户口存放的文件，此代码文件路径是个人规定的)，文件的后缀名为“. prt”，请不要更改后缀名
	导出零件模型	将当前工作状态下的加工零件保存到一个指定的文件内，文件的后缀名为“. prt”，请不要更改后缀名
	开始记录	可以进行即时操作录像，以便用于实际教学演示
	演示	将录制好的操作过程进行回放
	退出	结束数控加工仿真系统程序
	复位	复位就是将机床图像设成初始大小和位置。无论当前机床图像放大或缩小了多少、方向位置如何调整，只要使用“复位”选项，都可使机床的大小、方向恢复到初始大小，也就是刚进入系统时的样子
	动态平移	将机床图像进行任意位置的水平移动
	动态旋转	将机床图像进行空间任意方位的旋转
	动态放缩	将机床图像进行任意大小的缩放
	局部放大	将机床图像上任意部位放大，以便于清晰显示该形状
	绕 X、Y、Z 轴旋转	将机床图像分别围绕 X、Y、Z 轴进行任意的旋转
	前视图	可快速地使机床的正面正对主窗口
	俯视图	可快速地使机床的上面正对主窗口。(仿真加工时，应用最多)
	左侧视图	可快速地将机床的左侧面对主窗口。
	右侧视图	可快速地使机床的右侧面对主窗口。
	控制面板切换	将显示屏上机床的控制面板进行功能的转换。
	触摸屏工具	将显示屏上机床的控制面板得操作转换成触摸式。
	选项	包括加工声音的开关；机床和零件显示的方式；仿真加工倍率；显示报警信息等

（续）

菜单项	名称	功能说明
	选择机床	根据不同要求和实际机床的系统、型号选择合适的仿真机床的机型、系统及操作面板
	选择刀具	根据需要选择正确的刀具以满足加工的需要
	拆除工具	拆除辅助工具
	DNC 传输	实现在线传输功能，将已经编号的程序传输到数控装置中
	检查 NC 程序	进行 NC 程序的检查
	移动尾座	通过该功能实现未做的伸缩和移动
	定义毛坯	根据零件图纸的要求设定零件毛坯的外形
	放置零件	安装、放置已经设定好的零件毛坯
	移动零件	根据需要移动零件以满足加工的需要
	拆除零件	将机床上已安装的零件拆除掉
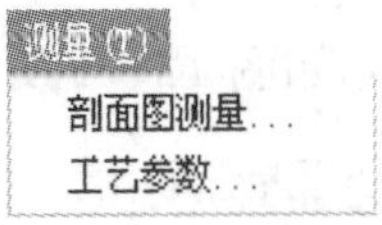	剖面图测量	对已加工的零件进行尺寸的测量
	工艺参数	显示当前状态下机床、刀具、切削用量选择的内容
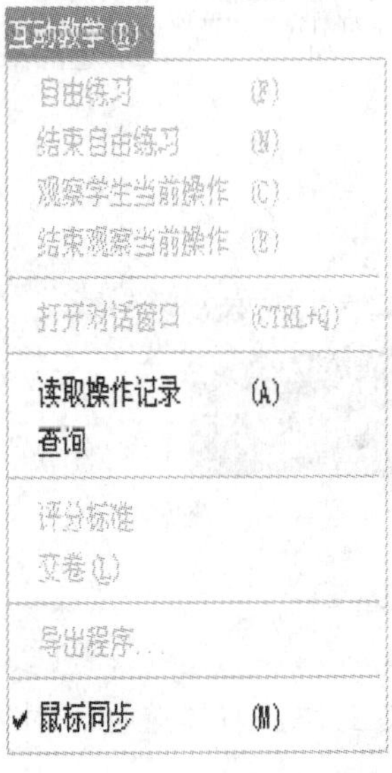	自由练习	
	结束自由练习	教师机专用
	观察学生当前操作	
	结束观察当前操作	
	打开对话窗口	
	读取操作记录	可以将前边录制好的操作过程读取出来或者是将某一位学生的操作过程调出来进行回放，以便对学生进行即时的检测

（续）

菜单项	名称	功能说明
	评分标准	教师机专用
	交卷	考试时使用
	查询	对学生仿真操作成绩的查询(仅限于教师使用)
	鼠标同步	将学生机与教师机的鼠标同步，使教师机的操作过程同步显示到每台学生机上，便于教学演示
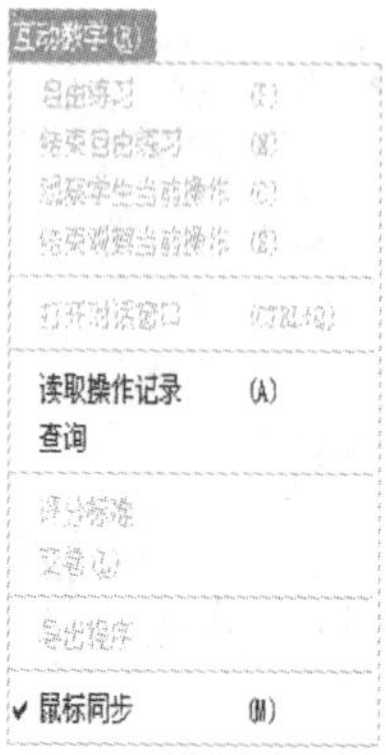	机床管理	教师机专用
	用户管理	
	批量用户管理	
	铣刀具库管理、车刀库管理	
	系统设置	各种系统的设定、功能的选择等

二、工具栏

工具栏位于菜单栏的下方，主要用于调整数控机床的显示方式等，如图 12－4 所示。

图 12－4　机床显示工具栏

三、报警信息栏

报警信息栏用于显示操作过程中的警告、通知信息等，如图 12－5 所示。

图 12－5　报警信息栏

四、数控机床显示区

数控机床显示区是一台模拟的机床，它可以显示操作者在装夹工件、刀具选择、对刀过程、零件加工等方面的操作，如图 12－6 所示。

5. 数控操作面板

数控操作面板主要由数控装置操作面板和机床操作面板两部分组成(图 12 - 6)，各部分的名称和功能在模块二中有详细的说明。

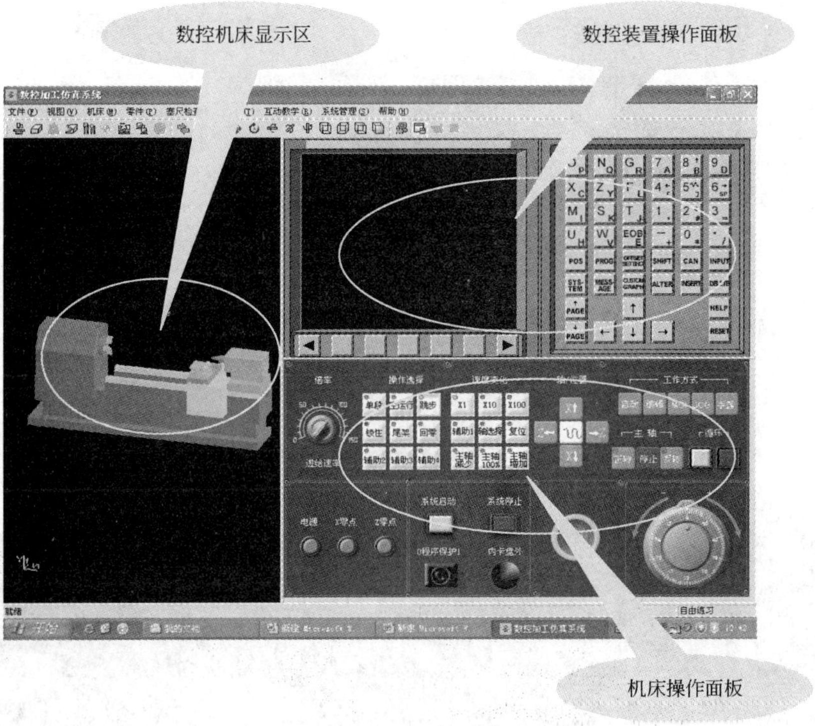

图 12 - 6　FANUC 0i 仿真操作面板

任务实施

一、启动数控加工仿真系统

启动仿真软件程序。单击桌面图标进入数控加工仿真系统，或单击“开始”按钮，在弹出的“开始”菜单中依次选择“程序”→“数控加工仿真系统”→“加密锁管理程序”选项，如图 12 - 7 所示。

加密锁程序启动后，屏幕右下方工具栏中出现的图标，表示加密锁管理程序启动成功。此时重复上面的步骤，最后选择“数控加工仿真系统”选项，系统弹出“用户登录”界面，如图 12 - 8 所示。单击“快速登录”按钮或输入用户名和密码，再单击“登录”按钮，进入数控加工仿真系统。

二、选择机床和数控系统

在主菜单栏中选择“机床”→“选择机床”选项(图 12 - 10)，在弹出的“选择机床”对话框中选择控制系统类型和相应的机床，此时界面如图 12 - 9 所示，选择完毕后单击“确定”按钮，进入“数控加工仿真系统”界面，如图 12 - 10 所示。

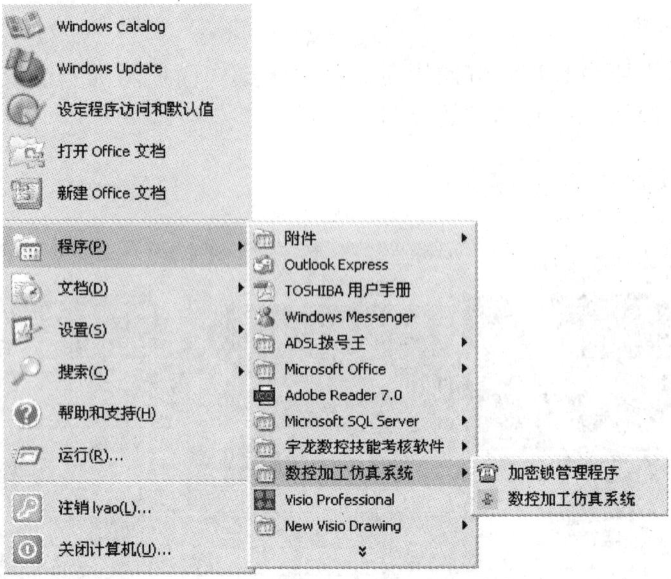

图 12-7 启动仿真系统加密锁管理程序

图 12-8 仿真系统用户登录界面

三、 数控加工仿真系统基本操作

1. 启动机床

(1) 单击操作面板上的控制系统开关按钮，使电源灯变亮。

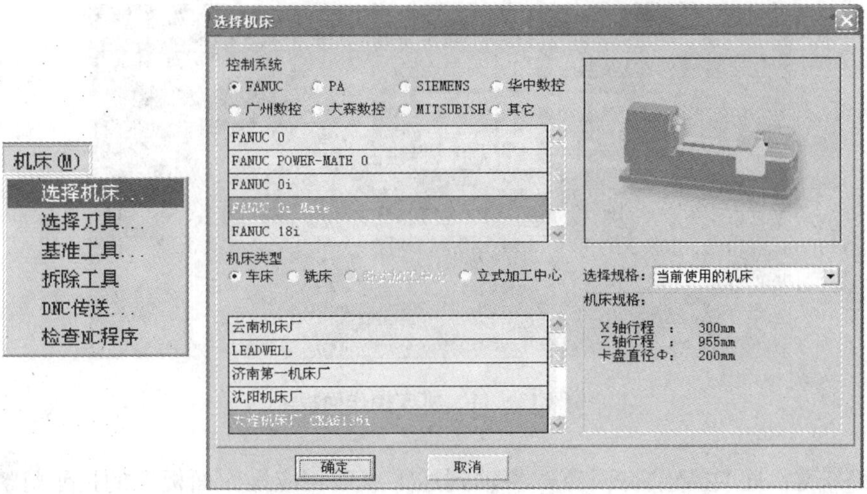

图 12－9　选择机床对话框

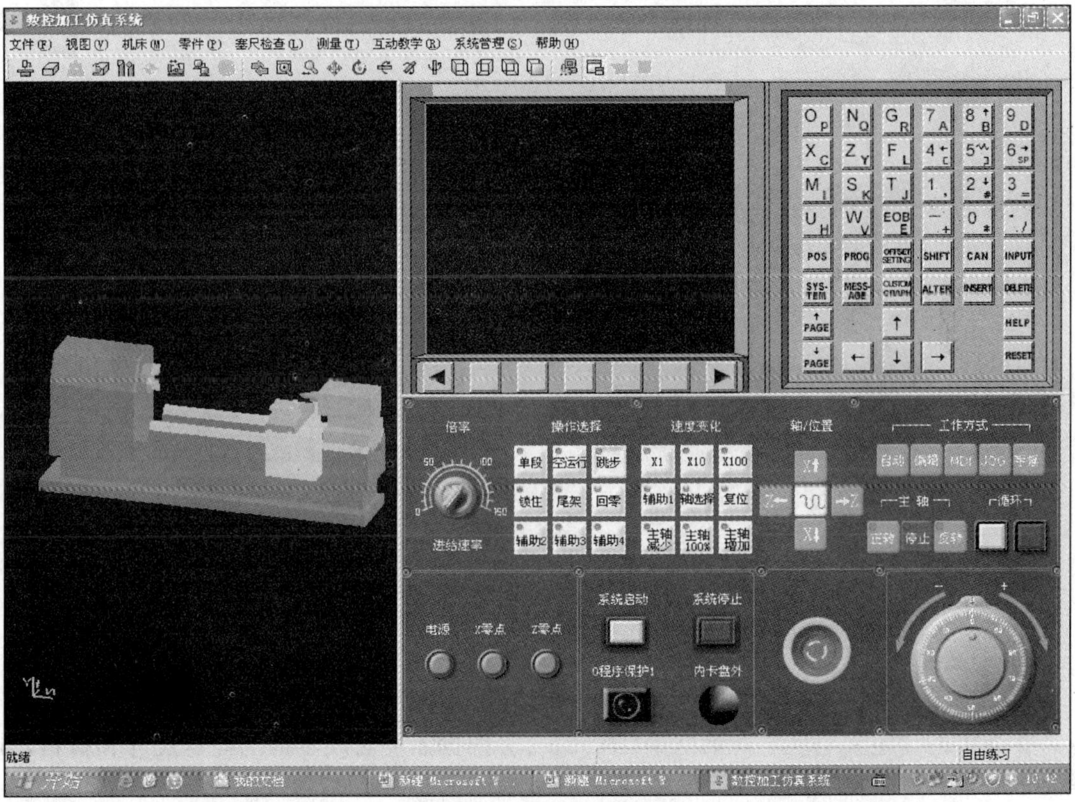

图 12－10　仿真加工界面

（2）检查急停按钮是否松开至◎状态，若未松开，单击急停按钮◎，将其松开，如图 12－11 所示。

2. 机床回零

（1）在工作方式处按［JOG］键进入手动方式，再按［回零］键，按钮上的灯亮起，进入回零状态。

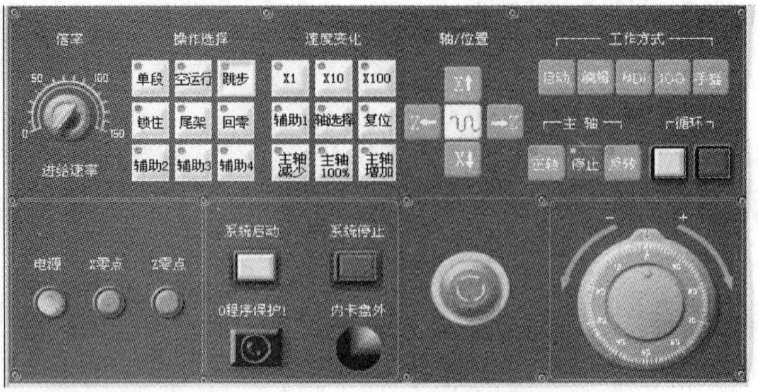

图 12－11　机床操作面板

(2) 按X↓键，此时 X 轴将回零，X 轴到达零点后相应操作面板上的指示灯（X零点）会亮起，同时 CRT 上的 X 坐标变为“600.000”。

(3) 再按→Z键，可以将 Z 轴回零，Z 轴到达零点后相应操作面板上的指示灯（Z零点）会亮起，此时如图 12－12 所示，CRT 如图 12－13 所示。

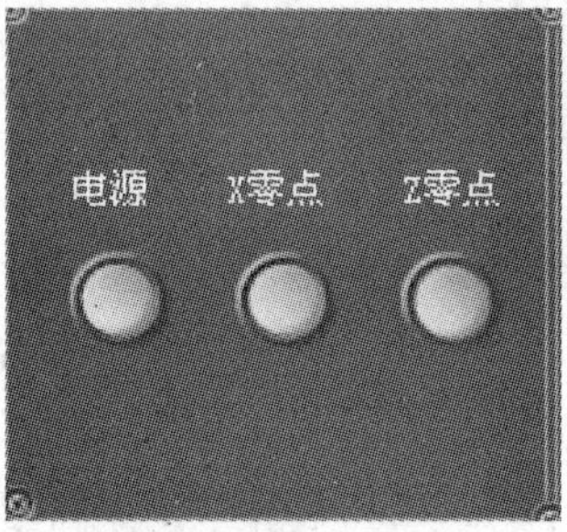

图 12－12　Z 轴到达零点后“Z 零点”指示灯亮起

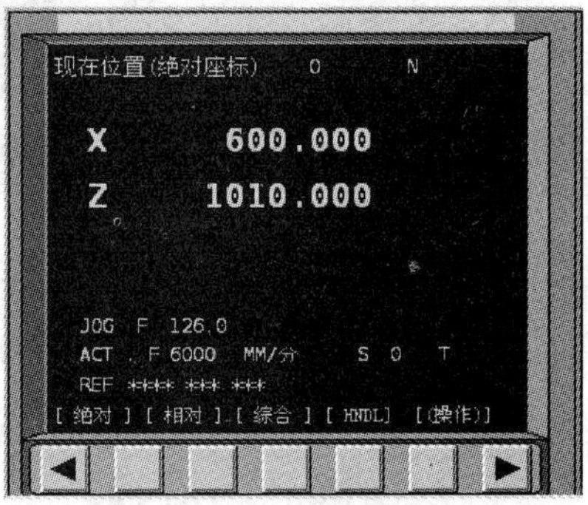

图 12－13　CRT 显示

3. 安装工件

1) 定义毛坯

在主菜单栏中选择“零件”→“定义毛坯”选项(图 12－14)，或单击工具栏上的图标，在弹出的“定义毛坯”对话框中(图 12－15)根据需要更改零件的任意尺寸和材料，选择完毕后单击“确定”按钮。

2) 选择毛坯

在主菜单栏中选择“零件”→“放置零件”选项，或单击工具栏上的图标，在弹出的“选择零件”对话框中(图 12－16)选择名称为“毛坯 1”的零件，选择完毕后单击“确定”按钮。界面上的仿真机床上会显示出安装的零件，同时弹出控制零件左右移动的操作框(图 12－17)，通过该操作框可对已安装的零件进行伸缩移动来达到加工的需要，调整结束后单击“退出”按钮关闭该操作框，此时零件安装结束。

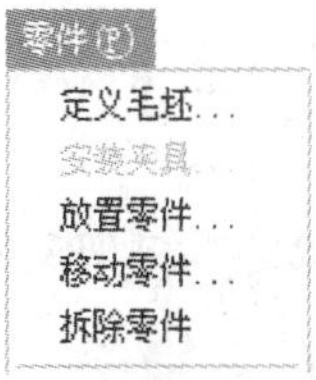

图 12－14　定义毛坯菜单

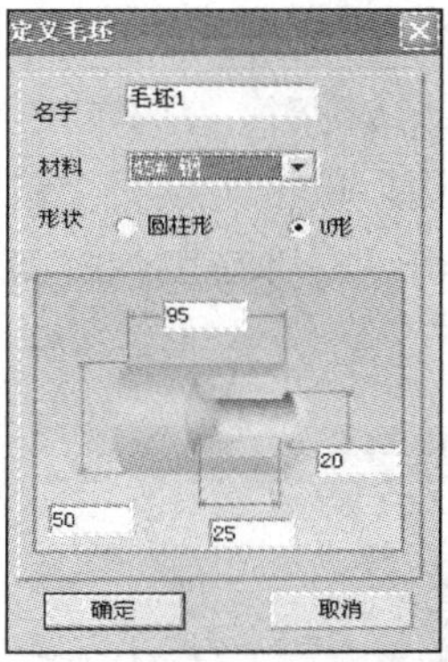

图 12－15　“定义毛坯”对话框

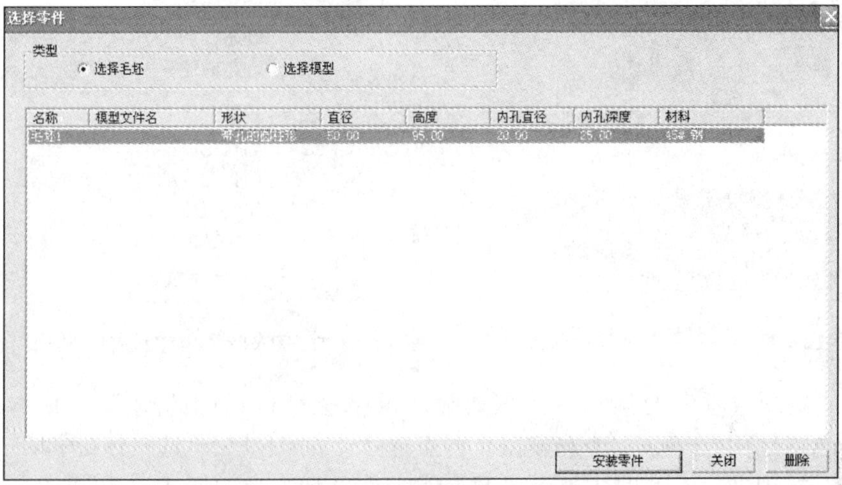

图 12－16　“选择零件”对话框

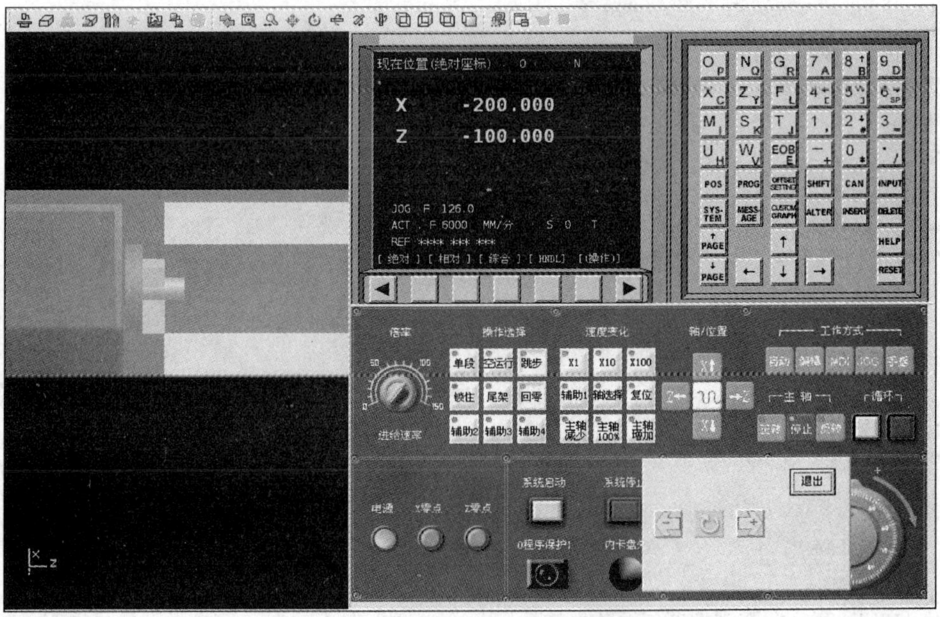

图 12－17　零件安装及移动操作框

3）零件显示模式

（1）当零件有内部结构时，为了能更好地观察和加工，可通过更改零件显示模式来表达清楚零件的内部结构，单击工具栏上的图标，弹出“视图选项”对话框(图 12－18)，或是在当前状态下右击，在弹出的快捷菜单中选择“选项”命令(图 12－19)，弹出“视图选项”对话框。

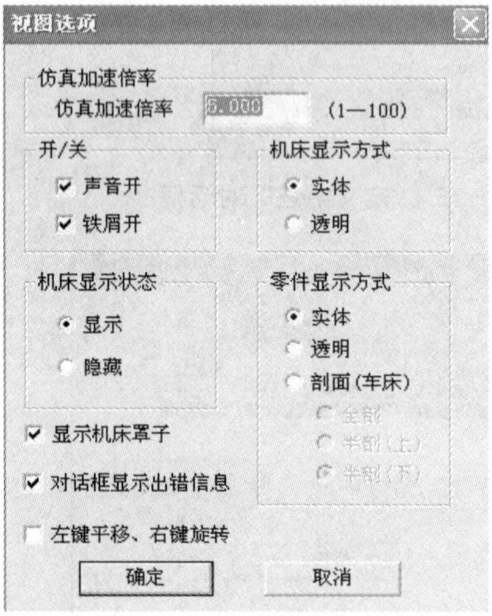

图 12－18 “视图选项”对话框

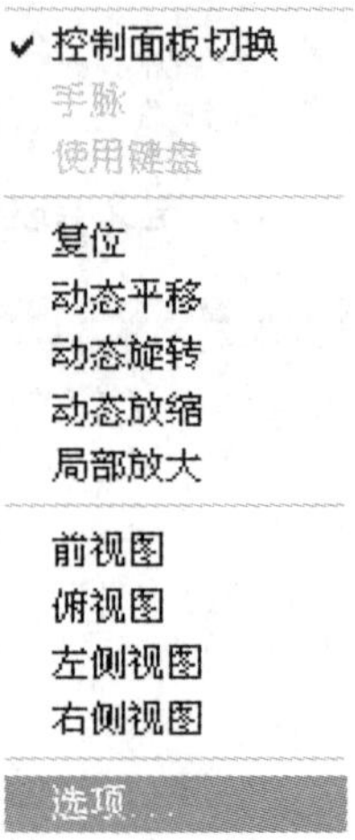

图 12－19 在快捷菜单中选择“选项”命令

（2）在“视图选项”对话框中根据要显示的部位进行相应的调整，在“零件显示方式”区域点选“剖面(车床)”单选按钮，再点选“半剖(下)”单选按钮(图 12－20)，然后单击“确定”按钮即可，此时主显示界面上的零件显示为半剖模式，如图 12－21 所示。

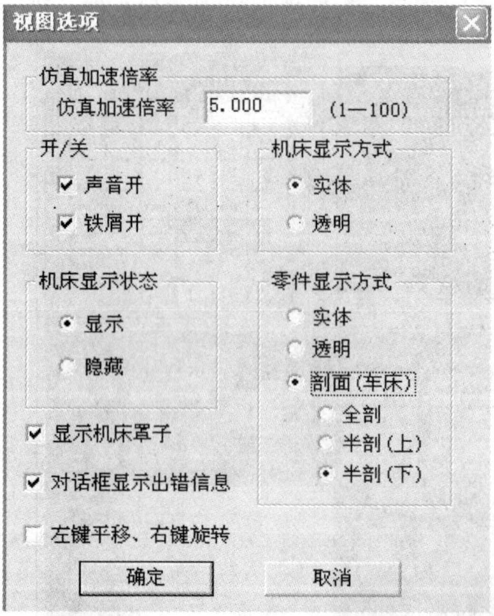

图 12－20 调整零件要显示的部位

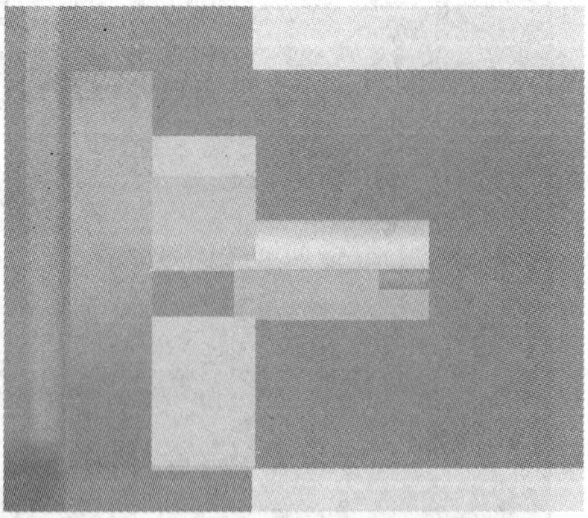

图 12－21 零件半剖显示模式

4. 安装刀具

在主菜单栏中选择“机床”→“选择刀具”选项(图 12-22)，弹出“刀具选择”对话框(图 12-23)，或单击工具栏中的按钮，也可弹出“刀具选择”对话框。

图 12-22　选择刀具菜单

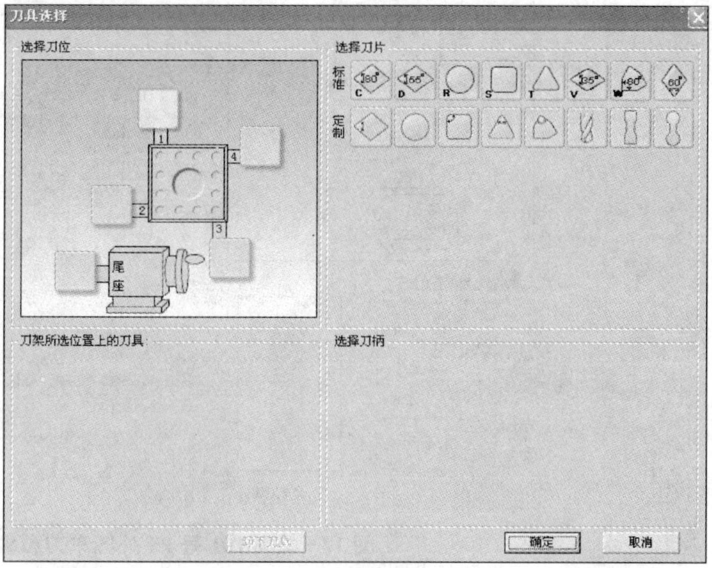

图 12-23　“刀具选择”对话框

(1) 安装 T01 号外圆车刀。

① 在“刀具选择”对话框中的“选择刀位”区域中单击选择 1 号刀位。

② 根据零件加工工艺要求，在“选择刀片”区域中选择刀尖角为 35°的刀片，同时对话框中显示刀片的具体参数，选择序号为“1”的刀片，如图 12-24 所示。

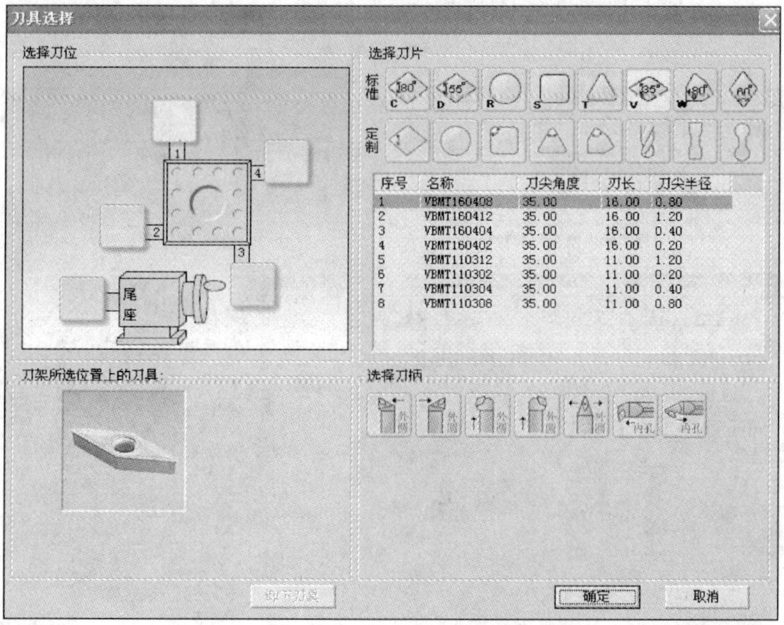

图 12-24　T01 号外圆车刀刀片选择

③ 在“选择刀柄”区域中选择 选项，对话框中显示出具体参数，选择主偏角为 95°的刀柄，对话框左下边显示出选择好的刀具效果图，如图 12－25 所示。

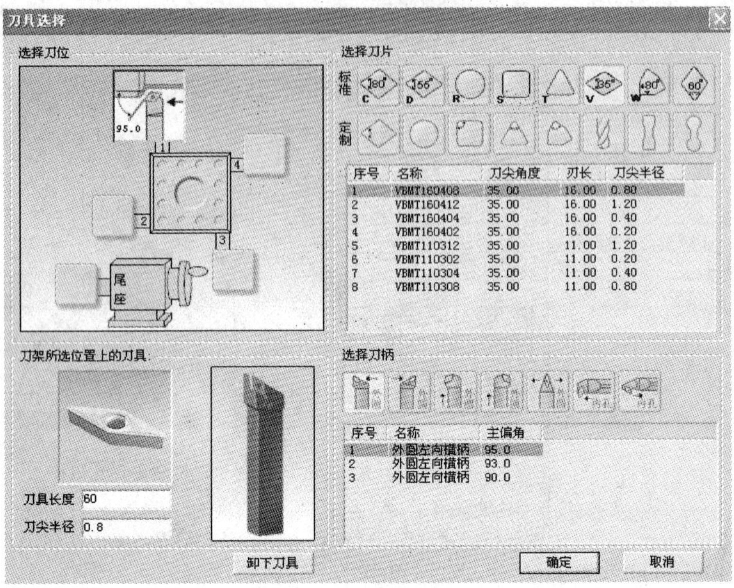

图 12－25 T01 号 95°外圆车刀参数

④ 选择完成后，单击“确定”按钮完成 T01 号刀的设置。

(2) 重复上述操作，完成 T02 号 3mm 切槽车刀、T03 号 60°螺纹车刀、T04 号 93°内孔镗刀建立和安装，如图 12－26 所示。

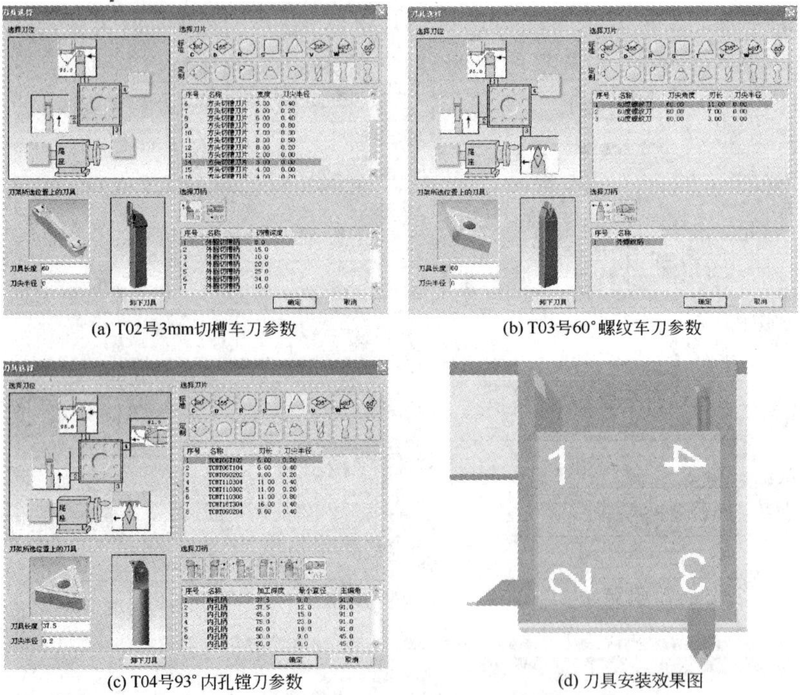

(a) T02号3mm切槽车刀参数　(b) T03号60°螺纹车刀参数

(c) T04号93°内孔镗刀参数　(d) 刀具安装效果图

图 12－26 刀具安装过程

四、程序输入

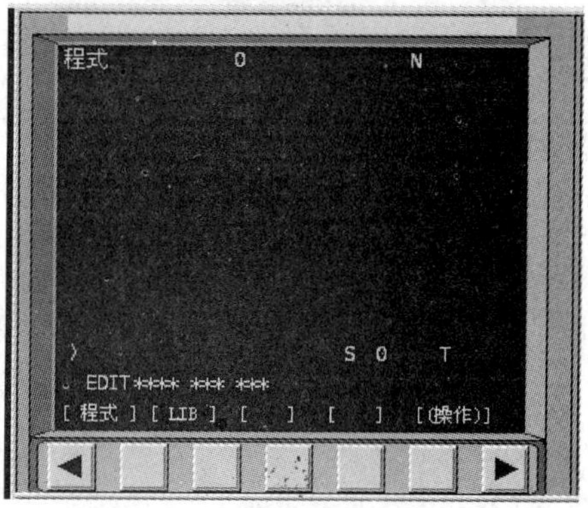

图 12－27　程序编辑界面

(1) 按操作面板上的键，将工作方式切换到编辑状态下。

(2) 按编辑面板 MDI 键盘上的键，进入编辑页面，如图 12－27 所示。

(3) 单击液晶显示屏下方的“操作”软键，进入二级子菜单，再按键，进入三级子菜单，然后按[READ]键，进入四级子菜单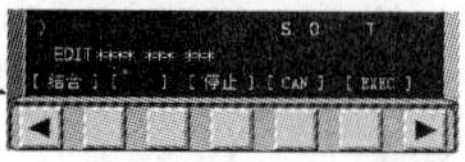，输入程序号“O0001”，单击工具栏上的图标，在弹出的“打开”对话框中选取文件，如图 12－28 所示，在列表框中选中所需的文件，单击“打开”按钮，即可将程序导入，此时界面上显示导入的加工程序，如图 12－29 所示。

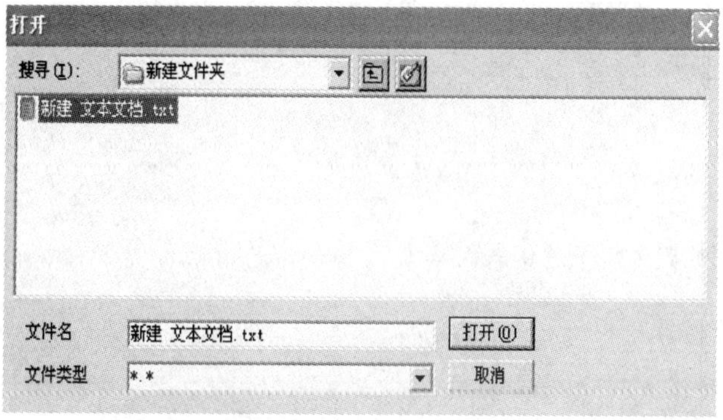

图 12－28　文件导入路径

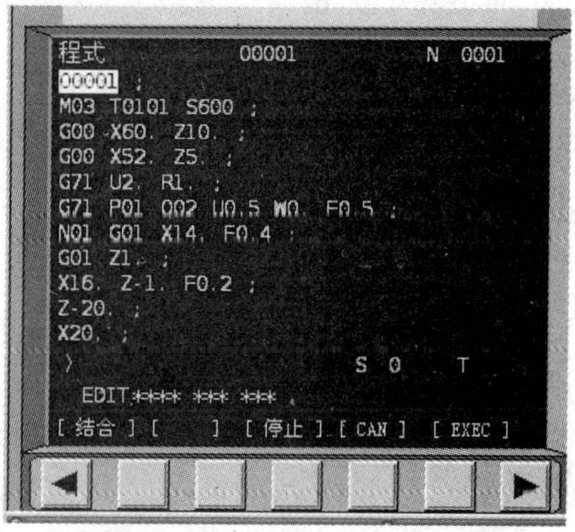

图 12－29　导入程序

(4) 加工程序见表 12－2。

表 12－2　加工程序

程序	程序
O0001;	O0002;
M03 T0101 S600;	M03 T0101 S600;
G00 X60.0 Z10.0;	G00 X60.0 Z10.0;
G00 X52.0 Z5.0;	G00 X52.0 Z5.0;
G71 U2.0 R1.0;	G01 X48.0 F0.2;
G71 P01 Q02 U0.5 W0.0 F0.5;	Z—16.0;
N01 G01 X14.0 F0.4;	G00 X100.0;

（续）

程序	程序
G01 Z1.0； X16.0 Z−1.0 F0.2； Z−20.0； X20.0； X23.8 W−2.0； Z−42.0； X24.0； X36.0 Z−64.39； Z−74.0； G02 X48.0 W−6.0 R6.0； N02 G01 X52.0； G70 P01 Q02； G00 X100.0 Z100.0； T0202 S400； G00 X50.0 Z5.0； G00 X26.0 Z−40.0； G94 X20.0 W0.0 F0.2； X20.0 Z−42.0； G00 X150.0 Z100.0； T0303 S600； G00 X50.0 Z5.0； G00 X26.0 Z−15.0； G92 X23.0 Z−39.0 F1.5； G92 X22.5 Z−39.0 F1.5； G92 X22.05 Z−39.0 F1.5； G00 X150.0 Z100.0； M30	Z100.0； T0404 S400； G00 X60.0 Z10.0； G00 X18.0 Z5.0； G71 U1.0 R0.2； G71 P03 Q04 U−0.5 W0.0 F0.5； N03 G00 X30.0； G01 Z2.0 F0.2； Z−10.0； X20.0； Z−25.0； N04 X19.5； G70 P03 Q04； G00 Z100.0； X150.0； M30

五、 程序校验

（1）按操作面板上的键，将工作方式切换到自动加工状态下。

（2）按编辑面板 MDI 键盘上的键，进入图形模拟页面，单击操作面板上的循环启动按钮，即可观察加工程序的运行轨迹，如图 12－30 所示。

六、 对刀与偏置设置

编制数控程序一般按工件坐标系编程，对刀的过程就是建立工件坐标系与机床坐标系之间关系的过程。

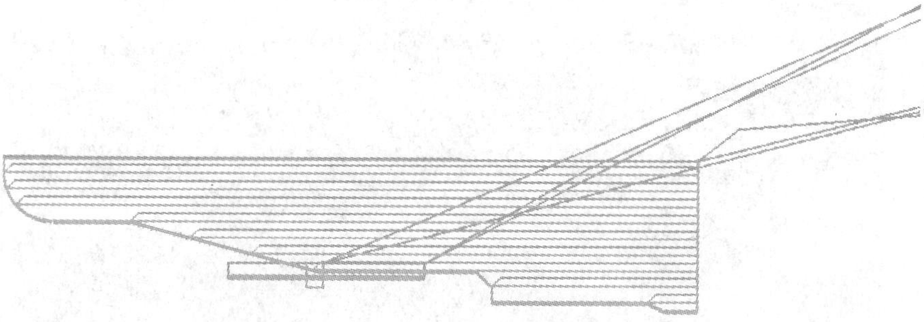

图 12-30　加工程序轨迹模拟

下面具体说明车床对刀的方法，其中将工件右端面中心点设为工件坐标系原点。

(1) T01 号外圆车刀的设置(试切法)。

① 在操作面板里按键进入手动操作方式状态，按键移动坐标轴，将刀具移动到工件附近。

② 按键，先在工件外圆试切一刀(图 12-31)，沿“$+Z$”方向退刀。按键，主轴停转。

③ 在主菜单栏中选择“测量”选项，弹出提示框提示“是否保留半径小于 1 的圆弧?”(图 12-32)，单击“否”按钮，弹出“测量”对话框，单击外圆加工部位，选中部位变色并显示出实际尺寸，同时对话框下侧相应尺寸参数变为蓝色亮条显示，如图 12-33 所示。

图 12-31　试切外圆

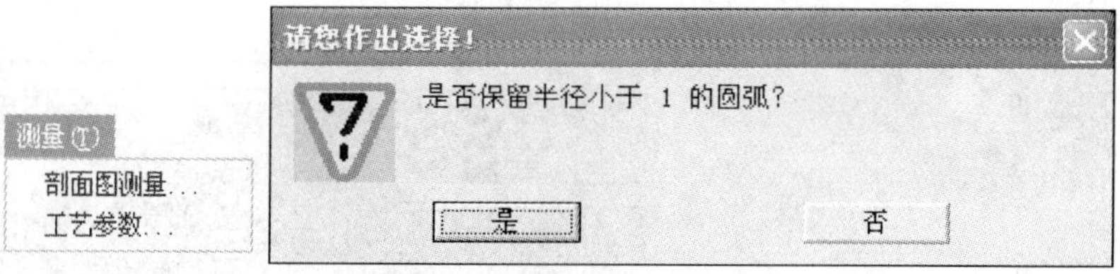

图 12-32　圆弧半径保留对话框

④ 按编辑面板 MDI 键盘上的键，进入刀具补正页面，按显示屏内下端“形状”键，进入刀补界面，如图 12-34 所示。

⑤ 按键使光标移动到 01 位置，在控制面板上输入“X－47.62”，单击“测量”软键输入 X 轴坐标，系统自动换算出 X 轴相应坐标值；输入 Z 轴尺寸“Z－5.956”，单“测量”软键，系统自动换算出 Y 轴相应坐标值，如图 12-35 所示。

(2) 用上述方法，完成 T02 号刀、T03 号刀、T04 号刀的对刀与偏移设置。

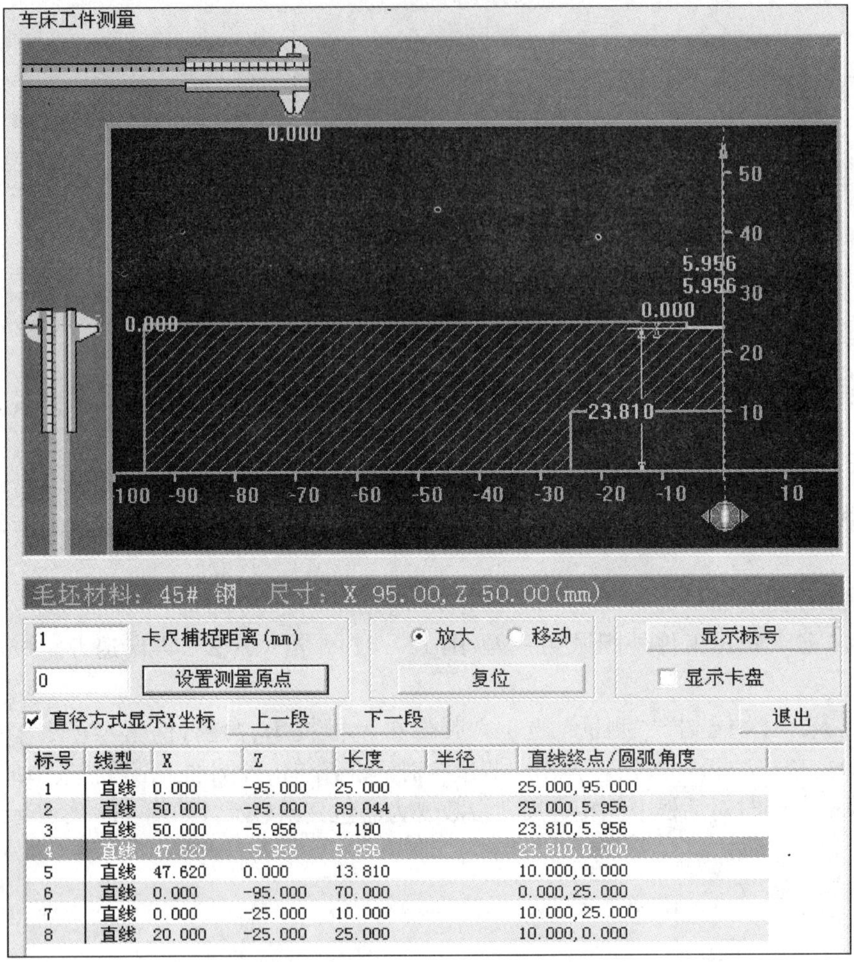

图 12-33 试切测量

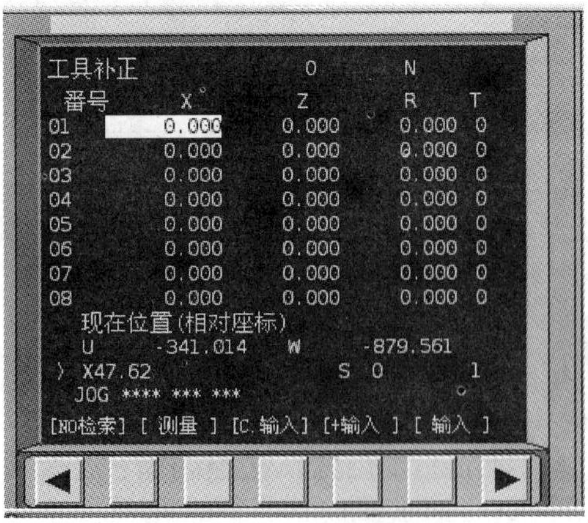

图 12-34 刀补显示界面

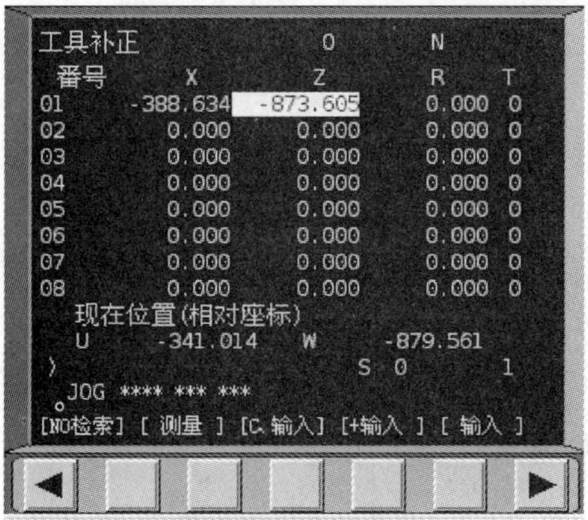

(a) T01刀补输入画面

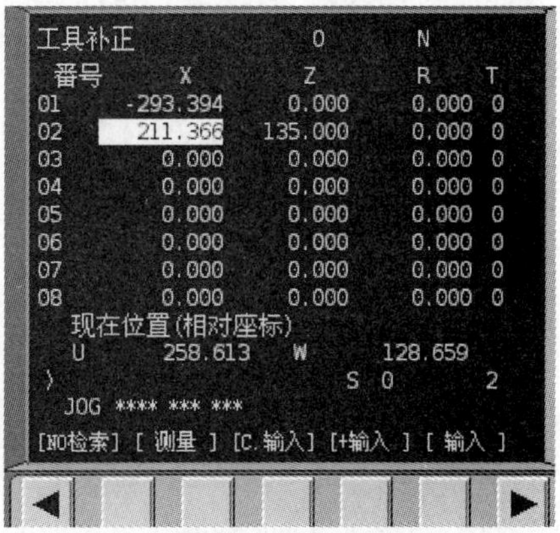

(b) T02刀补输入画面

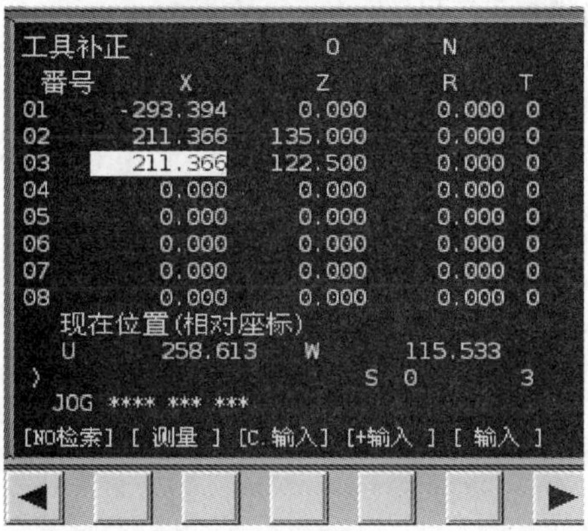

(c) T03刀补输入画面

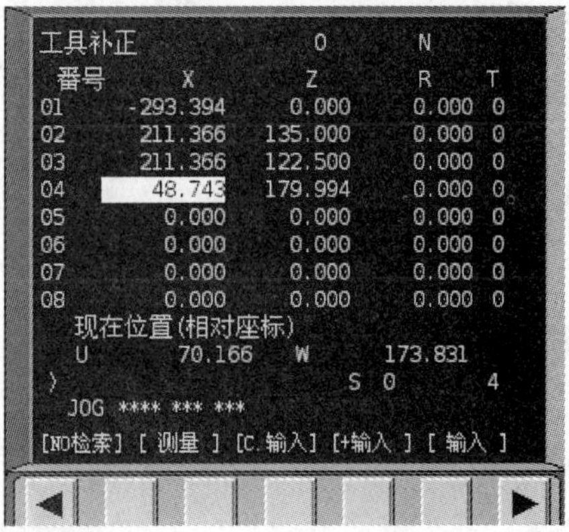

(d) T04刀补输入画面

图 12－35　刀具补偿输入界面

七、 自动加工

（1）按操作面板上的键，将工作方式切换到自动加工状态。

（2）按编辑面板 MDI 键盘上的键，切换到程序界面，单击操作面板上的循环启动按钮，即可进行自动加工，如图 12－36 所示。

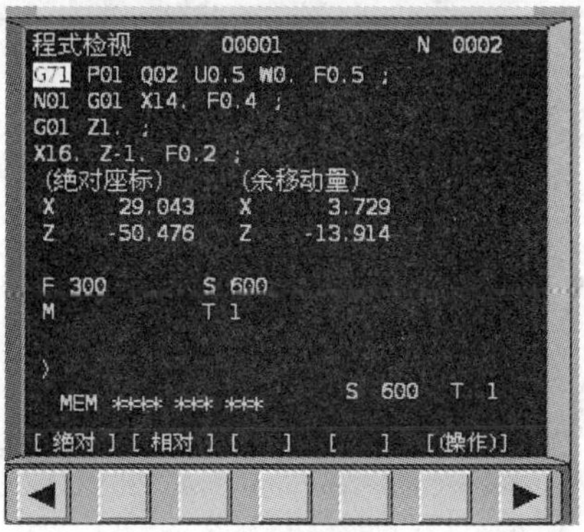

(a) 显示程序

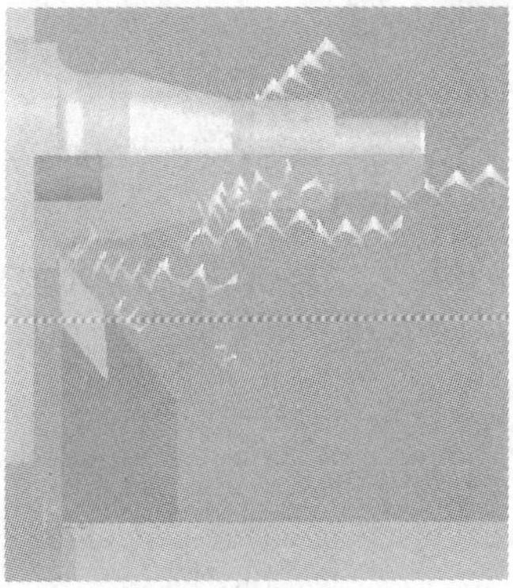
(b) 加工外圆

图 12－36　零件右端加工工程

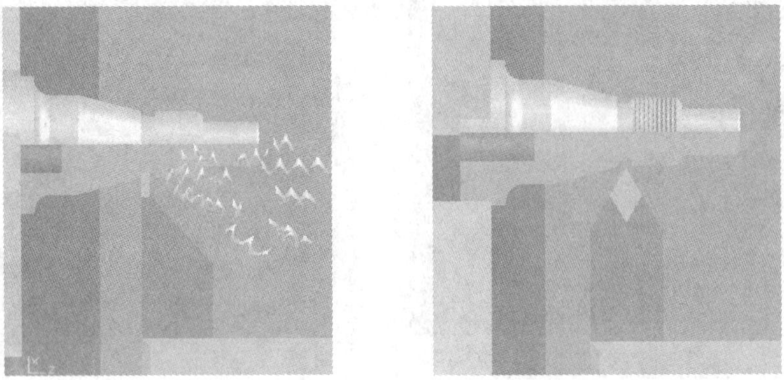

(c) 加工沟槽　　(d) 加工螺纹

图 12－36　零件右端加工工程(续)

(3) 加工完零件右端后，在主菜单栏中选择“零件”→“移动零件”选项(图 12－37)，弹出零件移动操作框(图 12－38)，单击零件反转按钮，然后单击“退出”按钮，零件调头装夹，如图 12－39 所示。

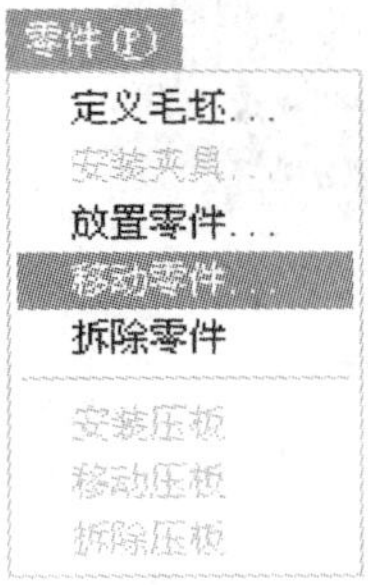

图 12－37　移动零件菜单

图 12－38　零件移动操作框

图 12－39　零件调头

(4) 重复上述过程，加工零件带孔一端，仿真演示过程如图 12－40 所示，仿真结果如图 12－41 所示。

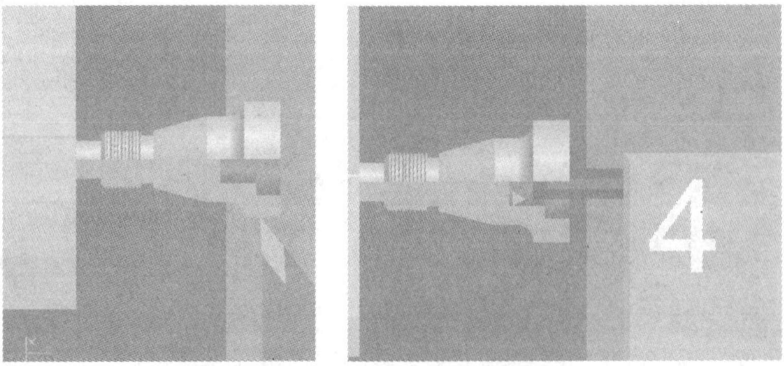

(a) 加工外圆　　(b) 加工内孔

图 12－40　零件左端加工工程

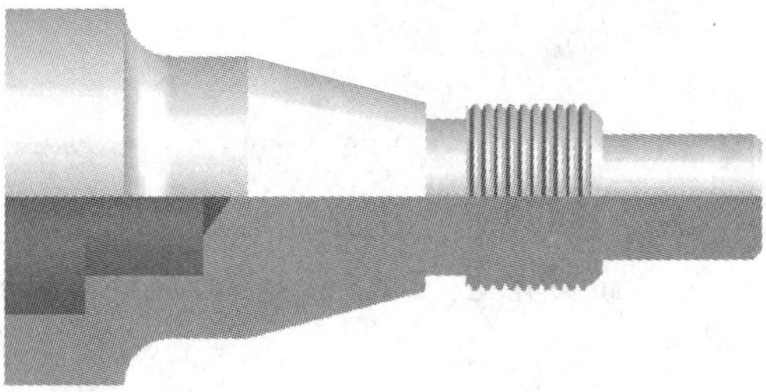

图 12－41　零件实体图

任务二　VNUC 仿真软件

学习目标

◇ 了解 VNUC 仿真软件
◇ 掌握 VNUC 仿真软件的操作步骤和使用方法
◇ 掌握工件坐标系的设置方法和步骤
◇ 掌握测量零件的方法及学会正确调试加工程序

能力目标

熟练使用 VNUC 仿真软件进行零件的仿真加工练习。

任务描述

用 ϕ50mm 的尼龙棒加工如图 12－42(a)所示的零件，完成零件的编程并使用 VNUC 数控仿真系统进行仿真加工，零件实物图如图 12－42(b)所示。

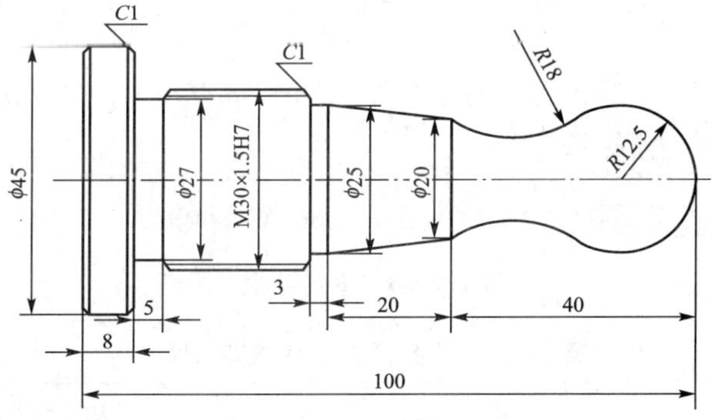

(a) 零件图

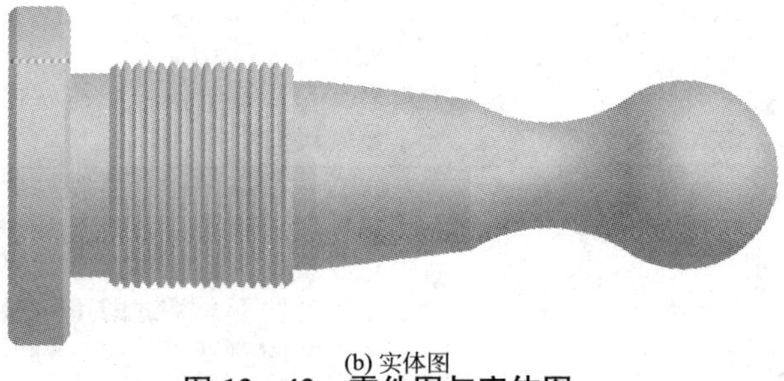

(b) 实体图

图 12－42　零件图与实体图

任务分析

由北京市斐克科技有限责任公司研制开发的“VNUC”数控仿真软件含有多种数控系统的数控车、数控铣和加工中心，可以让学生先在仿真系统上对不同的数控系统进行充分地练习，为在真实机床上的实训做好铺垫与准备工作，这样能够达到更好的实训效果。

相关知识

VNUC 数控加工仿真系统操作界面如图 12－43 所示。

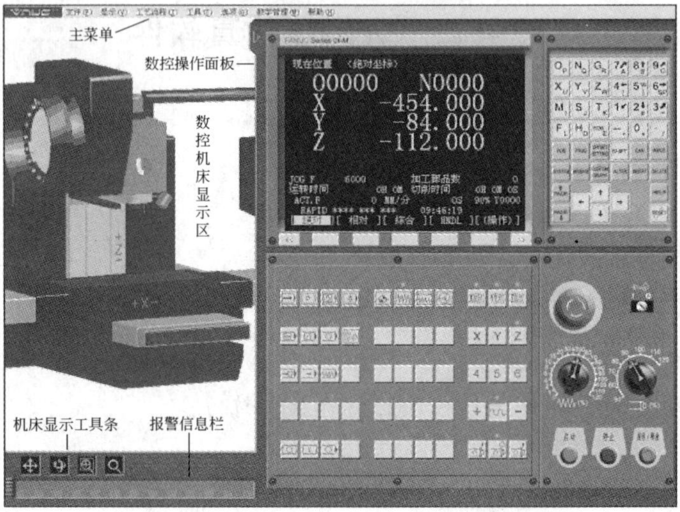

图 12－43　VNUC 数控加工仿真系统操作界面

一、 主菜单栏

主菜单栏是一个下拉式菜单，如图 12－44 所示，可以根据需要选择其中的某一个菜单项。部分的名称和功能见表 12－3。

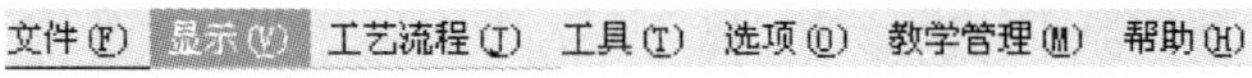

图 12－44　主菜单栏

表 12－3　下拉式主菜单功能说明

菜单项	名称	功能说明
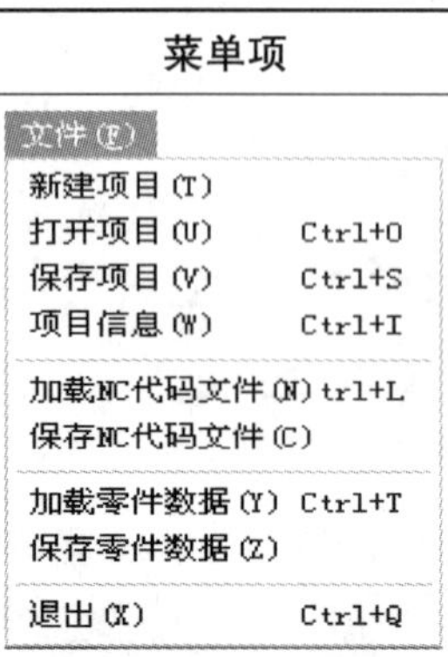	新建项目	新建的项目会将这次操作所选用的毛坯、刀具、数控程序等记载下来，以后想加工同样的零件时，只要打开这个项目文件就可以进行加工，而不必再重新进行设置
	打开项目	若打开的是一个已经完成加工工序的项目，则在主窗口中，毛坯已经安装并装夹完毕，工件坐标原点已设好，数控程序已被导入，这时只需打开机械面板，按下开关键即可以进行加工；若打开的是一个未完的项目，则这时的主窗口内将显示上一次保存项目时的样子

（续）

菜单项	名称	功能说明
	保存项目	将当前工作状态保存为一个文件，供以后继续使用
	项目信息	
	加载 NC 代码文件	到存放代码文件夹中找寻代码文件(即用户编写的程序，此代码文件路径是个人规定的)
	保存 NC 代码文件	将当前工作状态下的加工程序保存为一个文件
	加载/保存零件数据	用于使用和保存加工后的零件
	退出	结束数控加工仿真系统程序
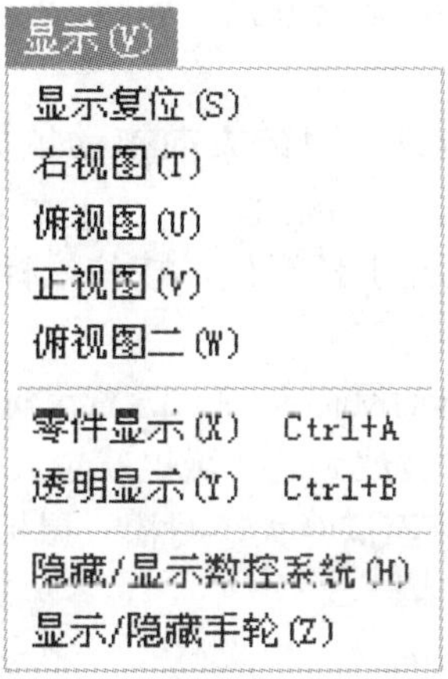	显示复位	将机床图像设成初始大小和位置。无论当前机床图像放大或缩小了多少、方向位置如何调整，只要使用“显示复位”选项，都可使机床的大小、方向恢复到初始大小，也就是刚进入系统时的样子
	右视图	可快速地使机床的右侧面对主窗口
	左视图	左视图是铣床和加工中心特有的一种视图方式，可快速地将机床的左侧面对主窗口
	正视图	可快速地使机床的正面正对主窗口
	零件显示	可使主窗口中看不到机床，从而突出显示零件
	透明显示	可使机床变为透明，从而突出显示零件
	隐藏/显示数控系统	显示或者不显示主界面右侧的数控系统面板。VNUC 系统主界面的默认设置是左侧为机床加工显示区，右侧为数控系统面板，使用“隐藏/显示数控系统”选项后，数控系统面板可以更清楚地观看加工过程
	显示/隐藏手轮	打开或关闭手轮。在默认状态下，手轮是不显示的，需要使用手轮时，可使用该选项使手轮出现在机床显示区右下方。不用时，再选择该选项即可关闭手轮
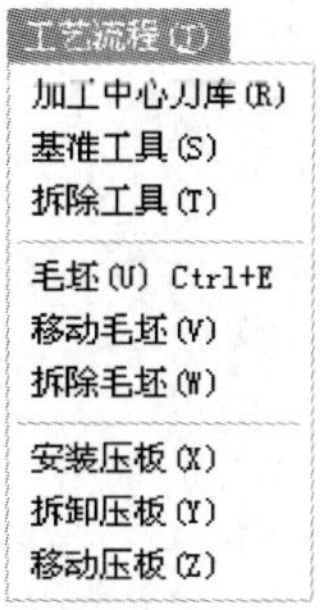	加工中心刀库	此位置在不同仿真系统中显示相应的刀具库，主要完成建立和安装新刀具、修改刀具、保存刀具等
	基准工具	弹出基准工具对话框
	拆除工具	将刀具或基准工具拆下
	毛坯	打开零件毛坯库
	移动毛坯	调整毛坯的位置
	拆除毛坯	从机床上拆除毛坯

（续）

菜单项	名称	功能说明
	安装、拆卸、移动压板	可以实现安装、拆卸、移动压板的操作
工具(T) 辅助视图(Z)	辅助视图	在铣床和加工中心里有“辅助视图”功能。在对刀时，为了看清毛坯与基准的接触情况，可以使用该功能
	测量视图	在车床加工操作中，采用试切法对刀时，可使用“测量”视图来测量毛坯的直径
选项(O) 选择机床和系统(Z) 参数设置(P)	选择机床和系统	在该窗口中进行机床和系统的选择
	参数设置	用户可以在这里设置程序运行倍率，打开或关闭加工声音
教学管理(M)	教学管理	主要用于远程教育的控制

二、工具栏

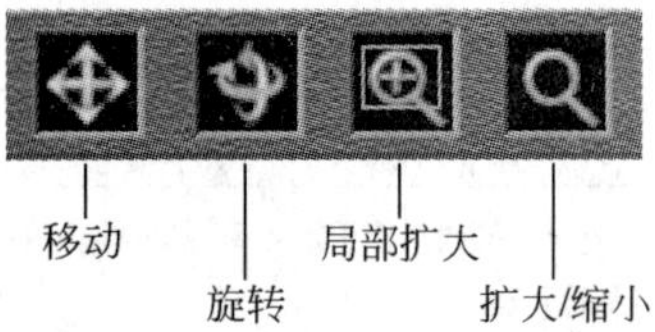

图 12－45　机床显示工具栏

工具栏主要用于调整数控机床的显示方式，如图 12－45 所示。

(1) 移动机床。按住鼠标左键并向目的方向拖动鼠标，机床会随鼠标移动，至满意位置时松开鼠标。

(2) 旋转机床。将光标移到机床上任意处，按住鼠标左键并向目的方向拖动鼠标至满意位置时松开鼠标。

(3) 局部扩大。将光标移到机床上需要放大的部位，按住并拖动鼠标左键，随着鼠标的拖动，该部位周围出现一个方框。鼠标拖动得越远，方框越大，将被放大的区域也就越大。

(4) 扩大和缩小机床。按住鼠标左键向下或向上放大/缩小机床至满意大小时松开鼠标。

三、报警信息栏

报警信息栏用于显示操作过程中的警告、通知信息等，如图 12－46 所示。

图 12－46　报警信息栏

四、数控机床显示区

数控机床显示区是一台模拟的机床，它可以显示操作者在装夹工件、刀具选择、对刀过程、零件加工等方面的操作。

五、数控操作面板

数控操作面板主要由数控装置操作面板和机床操作面板两部分组成。

任务实施

一、启动数控加工仿真系统

启动 VNUC 仿真软件。双击电脑桌面上的软件图标

，打开 VNUC 系统。系统弹出“用户登录”界面，如图 12 - 47 所示。输入用户名和密码，再单击“登录”按钮，进入数控加工仿真系统。

图 12 - 47　VNUC 仿真系统用户登录界面

二、选择机床和数控系统

(1) 在主菜单中选择“选项”→“选择机床和系统”，选项，弹出“选择机床与数控系统”对话框。

(2) 在“机床类型”右侧的下拉列表中选择中“卧式车床”选项，如图 12 - 48 所示。

(3) 卧式车床列表会显示在对话框左下方的“数控系统”区域中，单击选中“FANUC0T”选项，右边“机床参数”区域中会显示选中机床的有关参数，如图 12 - 49 所示。

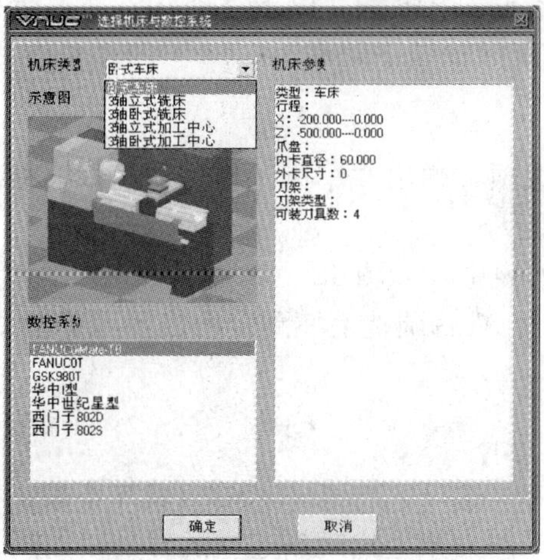

图 12 - 48　选择机床类型

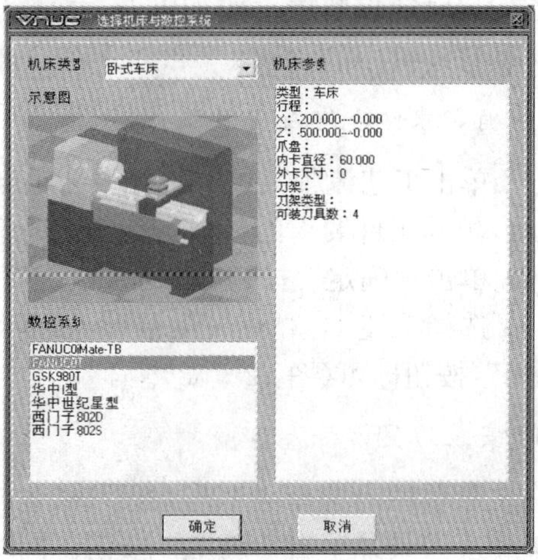

图 12 - 49　选择数控系统

（4）单击“确定”按钮，设置窗口关闭，主界面左侧的显示区显示卧式车床，右侧的数控系统面板自动切换成 FANUC 0－TD 系统，如图 12－50 所示。

图 12－50　FANUC 0－DT 数控车床仿真系统操作界面

三、 数控加工仿真系统基本操作

1. 启动机床并回零

首先启动数控装置，按加电开关，弹开急停按钮。单击按钮，然后分别按一下坐标轴移动键中的“＋X”和“＋Z”方向使坐标轴顺序回零。

2. 确定零件毛坯及安装工件

（1）单击工艺流程菜单，选择“新毛坯”选项，弹出“车床毛坯”对话框，按照对话框提示，填写工件要求的参数，如图 12－51 所示。

（2）单击“确定”按钮，添加到毛坯零件列表中，如图 12－52 所示。

（3）选择毛坯 1，单击“安装此毛坯”按钮，然后调整毛坯到合适位置后单击“夹紧”→“关闭”按钮即可(图 12－53)。

3. 安装刀具

在主菜单栏中选择“工艺流程”→“车刀刀库”选项，打开车床的刀具库，根据零件形状选择相应刀具并单击“确定”按钮。同时车床的刀架上出现新建立的刀具，如图 12－54 和图 12－55 所示。

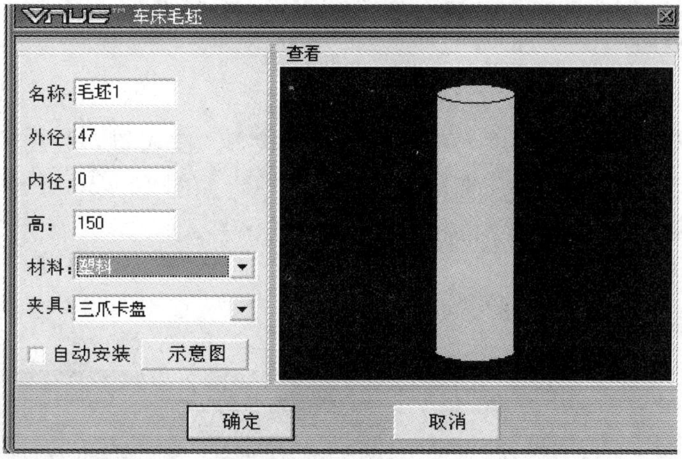

图 12 - 51　零件参数

图 12 - 52　毛坯列表

图 12 - 53　调整安装工件

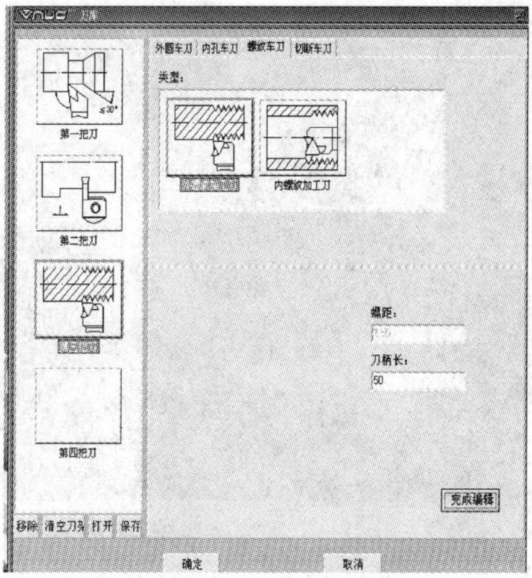

图 12 - 54　车刀安装参数

图 12 - 55　安装刀具

四、对刀与偏移设置

(1) 设置 T01 号 93°外圆车刀(试切法)。

① 在控制面板里面按键进入手动操作方式状态。按键，先在工件外圆试切一刀，沿“+Z”方向退刀，记下刀尖所在的机械坐标值 X，如图 12-56 所示。然后再试切右端面一刀，记下刀尖所在的机械坐标值 Z。

② 在主菜单栏中选择“工具”选项，打开“测量”工具，测量出试切毛坯直径 X“46.0355”，长度 Z“−17.1603”，如图 12-57 所示。

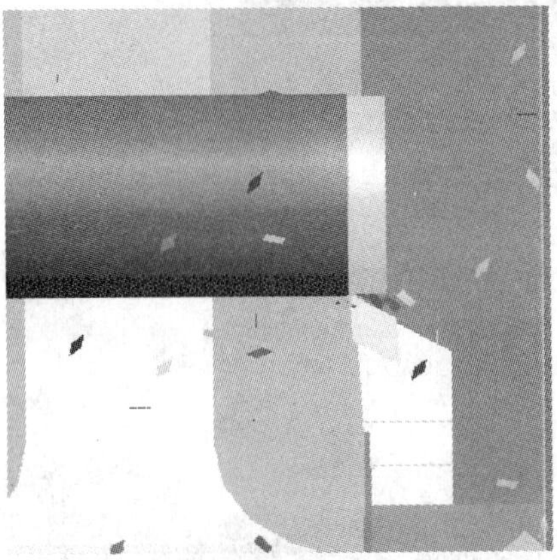

图 12-56　试切端面

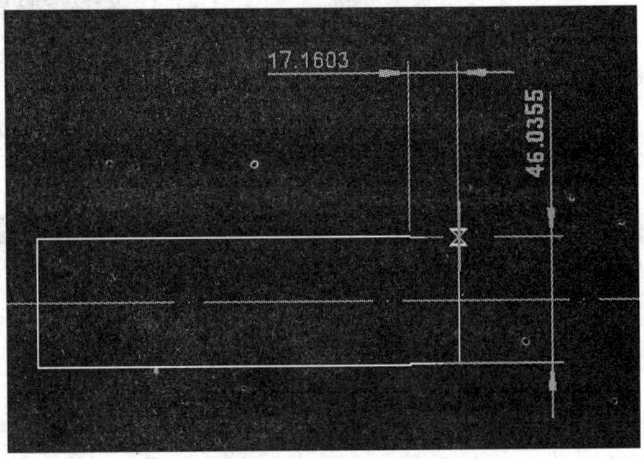

图 12-57　试切测量

③ 计算数值：

$X=\{(-45.972)+(-46.0355)+[-0.2(\text{刀尖圆弧直径})]\}/2=-46.10375$

$Z=\{(-400.0355)+[-0.2(\text{刀尖圆弧半径})]-17.1603\}=-417.3958$

④ 按键进入 MDI 操作方式，再按键，此时出现的画面如图 12-58 所示，然后单击“形状”软键下面的按键，所出现的画面如图 12-59 所示，单击方向键使光标移动到 01 位置，在控制面板上输入 X 值和 Z 值，再按键。

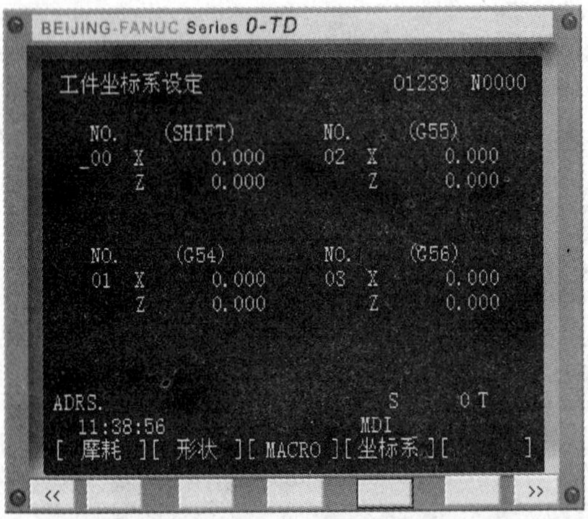

图 12-58　OFFSET 显示画面

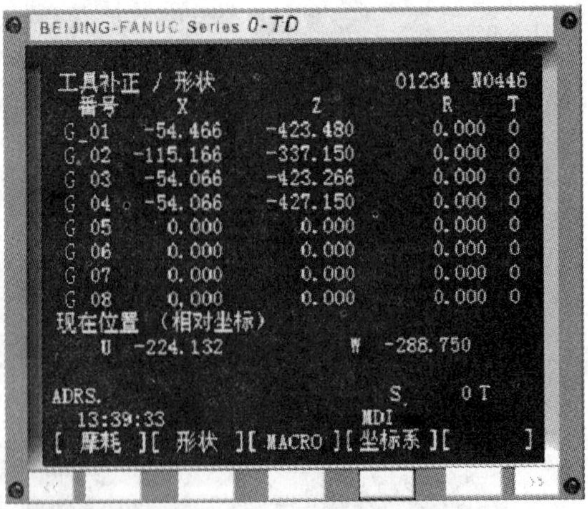

图 12-59　形状输入画面

（2）用上述方法，完成 T02 号刀、T03 号刀的对刀与偏移设置。

五、 上传(数控语言)加工程序及自动加工

1. 上传加工程序

（1）将工作方式转换到自动加工方式。

（2）在主菜单栏中选择“文件”→“加载 NC 代码文件”选项。

（3）从计算机中选择代码存放的文件“0001”，单击“打开”按钮；按程序键，显示屏上显示该程序，如图 12-60 所示。同时该程序名会自动加入到 DRCTRY MEMORY 程序名列表中。加工程序见表 12-4。

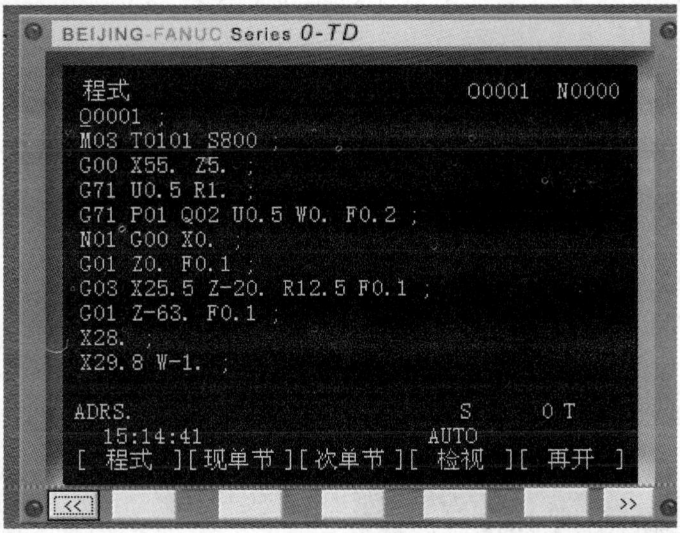

图 12-60　加工程序显示画面

表 12-4　加工程序

程序	程序
O0001;	
M03 T0101 S800;	W—3.0;
G00 X55. Z5.;	X35.0;
G71 U0.5 R1.;	G00 X100.0 Z100.0;
G71 P01 Q02 U0.5 W0.0 F100.0;	T0202 S600;
N01 G00 X0.0;	G00 X35.0 Z—92.0;
G01 Z0.0 F80.0;	G94 X27.0 Z—92.0 F80.0;
G03 X25.5 Z—20.0 R12.5 F100.0;	G01 X29.8 Z—91.0 F80.0;
G01 Z—63.0 F100.0;	X28.0 W—1.0;
X28.0;	X49.0;
X29.8 W—1.0;	G00 X50.0 Z—105.0;
Z—92.0;	G94 X42.0 Z—105.0 F80.0;
X43.0;	G01 X45.0 Z—104.0 F80.0;
X44.98.0 W—1.0;	X43.0 W—1.0;

（续）

程序	程序
Z－100.0；	X50.0；
N02 X55.0；	G00 X100.0 Z100.0；
G00 X100.0 Z100.0；	T0303 S1000；
M05；	G00 X32.0 Z－60.0；
M00；	G92 X29.5 Z－88.0 F1.5；
M03 T0101 S800；	G92 X29.0 Z－88.0 F1.5；
G00X 55.0 Z5.0；	G92 X28.5 Z－88.0 F1.5；
G70 P01 Q02；	G92 X28.1 Z－88.0 F1.5；
G00 X30.0 Z0.0；	G92 X28.05 Z－88.0 F1.5；
G01 X0.0 F100.0；	G00 X100.0 Z100.0；
G03 X20.0 Z－20.0 R12.5 F70.0；	M05；
G02 X20.0 Z－40.0 R18.0；	M30；
G01 X25.0 W－20.0 F80.0；	

2. 自动加工

(1) 选择 EDIT 工作方式，使加工程序复位。

(2) 转换 AUTO 加工方式，检查进给倍率和主轴转速按钮，最后开启循环启动按钮执行自动加工。观察其仿真演示过程，如图 12－61 所示，仿真结果如图 12－62 所示。

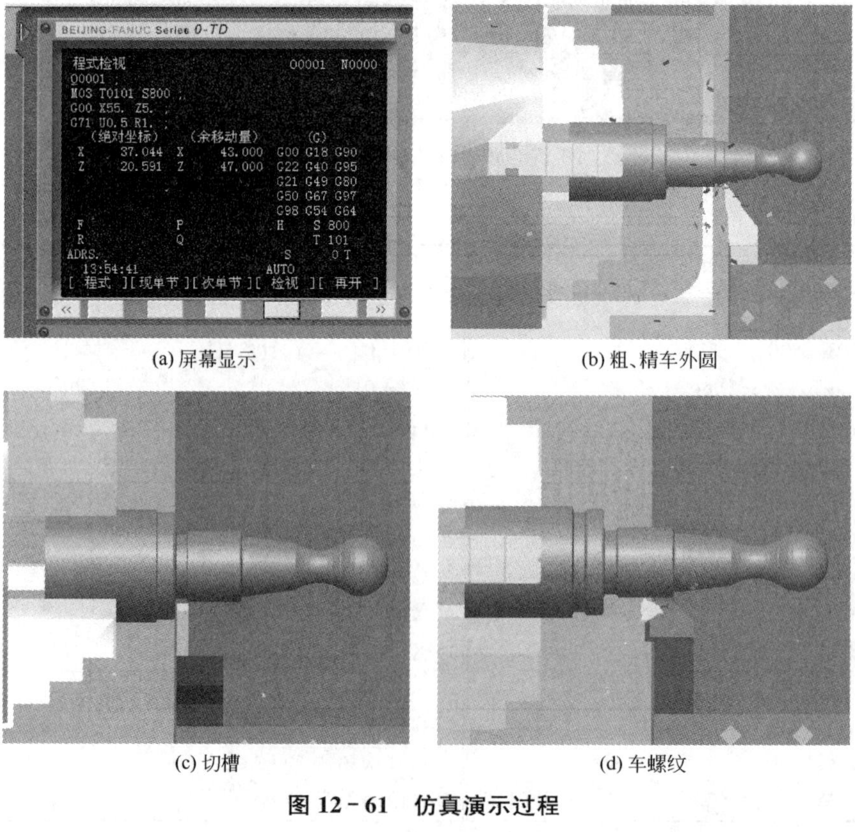

(a) 屏幕显示　(b) 粗、精车外圆

(c) 切槽　(d) 车螺纹

图 12－61　仿真演示过程

(3) 测量。零件加工完成后，在主菜单栏中选择“工具”→“测量”选项，可以分别观察其轮廓尺寸，以便校验编程和加工的正确性，零件实体图如图 12 - 63 所示。

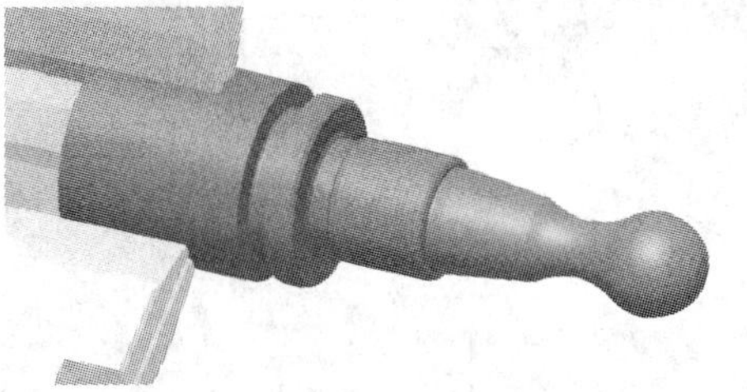

图 12 - 62　仿真加工结果图

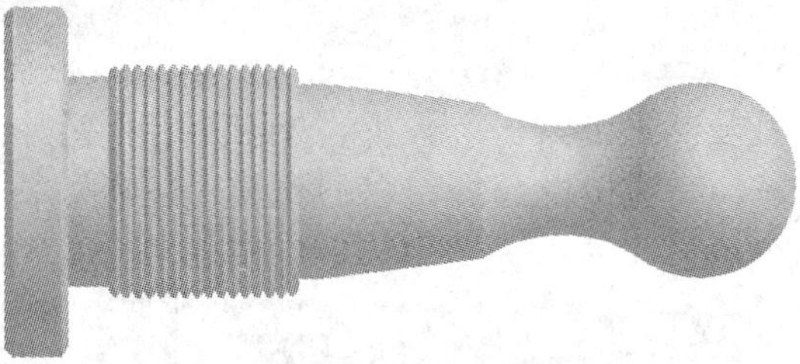

图 12 - 63　零件实体图

练　习　题

1. 已知零件如图 12 - 64 所示，毛坯尺寸为 ϕ130mm×410mm，材料为 LY12，根据给定的尺寸，完成零件的车削加工造型，然后设置合理加工参数，选择加工系统进行仿真加工。

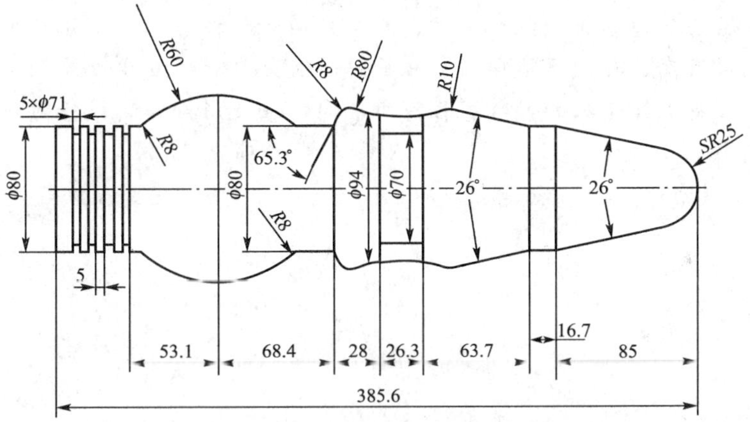

图 12 - 64　练习题 1 图

2. 已知零件如图 12 - 65 所示，毛坯尺寸为 ϕ85mm×180mm，材料为 LY12，根据给定的尺寸，完成零件的车削加工造型，然后设置合理加工参数，选择加工系统进行仿真加工。

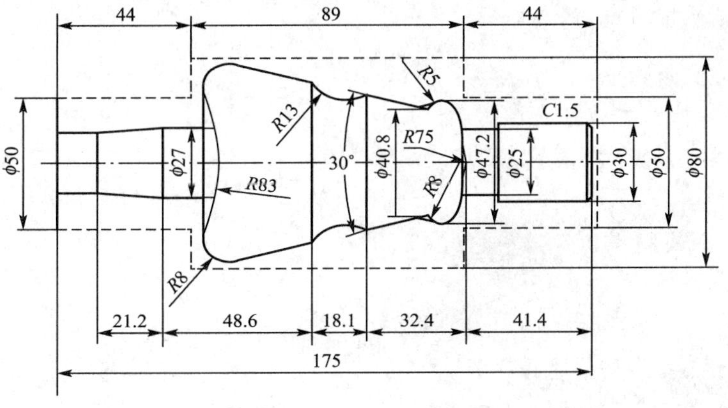

图 12 - 65　练习题 2 图

模块十三

数控车床日常维护与保养

作为数控车床操作人员应熟悉所用车床的使用环境、加工条件等，并能按照机床和系统使用说明书上的要求正确操作车床，这样才能全面了解和掌握数控车床，并及时做好数控车床的维护工作。而且，由于数控车床自动化程度较高，运行速度也相对较高，必须严格按照规程操作，避免事故的发生，才能保证车床的正常运行。各种数控车床的操作规程有所不同，在使用操作新设备前应详细阅读该机床说明书。

教学目标

◇ 掌握数控车床维护保养要求
◇ 掌握数控车床的操作规程
◇ 掌握数控车床维护保养操作规定

能力目标

◇ 熟练掌握数控车床维护保养要求
◇ 熟练、正确执行数控车床的操作规程
◇ 严格执行数控车床维护保养操作规定

任务分析

在生产中，数控车床能否达到加工精度高、产品质量稳定、提高生产效率的目标，不仅取决于车床本身的精度和性能，还取决于数控车床是否得到正确的维护和保养。做好车床的日常维护保养工作，可以延长元器件的使用寿命和机械部位的磨损周期，防止意外恶性事故的发生，使数控车床达到良好的技术性能，长时间稳定工作。

本任务要求能对数控车床进行日常维护与保养工作。

相关知识

一、 数控车床操作注意事项

要使数控车床能充分发挥其作用，使用时必须严格按照数控车床操作规程去做。

1. 加工前的检查准备工作

(1) 检查数控车床各手柄、变速杆是否处于正确的位置。手动方式下，启动主轴，观察主轴运转情况是否正常。对于手动变速车床，变速时应搬动卡盘，确保主轴箱内变速齿轮正确啮合。

(2) 检查冷却液、液压油、润滑油的油量是否充足；自动润滑装置、液压泵、冷却泵是否正常工作；液压系统的压力表是否指示在所要求的范围内；各控制箱的冷却风扇是否正常运转，空气滤清器是否有阻塞现象。

(3) 检查机床导轨面是否清洁，切屑槽内的切屑是否已清理干净。

(4) 在控制系统启动过程中，检查操作面板上的各指示灯是否正常；各按钮、开关是否处于正确位置；CRT 显示屏上是否有报警信息显示，若有问题应及时予以处理。

2. 加工程序的校验与修改

(1) 程序输入后，应认真核对代码、指令、地址、数值、正负号、小数点及语法，保证无误。有图形模拟功能的，应在锁住机床的状态下，进行图形模拟，以检查加工轨迹的正确性。

(2) 在程序运行中，要观察数控系统上的坐标显示，了解目前刀具运动点在机床坐标系及工件坐标系中的位置。

(3) 程序修改时，对修改部分一定要仔细计算和认真核对。

3. 刀具的装夹

(1) 检查各刀的安装顺序是否合理，刀尖是否对中，伸出长度是否合适，刀具是否加紧。

(2) 手动方式换刀，以检查换刀动作是否准确，注意刀具与工件、尾座是否有干涉现象。

(3) 每把刀首次使用时，必须先验证它的实际长度与所给刀补值是否相符。

(4) 试切和加工中，刃磨或更换刀具后，一定要重新测量刀长并修改好刀补值和刀补号。

4. 装夹工件、对刀及工件坐标系的设定与检查

(1) 按工艺规程找正、装夹工件。

(2) 正确测量和计算工件坐标系，并对所得结果进行验证和验算。

(3) 尽管不同的数控系统设定工件坐标系的指令各不相同，但基本原理是一致的。其实质是通过对刀及设定工件坐标系，将工件的位置告诉数控系统。

(4) 将工件坐标系输入到偏置页面，并对坐标、坐标值、正负号、小数点进行认真核对。

5. 首件试切

(1) 无论是首次加工的零件，还是周期性重复加工的零件，首件都必须对照图样工艺、程序和刀具调整卡，进行单程序段加工。

(2) 单段试切时，快速倍率开关必须打到低挡，无异常情况后，再适当增大。

(3) 刀具偏置及补偿量可由小到大，边试边修改，直至达到加工精度要求。

(4) 手摇进给或手动连续进给操作时，必须检查各种开关所选择的位置是否正确，确认手动快速进给按键的开关状态，弄清正、负方向，认准按键，然后再进行操作。

6. 加工中

(1) 加工过程中禁止用手接触刀尖和铁屑，铁屑应用毛刷和铁钩子清理。

(2) 禁止用手或其他任何方式接触正在旋转的主轴、工件或其他运动部位；严禁在主轴旋转时进行刀具或工件的安装、拆卸，如图 13-1(a)所示。

(3) 自动加工过程中，不允许打开机床防护门。

(4) 加工镁合金工件时，应戴防护面罩，注意及时清理加工中产生的切屑。

(5) 严禁盲目操作或误操作。工作时穿好工作服、安全鞋，戴好工作帽、防护镜，不可戴手套、领带操作机床，如图 13-1(b)所示。

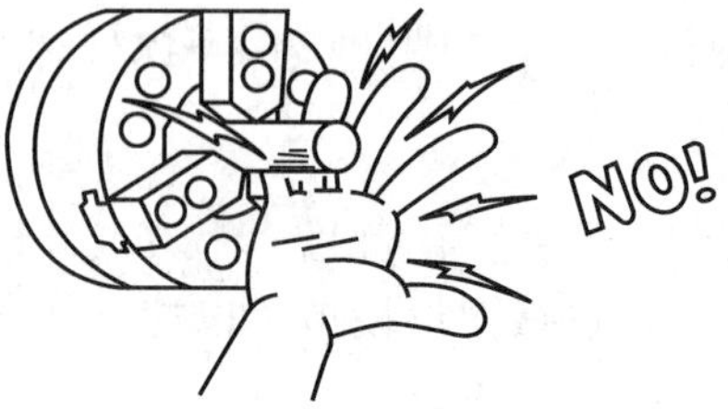

(a)

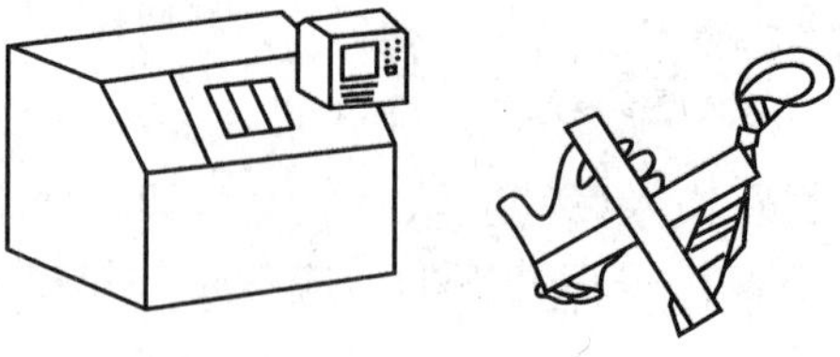

(b)

图 13-1　不正确的操作方式

7. 加工完成后

(1) 一批零件加工完成后，应核对刀具号、刀补值，使程序、偏置页面、调整卡、工艺中的刀具号与刀补值，并做必要的整理、记录。

(2) 做好机床卫生清扫工作，擦净导轨面上的冷却液，并涂防锈油，以防止导轨生锈。

(3) 检查润滑油、冷却液情况，及时添加或更换。

(4) 依次关闭机床操作面板上的电源开关和总电源开关。

二、 数控车床控制系统的保养与维护

正确的操作是保证数控车床正常使用的前提，同时必要的保养和维护也是减少数控车床故障率的重要保障。其中数控系统是数控车床的控制指挥中心，对其进行保养和维护是延长元器件的使用寿命，防止各种故障，特别是恶性事故的发生，从而延长整台数控系统的使用寿命的有效手段。

1. 数控系统的保养和维护

不同数控车床的数控系统的使用与维护，在随机所带的说明书中一般都有明确的规定。总的来说，应注意以下几点。

(1) 制定严格的设备管理制度，定岗、定人、定机，严禁无证人员随便开机。

(2) 制定数控系统日常维护的规章制度。根据各种部件的特点，确定各自保养条例。

(3) 严格执行机床说明书中的通断电顺序。一般来讲，通电时先强电后弱电；先外围设备(如纸带机、通信 PC 等)，后数控系统。断电时，与通电顺序相反。

(4) 应尽量少开数控柜和强电柜的门。因为机床加工车间空气中一般都含有油雾、飘浮的灰尘甚至金属粉末。一旦它们落在数控装置内的印制电路板或电子元器件上，容易引起元器件间绝缘电阻下降，并导致元器件及印制电路板的损坏。为使数控系统能超负荷长期工作，采取打开数控装置柜门散热的降温方法更不可取，其最终结果是导致系统的加速损坏。因此，除进行必要的调整和维修外，不允许随便开启柜门，更不允许敞开柜门加工。

(5) 定时清理数控装置的散热通风系统。应每天检查数控装置上各个冷却风扇工作是否正常。视工作环境的状况，每半年或每季度检查一次风道过滤网是否有堵塞现象。如过滤网上灰尘积聚过多，需及时清理，否则将会引起数控装置内部温度过高(一般不允许超过 55～60℃)，致使数控系统不能可靠地工作，甚至发生过热报警现象。

(6) 数控系统的输入/输出装置的定期维护。光电式纸带阅读机、软驱及通信接口等是数控装置与外部进行信息交换的一个重要途径。如有损坏，将导致读入信息出错。为此，纸带阅读机小门、软驱仓门应及时关闭；通信接口应有防护盖，以防止灰尘、切屑落入。

(7) 经常监视数控装置用的电网电压。数控装置通常允许电网电压在额定值的±(10～15)%范围内，频率在±2Hz 内波动，如果超出此范围就会造成系统不能正常工作，甚至会引起数控系统内的电子元器件损坏。必要时可增加交流稳压器。

(8) 存储器电池的定期更换。存储器一般采用 CMOS RAM 器件，设有可充电电池维持电路，防止断电期间数控系统丢失存储的信息。在正常电路供电时，由+5V 电源经一个二极管向 CMOS RAM 供电，同时对可充电电池进行充电。当电源停电时，则改由电池

供电保持 CMOS RAM 的信息。在一般情况下，即使电池尚未失效，也应每年更换一次，以便确保系统能正常工作。注意，更换电池时应在数控机床装置通电状态下进行，以避免系统数据丢失。

(9) 数控系统长期不用时的维护。若数控系统处在长期闲置的情况下，要经常给系统通电，特别是在环境湿度较大的霉雨季节更是如此。在机床锁住不动的情况下，让系统空运行，一般每月通电 2～3 次，通电运行时间不少于 1h，利用元器件本身的发热来驱散数控装置内的潮气，以保证元、部件性能的稳定可靠及充电电池的电量。实践表明，在空气湿度较大的地区，经常通电是降低故障率的一个有效措施。

(10) 备用印制电路板的维护。印制电路板长期不用是很容易出故障的。因此，对于已购置的备用印制电路板应定期装到数控装置上通电运行一段时间，以防损坏。

2. 数控车床的保养与维护

数控车床是一种综合应用自动控制、计算机技术、精密测量和先进机床结构等方面的最新成就的高精度机床。与普通机床相比，它简化了机械结构，增加了电气控制及数控部分，使机床能按给定的指令(程序)加工出符合设计要求的零件。数控车床工作效率的高低、各附件的故障率、使用寿命的长短等，很大程度上取决于用户的正确使用与维护。良好的工作环境、技术水平高的操作者和维护者，将大大延长无故障工作时间，提高生产效率，同时可减少机械部件的磨损，避免不必要的失误，提高机床无故障生产时间。

为了使数控车床保持良好状态，除了发生事故应及时修理外，坚持经常维护与保养是十分重要的。坚持定期保养，经常维护，可以把许多故障隐患消灭在发生之前，防止或减少事故的发生。不同型号的数控车床要求不完全一样，各种机床的具体维护要求在其说明书都有明确规定。通用数控车床的维护要求见表 13 - 1。某数控车床具体保养与维护要求见表 13 - 2。

表 13 - 1　通用数控车床维护要求

维护类型		具体要求
日常维护		1. 擦拭机床丝杠和导轨的外露部分，用轻质油洗去污物和切屑 2. 擦拭全部外露限位开关的周围区域，仔细擦拭各传感器的齿轮、齿条、连杆和检测头 3. 检查润滑油箱和液压油箱及油压、油温、油雾的油量 4. 使电气系统和液压系统至少升温 30min，检查各参数是否正常，气压压力是否正常，有无泄露 5. 空运转使各运动部件得到充分润滑防止卡死 6. 检查刀架转位、定位情况
定期维护	每月维护	1. 清理控制柜内部 2. 检查、清洗或更换通风系统的空气滤清器 3. 检查按钮及指示灯是否正常 4. 检查全部电磁铁和限位开关是否正常 5. 检查并紧固全部电线接头及有无腐蚀破损 6. 全面检查安全防护设施是否完整牢固

（续）

维护类型		具体要求
定期维护	每两月维护	1. 检查并紧固液压管路接头 2. 查看电源电压是否正常，有无缺相和接地不良 3. 检查所有电动机，并按要求更换电刷 4. 检查液压马达是否有渗漏，并按要求更换油封 5. 开动液压系统，打开放气阀，排出油缸和管路中空气 6. 检查联轴节、带轮和带是否松动和磨损 7. 清洗或更换滑块和导轨的防护毡垫
	每季维护	1. 清洗冷却液箱，更换冷却液 2. 清洗或更换液压系统的滤油器及伺服控制系统的滤油器 3. 清洗主轴箱齿轮箱，重新注入新润滑油 4. 检查联锁装置、定时器和开关是否正常工作 5. 检查继电器接触压力是否合适，并根据需要清洗和调整触点 6. 检查齿轮箱和传动部件的工作间隙是否合适
	每半年维护	1. 对液压油进行化验，根据化验结果，对液压油箱进行清洗换油；疏通油路，清洗或更换滤油器 2. 检查机床工作台水平，检查紧定螺钉及调整垫铁是否锁紧，并按要求调整水平 3. 检查镶条、滑块的调整机构，调整间隙 4. 检查并调整全部传动丝杠负荷，清洗滚动丝杠并涂新油 5. 拆卸、清扫电动机，加注润滑油脂，检查电动机轴承，并予以更换 6. 检查、清洗并重新装好机械式联轴节 7. 检查、清洗和调整平衡系统，并更换钢缆或钢丝绳 8. 清扫电气柜、数控柜及电路板，更换维持 RAM 内容的失效电池

表 13－2　某数控车床保养与维护要求

序号	周期	保养维护部位	保养维护项目及方法
1	每日	机床外表	清理铁屑和油污
2		主轴头	清理主轴头、锥孔及卡盘夹紧
3		X、Z 轴向导轨面	清除切屑及脏物，检查润滑油是否充分、导轨面有无划伤损坏
4		滚动丝杠	清理导轨和滚动丝杠，滑板移动应无异常噪声
5		操作面板	检查面板是否清洁，指示灯是否指示正常，各按键、按钮转动开关是否灵敏、可靠
6		CRT 显示屏	检查是否有报警提示，若有及时处理
7		液压系统	检查油压表指示压力是否正常，油泵运转声音是否正常；油管、管接头是否无泄漏，无异常噪声，工作油面高度是否正常
8		液压平衡系统	检查平衡压力指示是否正常，快速移动时平衡阀工作是否正常
9		电气控制柜	检查柜门关是否好，电柜冷却风扇工作是否正常，风道过滤网是否无堵塞

（续）

序号	周期	保养维护部位	保养维护项目及方法
10	每日	刀架	检查刀具是否无损伤，正确夹紧在刀夹上；刀架选刀转位是否正确可靠，落刀压实
11		数控柜	检查数控柜上各排风扇工作是否正常，风道过滤器是否被灰尘堵塞
12		导轨润滑油箱	检查油标、油量，及时添加润滑油，使润滑泵能正常工作
13		压缩空气气源压力	气动控制系统压力应在正常范围内
14		自动空气干燥器、气源自动分水滤气器	及时清理分水器中滤出的水分，保证自动空气干燥器正常工作
15		气液转换器和增压器油面	如油面高度不够，及时补充油液
16		主轴润滑恒温油箱	检查工作是否正常，油量是否充足
1	每周	各种防护装置	各种防护装置应无松动、无漏水
1	每月	主轴机构	检查主轴径向、轴向间隙是否适当，若松动应拆开主轴箱加以调整，检查各挡变速是否平稳、可靠，如不正常应检查油压指示或箱体拨叉、齿轮状况
2		X、Z 轴导轨及滚动丝杠	清理铁屑和油污，检查滑道有无磨损，疏通润滑油路，清洗防尘油毡
3		电气开关	清理脚踏开关，X、Z 行程开关及刀库定位开关；检查、调节行程撞块位置
4		冷却系统	疏通冷却管路，清洗冷却箱
1	半年	主轴系统	检查锥孔跳动，检查、调整主轴传动用V形带、编码器用同步带的张力
2		润滑油位指示开关	检查润滑装置的浮子开关动作情况，浮子落在下限位时，操作面板上应有报警显示
3		X、Z 轴直流伺服电动机	检查换向器表面，吹掉粉尘，去掉毛刺，更换磨损过短的电刷，跑合后使用，清洗编码器及 X 轴夹紧
4		电气控制柜	检查各插头、插座、电缆、继电器触点接触状况；检查清理印制电路板、电源电压器、伺服变压器
5		液压系统	检查与清理过滤器、油泵、溢流阀、电磁换向阀；检查油质，清理油箱，更换新油
6		主轴润滑恒温油箱	清洗过滤器，更换润滑油
7		滚珠丝杠	清洗滚珠丝杠上的旧油脂，换新油脂
8		液压油路	清洗液压阀、过滤器、油箱等，更换或过滤液压油
9		机床精度	按机床说明书的要求调整机床的几何精度

（续）

序号	周期	保养维护部位	保养维护项目及方法
1	每年	直流伺服电动机碳刷	检查换向器表面，吹净碳粉，去除毛刺，更换磨损的电刷，跑合后使用
2		润滑油泵、滤油器	清理润滑油箱，清洗油泵，更换润滑油
1	不定期	各轴导轨上镶条、压紧滚轮松紧状态	按机床说明书调整
2		散热器	检查液面高度，冷却液过脏时清洗散热器底部，清洗过滤器
3		排屑器	清理切屑，检查有无卡住情况
4		废油池	清理废油池中的废油，以防外溢
5		主轴驱动带松紧	按机床说明书调整

表13－2中只列出了数控车床的常规检查内容，不同的数控车床应按机床说明书中规定的内容进行保养与维护。总之，只有做好日常保养维护工作后，才能使数控车床的故障率大幅度减低，提高其利用率，充分发挥机床的性能。

参 考 文 献

[1] 劳动和社会保障部教材办公室. 数控加工工艺学［M］. 2 版. 北京：中国劳动社会保障出版社，2005.

[2] 杨琳. 数控车床加工工艺与编程［M］. 北京：中国劳动社会保障出版社，2005.

[3] 宋放之，杨伟群. 数控车工培训教程［M］. 北京：清华大学出版社，2004.

[4] 王忠斌. 数控车工操作技能问答［M］. 北京：中国电力出版社，2008.

[5] 陈亚岗. 数控车床编程与操作(FANUC 系统)［M］. 北京：中国劳动社会保障出版社，2011.

北京大学出版社高职高专机电系列规划教材

序号	书号	书名	编著者	定价	出版日期
机械类基础课					
1	978-7-301-10464-2	工程力学	余学进	18.00	2008.1 第 3 次印刷
2	978-7-301-13653-9	工程力学	武昭晖	25.00	2011.2 第 3 次印刷
3	978-7-301-13655-3	工程制图	马立克	32.00	2008.8
4	978-7-301-13654-6	工程制图习题集	马立克	25.00	2008.8
5	978-7-301-13574-7	机械制造基础	徐从清	32.00	2012.7 第 3 次印刷
6	978-7-301-13573-0	机械设计基础	朱凤芹	32.00	2008.8
7	978-7-301-13656-0	机械设计基础	时忠明	25.00	2012.7 第 3 次印刷
8	978-7-301-13662-1	机械制造技术	宁广庆	42.00	2010.11 第 2 次印刷
9	978-7-301-19848-3	机械制造综合设计及实训	裘俊彦	37.00	2013.4
10	978-7-301-19297-9	机械制造工艺及夹具设计	徐　勇	28.00	2011.8
11	978-7-301-13260-9	机械制图	徐　萍	32.00	2009.8 第 2 次印刷
12	978-7-301-13263-0	机械制图习题集	吴景淑	40.00	2009.10 第 2 次印刷
13	978-7-301-18357-1	机械制图	徐连孝	27.00	2012.9 第 2 次印刷
14	978-7-301-18143-0	机械制图习题集	徐连孝	20.00	2013.4 第 2 次印刷
15	978-7-301-15692-6	机械制图	吴百中	26.00	2012.7 第 2 次印刷
16	978-7-301-22916-3	机械图样的识读与绘制	刘永强	36.00	2013.8
17	978-7-301-23354-2	AutoCAD 应用项目化实训教程	王利华	42.00	2014.1
18	978-7-301-17122-6	AutoCAD 机械绘图项目教程	张海鹏	36.00	2013.8 第 3 次印刷
19	978-7-301-17573-6	AutoCAD 机械绘图基础教程	王长忠	32.00	2013.8 第 2 次印刷
20	978-7-301-19010-4	AutoCAD 机械绘图基础教程与实训(第 2 版)	欧阳全会	36.00	2014.1 第 3 次印刷
21	978-7-301-17609-2	液压传动	龚肖新	22.00	2010.8
22	978-7-301 20752-9	液压传动与气动技术(第 2 版)	曹建东	40.00	2014.1 第 2 次印刷
23	978-7-301-13582-2	液压与气压传动技术	袁　广	24.00	2013.8 第 5 次印刷
24	978-7-301-19436-2	公差与测量技术	余　键	25.00	2011.9
25	978-7-5038-4861-2	公差配合与测量技术	南秀蓉	23.00	2011.12 第 4 次印刷
26	978-7-301-19374-7	公差配合与技术测量	庄佃霞	26.00	2013.8 第 2 次印刷
27	978-7-301-13652-2	金工实训	柴增田	22.00	2013.1 第 4 次印刷
28	978-7-301-13651-5	金属工艺学	柴增田	27.00	2011.6 第 2 次印刷
29	978-7-301-17608-5	机械加工工艺编制	于爱武	45.00	2012.2 第 2 次印刷
30	978-7-301-23868-4	机械加工工艺编制与实施(上册)	于爱武	42.00	2014.2
31	978-7-301-21988-1	普通机床的检修与维护	宋亚林	33.00	2013.1
32	978-7-5038-4869-8	设备状态监测与故障诊断技术	林英志	22.00	2011.8 第 3 次印刷
33	978-7-301-22116-7	机械工程专业英语图解教程(第 2 版)	朱派龙	48.00	2013.9
34	978-7-301-23198-2	生产现场管理	金建华	38.00	2013.9
数控技术类					
1	978-7-301-17707-5	零件加工信息分析	谢　蕾	46.00	2010.8
2	978-7-301-17148-6	普通机床零件加工	杨雪青	26.00	2013.8 第 2 次印刷
3	978-7-301-17679-5	机械零件数控加工	李　文	38.00	2010.8
4	978-7-301-13659-1	CAD/CAM 实体造型教程与实训(Pro/ENGINEER 版)	诸小丽	38.00	2012.1 第 3 次印刷

序号	书号	书名	编著者	定价	出版日期
5	978-7-301-17557-6	CAD/CAM 数控编程项目教程(UG 版)	慕　灿	45.00	2012.4 第 2 次印刷
6	978-7-5038-4865-0	CAD/CAM 数控编程与实训(CAXA 版)	刘玉春	27.00	2011.2 第 3 次印刷
7	978-7-301-21873-0	CAD/CAM 数控编程项目教程(CAXA 版)	刘玉春	42.00	2013.3
8	978-7-301-13261-6	微机原理及接口技术(数控专业)	程　艳	32.00	2008.1
9	978-7-5038-4866-7	数控技术应用基础	宋建武	22.00	2010.7 第 2 次印刷
10	978-7-301-13262-3	实用数控编程与操作	钱东东	32.00	2013.8 第 4 次印刷
11	978-7-301-14470-1	数控编程与操作	刘瑞已	29.00	2011.2 第 2 次印刷
12	978-7-301-20312-5	数控编程与加工项目教程	周晓宏	42.00	2012.3
13	978-7-301-20945-5	数控铣削技术	陈晓罗	42.00	2012.7
14	978-7-301-21053-6	数控车削技术	王军红	28.00	2012.8
15	978-7-301-17398-5	数控加工技术项目教程	李东君	48.00	2010.8
16	978-7-301-21119-9	数控机床及其维护	黄应勇	38.00	2012.8
17	978-7-301-20002-5	数控机床故障诊断与维修	陈学军	38.00	2012.1
18	978-7-301-23898-1	数控加工编程与操作实训教程(数控车分册)	王忠斌	36.00	2014.6
		模具设计与制造类			
1	978-7-301-13258-6	塑模设计与制造	晏志华	38.00	2007.8
2	978-7-301-18471-4	冲压工艺与模具设计	张　芳	39.00	2011.3
3	978-7-301-19933-6	冷冲压工艺与模具设计	刘洪贤	32.00	2012.1
4	978-7-301-20414-6	Pro/ENGINEER Wildfire 产品设计项目教程	罗　武	31.00	2012.5
5	978-7-301-16448-8	Pro/ENGINEER Wildfire 设计实训教程	吴志清	38.00	2012.8
6	978-7-301-22678-0	模具专业英语图解教程	李东君	22.00	2013.7
7	978-7-301-23892-9	注射模设计方法与技巧实例精讲	邹继强	54.00	2014.2
		电气自动化类			
1	978-7-301-18519-3	电工技术应用	孙建领	26.00	2011.3
2	978-7-301-17569-9	电工电子技术项目教程	杨德明	32.00	2012.4 第 2 次印刷
3	978-7-301-22546-2	电工技能实训教程	韩亚军	22.00	2013.6
4	978-7-301-22923-1	电工技术项目教程	徐超明	38.00	2013.8
5	978-7-301-12390-4	电力电子技术	梁南丁	29.00	2010.7 第 2 次印刷
6	978-7-301-17730-3	电力电子技术	崔　红	23.00	2010.9
7	978-7-301-12182-5	电工电子技术	李艳新	29.00	2007.8
8	978-7-301-19525-3	电工电子技术	倪　涛	38.00	2011.9
9	978-7-301-12392-8	电工与电子技术基础	卢菊洪	28.00	2007.9
10	978-7-301-16830-1	维修电工技能与实训	陈学平	37.00	2010.7
11	978-7-301-12180-1	单片机开发应用技术	李国兴	21.00	2010.9 第 2 次印刷
12	978-7-301-20000-1	单片机应用技术教程	罗国荣	40.00	2012.2
13	978-7-301-21055-0	单片机应用项目化教程	顾亚文	32.00	2012.8
14	978-7-301-17489-0	单片机原理及应用	陈高锋	32.00	2012.9
15	978-7-301-22390-1	单片机开发与实践教程	宋玲玲	24.00	2013.6
16	978-7-301-17958-1	单片机开发入门及应用实例	熊华波	30.00	2011.1
17	978-7-301-16898-1	单片机设计应用与仿真	陆旭明	26.00	2012.4 第 2 次印刷
18	978-7-301-19302-0	基于汇编语言的单片机仿真教程与实训	张秀国	32.00	2011.8
19	978-7-301-12181-8	自动控制原理与应用	梁南丁	23.00	2012.1 第 3 次印刷

序号	书号	书名	编著者	定价	出版日期
20	978-7-301-19638-0	电气控制与 PLC 应用技术	郭　燕	24.00	2012.1
21	978-7-301-18622-0	PLC 与变频器控制系统设计与调试	姜永华	34.00	2011.6
22	978-7-301-19272-6	电气控制与 PLC 程序设计(松下系列)	姜秀玲	36.00	2011.8
23	978-7-301-12383-6	电气控制与 PLC(西门子系列)	李　伟	26.00	2012.3 第 2 次印刷
24	978-7-301-18188-1	可编程控制器应用技术项目教程(西门子)	崔维群	38.00	2013.6 第 2 次印刷
25	978-7-301-23432-7	机电传动控制项目教程	杨德明	40.00	2014.1
26	978-7-301-12382-9	电气控制及 PLC 应用(三菱系列)	华满香	24.00	2012.5 第 2 次印刷
27	978-7-301-14469-5	可编程控制器原理及应用（三菱机型）	张玉华	24.00	2009.3
28	978-7-301-22315-4	低压电气控制安装与调试实训教程	张　郭	24.00	2013.4
29	978-7-301-22672-8	机电设备控制基础	王本轶	32.00	2013.7
30	978-7-301-18770-8	电机应用技术	郭宝宁	33.00	2011.5
31	978-7-301-17324-4	电机控制与应用	魏润仙	34.00	2010.8
32	978-7-301-21269-1	电机控制与实践	徐　锋	34.00	2012.9
33	978-7-301-12389-8	电机与拖动	梁南丁	32.00	2011.12 第 2 次印刷
34	978-7-301-18630-5	电机与电力拖动	孙英伟	33.00	2011.3
35	978-7-301-16770-0	电机拖动与应用实训教程	任娟平	36.00	2012.11
36	978-7-301-22632-2	机床电气控制与维修	崔兴艳	28.00	2013.7
37	978-7-301-22917-0	机床电气控制与 PLC 技术	林盛昌	36.00	2013.8
38	978-7-301-18470-7	传感器检测技术及应用	王晓敏	35.00	2012.7 第 2 次印刷
39	978-7-301-20654-6	自动生产线调试与维护	吴有明	28.00	2013.1
40	978-7-301-21239-4	自动生产线安装与调试实训教程	周　洋	30.00	2012.9
41	978-7-301-19319-8	电力系统自动装置	王　伟	24.00	2011.8
42	978-7-301-18852-1	机电专业英语	戴正阳	28.00	2013.8 第 2 次印刷

联系方式：010-62750667，xc96181@163.com，linzhangbo@126.com，欢迎来电来信。